变电站站用电系统运维
实用技术

主　编　赵志军　朱凯元
副主编　朱胜辉　周　刚　王洪俭　吴立文

中国电力出版社
CHINA ELECTRIC POWER PRESS

内 容 提 要

变电站站用电系统为全站的安全可靠运行提供基础保障，是二次系统的重要组成部分，对全站一二次设备的正常运行具有重要意义。深度理解和掌握站用电系统，能够切实提升运检人员技能水平，保障现场运维检修工作效率。

本书共包括七章内容，分别为概述、变电站交流电源系统、变电站直流电源系统、交直流一体化电源系统、交直流电源验收、交直流电源系统异常及处理、交直流事故案例。前五章详细介绍了变电站站用电系统的基本构造、常用配置、运行维护、典型设计和验收细则，旨在帮助学员快速掌握站用电系统相关理论知识和应用现状。第六章和第七章采用理论和案例相结合的方式，对站用交直流电源系统的故障和处理原则进行阐述说明，并结合实际案例进行剖析，提高学员面对系统异常时的处置效率。

希望本书能为推进运检合一建设、构建全业务核心班组技能基础提供参考和指导。

图书在版编目（CIP）数据

变电站站用电系统运维实用技术 / 赵志军，朱凯元主编. —北京：中国电力出版社，2023.12

ISBN 978-7-5198-8614-1

Ⅰ.①变… Ⅱ.①赵… ②朱… Ⅲ.①变电所–电力系统运行–岗位培训–教材 ②变电所–维修–岗位培训–教材 Ⅳ.① TM63

中国国家版本馆 CIP 数据核字（2024）第 025456 号

出版发行：中国电力出版社
地　　址：北京市东城区北京站西街 19 号（邮政编码 100005）
网　　址：http://www.cepp.sgcc.com.cn
责任编辑：邓慧都
责任校对：黄　蓓　常燕昆
装帧设计：张俊霞
责任印制：石　雷

印　　刷：三河市百盛印装有限公司
版　　次：2023 年 12 月第一版
印　　次：2023 年 12 月北京第一次印刷
开　　本：787 毫米 ×1092 毫米　16 开本
印　　张：17.25
字　　数：354 千字
定　　价：98.00 元

本书编委会

主　　任　丁一岷

副 主 任　毛琳明　傅利成　朱　伟　王　征　钱　伟
　　　　　仇群辉　邹志峰

委　　员　高惠新　张　捷　宿　波　周富强　韩筱慧
　　　　　刘章银　陈　超　范　明　李传才　沈中元
　　　　　杨　波　殷　军　马杏可

本书编写组

主　　编　赵志军　朱凯元

副 主 编　朱胜辉　周　刚　王洪俭　吴立文

参编人员　邹剑锋　金建炜　黄龙飞　王　阳　王洪一
　　　　　蒋　政　费丽强　魏泽民　钟乐安　吕　超
　　　　　黄　杰　马克琪　陈意鑫　汤茂荣　王　森
　　　　　邓文雄　李锐锋　王　滢　许路广　汤晓石
　　　　　穆国平　言　伟　倪　堃　杨　林　吴　侃
　　　　　盛鹏飞　费平平　刘剑清　郭　晓　郭建峰
　　　　　陆　阳　王怡蕴　姚　凤

站用交直流电源系统是变电站中重要的二次设备之一，为变电站内二次设备提供装置与操作电源。站用交直流电源系统由交流电源、直流电源、通信电源、电力专用不间断电源和电力专用逆变电源等设备组成。交流电源的输入来自站用变压器或自备发电设备，主要功能是将变压器的输出电能合理分配给各个用电负荷，如站内照明、空调、生活设施以及直流电源、通信电源和UPS等；直流电源的输入来自交流电源，主要功能是将交流电转换为直流电（额定电压220V或110V），为蓄电池组充电，同时为变电站的控制、保护、信号、高压断路器操动机构和事故照明等负荷提供直流供电。

在正常运行时，站用电为充电装置提供交流电源，充电装置承担正常负荷电流，同时向蓄电池组补充电，以补充蓄电池的自放电，使蓄电池以满容量的状态处于备用状态。在系统发生故障，站用电中断的情况下，蓄电池组发挥其独立电源的作用，向继电保护及自动化装置、断路器跳闸与合闸、通信设备、事故照明等装置提供工作交直流电源。由于变电站站用交直流系统对电力系统的安全可靠运行所起的重要作用，因此有人比喻为变电站二次设备的能源"心脏"，作业至关重要。

站用电源是变电站安全运行的基础，随着科学技术的进步和电力工业的发展，变电站综合自动化程度越来越高以及大量无人值班站投运，变电站站用交直流电源设备不断更新换代，具有性能稳定、可靠、维护工作量小、使用寿命长的阀控密封铅酸蓄电池及一体化交直流电源系统在各变电站普遍得到推广、采用。新技术、新设备的使用使变电站站用交直流电源系统运行更加可靠，但对交直流电源系统设备的检修、运行维护技术水平要求更高、更严。相应提高站用电源整体的运行管理水平具有非常重要的意义，站用电源始终需要立足于系统技术来研究和发展，根据实际问题、发展现状提出发展思路。现有站用电源在资源整合、自动化水平、管理模式等方面都还存在很大的优化空间，结构紧凑、经济可靠的变电站交直流一体化模式具有广阔的应用前景。

近年来，因变电站站用电交直流系统故障导致的重大事故故障时有发生，造成了重大的经济损失和社会影响，有鉴于此，国网公司对变电站站用交直流电源系统运维重视程度上升到前所未有的高度。然而，当前运维检修人员普遍存在专业知识薄弱、基本技能缺失、对规程规范掌握不深入的问题。本书以电力行业标准和国家标准为主线，重点讲述变电站站用交直流电源成套装置的工作原理、技术特性、使用与维护，分析站用交直流电源设备维护的重要性，通过通俗易懂的文字对变电站站用交直流电源系统进行详细的阐述和理论说明，有效提高运维检修人员技能水平，提升运维检修工作效率，综合现场出现的故障进行深度剖析，为国网员工提供故障分析思路，提高运检业务技能水平，培养青年员工快速掌握站用交直流电源系统相关专业知识和内容。有助于帮助现场工作人员快速定位故障，提升现场一线人员的运维检修技能水平，提高变电检修效率，为站用交直流电源系统运维检修工作的深入开展提供人才保障。全面提升站用交直流电源系统运维检修队伍的技能水平，早日成为新时代的综合性高技能人才，保障电网系统的安全稳定运行。

编　者

2024 年 3 月

目 录

第一章　概　　述

第一节　变电站交流电源系统概况

变电站站用交流电源系统（station AC service system，以下简称变电站交流电源系统）一般是指由站用变压器电源、站用变压器、380V 低压配电屏、保护测控、交流供电网络组成的系统，目的是给变电站提供可靠的交流电源。它是保证变电站安全可靠地输送电能的一个必不可少的环节，变电站交流电源系统为主变压器提供冷却电源、消防水喷淋电源，为断路器提供储能电源，为隔离开关提供操作电源，为硅整流装置提供变换用电源。另外，变电站交流电源系统还提供变电站内的照明、生活用电及检修等电源。如果变电站交流电源失去，将影响变电站设备的正常运行，甚至引起系统停电和设备损坏事故。因此，运行人员必须十分重视变电站交流电流系统的安全运行，熟悉变电站交流电源系统及其运行操作。

一、变电站交流电源系统接线方式

保证安全可靠而不间断地供电，是变电站交流电源系统安全运行的首要任务。当一台站用变压器电源失去时，应立即有一个备用电源能替代工作，因此变电站的站用交流电应至少取用两个不同的电源系统，配备两台站用变压器。我国电力行业标准 DL/T 5155—2016《220kV～1000kV 变电站站用电设计技术规程》关于站用电接线方式是这样描述的："站用电低压系统额定电压 220V/380V。站用电母线采用按工作变压器划分的单母线接线，相邻两段工作母线同时供电分列运行。两段工作母线间不应装设自动投入装置。当任一台工作变压器失电退出时，备用变压器应能自动快速切换至失电的工作母线段继续供电。"

在 110、220kV 变电站里，通常从主变压器低压侧分别引接两台容量相同、可互为备用、分列运行的站用工作变压器。

每台工作变压器按全站计算负荷选择。只有一台主变压器时，其中一台站用变压器的电源宜从站外引接。当某一台主变压器或由此主变压器供电的母线及站用变压器本身发生故障时，另一台站用变压器能立即替代，带全站站用交流负荷运行。从站外

10～35kV 低压网络中引接的站用电源，供电线路应为专线且电源可靠，以保证即使在站内发生重大事故（甚至全站全停）时，该电源不受波及且能持续供电。

DL/T 5155—2016《220kV～1000kV 变电站站用电设计技术规程》明确规定"两段工作母线间不应装设自动投入装置"，以防止站用电系统故障时备用电源自动投入到故障点，造成全站站用电失去的情况发生。

在变电站交流电源系统接线方式选择方面，旧的 380V 进线无配置断路器、仅通过隔离开关或熔断器连接，人工手动控制隔离开关切换站用电的低压供电方式存在的问题很明显。首先，站用电源的可靠转换非常重要，常规站的配置均能实现双站用变压器采用自动切换系统对低压侧进行供电，但还是不能实现对站用变压器的远程操作和后台自动切换，不能及时、完整地获得故障时的保护动作信息，并且对于塑壳式断路器，低压侧电压并列反送电不能有效避免。在进线出现断相运行情况下，有些站点还是采用了单相断路器运行方式，出现了断相运行现象。

常见的故障现象有：

（1）元件故障：由于接触器自身的原理缺陷，触点容易氧化、发热、抖动、粘住，产生弧光，有的还发出刺耳的声音，元件故障率很高。

（2）操作安全：固定式的柜子，操作开关需要打开柜门，一方面是由于操作时容易触及带电部位；另一方面是由于一旦合于故障线路，会对人身安全造成威胁。

（3）自动转换：对于双投隔离开关，无法实现自动转换。接触器和空气断路器的自动转换是通过继电器逻辑回路来实现的。考虑到双电源回路的电气闭锁问题，继电器回路较为复杂，无论是设计还是维护都比较麻烦。

（4）机械闭锁：传统的站用电源系统基本上都没有机械闭锁，仅靠电气闭锁去防止两路电源的并列问题。但是，继电器元件的损坏、触点的黏结，会造成闭锁失败，两路电源并列运行的情况偶有发生。由于两路电源的相角差异，两台配电变压器的特性参数差异，容易造成环流，烧毁电缆等设备的事故也有发生。

（5）通信：传统的站用电源系统根本没有通信功能，通过加装变送器来实现对系统部分参数的监测，也难以做到对系统较为全面的参数监测和远程控制。对于无人值班变电站，站用电源的可靠转换非常重要。靠传统的方式很难满足综合自动化的需要，更不用说满足不同用户对运行模式的需求。

二、ATS 技术

根据 IEC 国际标准定义，自动转换开关（automatic transfer switching，ATS），由一个或几个转换开关电器和其他必需的电器组成，用于监测电源电路，并将一个或几个负载电路从一个电源自动转换至另一个电源。ATS 的操作程序由两个自动转换过程组成：如果常用电源被监测到出现偏差，则自动将负载从常用电源转换至备用电源；如果常用电源恢复正常，则自动将负载返回转换到常用电源。转换时可有预定的延时或无延时，并可处于一个断开位置。在存在常用电源和备用电源两个电源的情况下，ATS 应指定一个常用电源位置。

ATS 可分为 PC 级或 CB 级两个级别。PC 级为能够接通、承载但不用于分断短路电流的 ATS；CB 级为配备过电流脱扣器的 ATS，它的主触头能够接通并用于分断短路电流。

ATS 技术已经比较成熟，其基本功能如下：

（1）站用变压器切换时适当延时，保证了切换前后电源各相电参数的稳定性。ATS 控制柜具有手动和自动切换电源的功能。

（2）ATS 能够检测到站用变压器电源的故障信号，出现故障时，能及时给发电机组的自启动端一个控制信号，让机组自启动，切换站用变压器。

（3）ATS 具有机械联锁和电气联锁，确保切换的准确和安全，同时具有缺相保护功能。

因此，变电站采用 ATS 低压配电屏的接线方式，220kV 变电站交流电源系统接线图如图 1-1 所示。

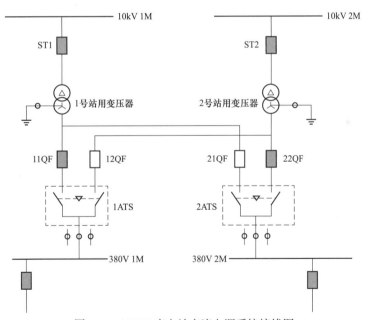

图 1-1　220kV 变电站交流电源系统接线图

三、变电站交流电源供电网络

变电站交流负荷的供电方式：变电站负荷宜由站用配电屏直配供电，对重要负荷应采用分别接在两段母线上的双回路供电方式。主变压器的冷却装置、有载调压装置及带电滤油装置，宜共同设置可互为备用的双回路电源进线，并只在双电源切换装置内自动相互切换。变压器的用电负荷接在经切换后的进线上。检修电源网络宜采用按配电装置区域划分的单回路分支供电方式。

变电站交流电源系统馈线网络配置原则：变电站设备应按照负载均分、三相平衡的原则，分别接到 380V 两段工作母线上。采用双电源切换回路供电设备，两路交流输入电源应分别接到 380V 两段工作母线上。冗余配置的单电源设备，其交流输入电源应分别取自 380V 不同段工作母线。采用环形网络供电干线的两回交流输入电源应分别接到 380V 两段工作母线上，正常时为开环运行。非冗余配置的单电源设备，包括照明、暖通、检修、加热、生活水泵等，分别接到 380V 两段工作母线上。对于直流充电机、变电站交流不间断电源系统、消防水泵电动机电源及主变压器冷却器交流电源等重要回路，应分别采用馈线开关专用供电方式。通信设备宜采取双电源配置，其交流输入电源应分别接到 380V 两段工作母线上。

四、变电站交流负荷的组成

变电站交流负荷归纳起来可分为以下几类：

（1）场地配电装置交流动力电源，如断路器、隔离开关交流电动机和加热电源。

（2）主变压器主控箱动力电源，如冷却风扇电动机电源、控制电源等。

（3）场地检修电源箱电源。

（4）主变压器、站用变压器有载调压开关、温控器电源。

（5）站用变压器室交流设备电源。

（6）主控楼（继保室、通信室）交流设备电源，如空调、照明、检修等。

（7）中央配电室检修电源、照明动力电源。

（8）消防系统交流电源，如消防水泵电动机电源、控制电源、照明电源、火灾报警电源等。

（9）污水处理系统交流电源。

（10）不间断电源（UPS）、逆变器交流电源。

（11）直流系统充电机电源。

第二节　变电站直流电源系统概况

一、直流系统在电力系统中的作用

蓄电池、直流充电屏、直流馈电屏等直流设备组成电力系统中变电站的直流电源系统（以下简称直流系统）。

为供给继电保护、控制、信号、计算机监控、事故照明、交流不间断电源等直流负荷，变电站应装设由蓄电池供电的直流系统。直流系统的用电负荷极为重要，对供电的可靠性要求很高。直流系统的可靠性是保证变电站安全运行的决定性条件之一。

要保证直流系统可靠运行，首先，必须保证直流系统接线可靠，其中包括直流母线的接线、直流电源的配置和直流供电网络的接线。其次，要合理地选择直流系统中采用的设备，包括蓄电池、均充电和浮充电设备、各种开关设备、保护设备、动力和控制电缆等。最后，对直流系统要进行良好的维护，特别是蓄电池组，其寿命在很大程度上取决于对它的维护水平。

随着技术的不断发展，直流系统的接线方式会不断地改进，采用的设备也会不断地更新，但直流系统的构成仍应满足以下基本要求：

（1）在满足供电可靠的前提下，尽可能接线简单，精简设备。

（2）直流系统中选用的设备应先进、可靠，在实际工程中应选用经正式鉴定的合格产品。

（3）选用维护工作量小的设备，并为变电站无人值班提供方便条件。

二、直流系统的基本工作原理

直流电源成套装置由交流配电、充电模块、监控系统、直流馈电、蓄电池组、降压单元、绝缘监测、电池监测等部分组成。直流系统采用一体化监控系统，分散控制、集中管理，各个子监控单元有自己的微处理器独立运行，各自实现自己的控制功能，使整个系统的可靠性提高。

交流电源输入后，首先经防雷处理和二级电磁干扰（EMI）滤波电路。该部分电路可以有效吸收雷击残压和电网尖峰，保证模块后级电路的安全。三相交流电经整流和无源功率因数校正（PFC）后转化为高压直流电，经全桥脉冲宽度调制（PWM）逆变电路后转化为高频交流电，再经高频变压器隔离降压后高频整流，成为稳定可控的直流电输出。

模块内置中央处理器（CPU）芯片，采用数字控制方式，模块提供 RS-485 通信接口，可依靠 RS-485 通信接口直接与监控系统连接，实现数字通信。

模块状态指示如下：

（1）"正常"指示灯亮时，模块正常输出；指示灯不亮时，无正常输出。

（2）"故障"指示灯亮时，模块有故障发生；指示灯不亮时，模块工作正常。

（3）"通信"指示灯亮时，模块正在接收监控模块传来的数据和控制命令；指示灯常亮时，模块正在向监控模块发送数据；指示灯不亮时，模块和监控间没有通信。

三、蓄电池在直流系统中的重要性

蓄电池是直流电源系统的核心，分为铅酸蓄电池和碱性蓄电池两类。

铅酸蓄电池的基本工作原理：正极板有效物质二氧化铅（PbO_2），负极板有效物质铅（Pb），以稀硫酸作为电解液，在放电时，正极板和负极板都生成同一物质硫酸铅（$PbSO_4$），充电时硫酸铅分别在正、负极板还原成二氧化铅（PbO_2）和铅（Pb）。

近年来，阀控式密封铅酸蓄电池以其维护工作量少、运行安全稳定，而在变电站被广泛使用。

四、直流系统的正常运行状态

在直流系统正常运行状态下，充电装置提供变电站的直流负荷，同时对蓄电池组进行浮充电。充电装置性能的优劣，即是否具有良好的充电性能，将直接影响蓄电池的使用寿命。充电装置的稳流精度、稳压精度及纹波系数是反映其运行性能的重要参数，参数值必须在规定的范围内。

国内外生产的充电装置主要分为三类，即磁放大型、相控型及高频开关模块型充电装置。高频开关模块型充电装置在充电性能上具有明显的优越性，是目前变电站普遍采用的充电设备，特别适用于对阀控式密封铅酸蓄电池的充电。

蓄电池通过核对性放电，可以发现其容量缺陷。新安装的阀控蓄电池在验收时应进行核对性充放电，以后每2～3年应进行一次核对性充放电；运行6年以后的阀控蓄电池，宜每年进行一次核对性充放电。若变电站只有一组蓄电池，蓄电池不应退出运行，也不应进行全核对性放电，只允许放出其额定容量的50%；若变电站有两组蓄电池，则一组运行，另一组退出运行进行全核对性放电。

五、直流系统的接线方式

（一）直流母线接线方式

1组蓄电池的直流系统，采用单母线分段接线或单母线接线。当1组蓄电池配置2套充电装置时，2套充电装置应接入不同母线段。蓄电池组应跨接在二段母线上。2组蓄电池的直流系统，应采用二段单母线接线，每组蓄电池及其充电装置分别接于不同母线段。二段母线间设联络开关。为满足在运行中二段母线切换时不中断供电的要求，切换过程中允许2组蓄电池短时并联运行。2组蓄电池配置3套充电装置时，每组蓄电池组及其充电装置分别接于不同母线段。第3套充电装置应经切换电器可对2组蓄电池进行充电。

不同直流母线接线方式：

（1）110kV及以下变电站宜配置1组蓄电池1台充电装置。

（2）220kV变电站宜配置2组蓄电池2台充电装置，2组蓄电池的电源隔离开关采用机械闭锁，可防止两组蓄电池并列运行。

（3）2组蓄电池3台充电装置的直流系统330kV及以上变电站或重要的220kV变电

站宜装设 2 组蓄电池 3 台充电装置，2 组蓄电池的电源隔离开关采用机械闭锁。

（二）直流系统供电网络接线

变电站的直流供电网络有环形供电网络和辐射形供电网络两种。

1. 辐射形供电网络

对大容量超高压变电站，因供电网络较大，供电距离长，为保证供电更为可靠，一般采用辐射形供电网络。此种方式有以下优点：

（1）减少了干扰源。

（2）一个设备或系统由 1～2 条馈线直接供电，当设备检修或调试时，可方便地退出，不影响其他设备的直流供电。

（3）便于寻找接地故障点。

对于 220kV 及以上电压等级的重要输电线路和主变压器的进线断路器，根据双重化原则，线路及主变压器均设有 2 套主保护，断路器也有 2 个跳闸线圈和 2 个合闸线圈（有些断路器只有 1 个合闸线圈），要求直流电源均由 2 组蓄电池供电，当只有 1 组蓄电池时，应由 2 条直流电源馈线供电。为了简化供电网络，减少馈线电缆数量，可在靠近配电装置处设直流分电屏，每 1 个分电屏由 2 组蓄电池各用 1 条馈线供电。断路器等的电源分别由分电屏引接。

2. 环形供电网络

环形供电网络最主要的优点是节省电缆，并且当其中某一段直流电源回路出现故障时，不致影响其他部分的供电，而且便于检修和排除故障。但其操作切换较复杂，级差配合困难，寻找接地故障点也比较困难。由于环形供电网络路径较长，电缆压降也较大，因此多用于中小容量的变电站。正常时开环运行，各种不同性质的用电负荷，按其布置和性质（如控制回路及各种不同电压等级断路器的合闸回路等）都各自构成了环形供电网络。

对于接在直流母线上不重要的负荷或在正常运行情况下只处于备用状态下的负荷，如主控室的正常照明灯、电气试验时的试验电源、通信备用电源及事故照明电源等，一般采用单回网络供电。

第三节　交直流一体化电源系统概况

智能站用交直流一体化电源系统（以下简称交直流一体化电源系统）由直流电源系统、交流电源系统、不间断电源（UPS）系统、通信电源系统四个分系统组成。

一、交直流一体化电源系统

直流电源系统额定输出电压为 DC220V，系统采用单母线接线方式。交流电源系统额定输出电压为 AC380V/220V，采用单母线不分段接线方式，三相四线制。UPS 系统额定输出电压为 AC220V，采用单母线接线方式，单相制。通信电源系统额定输出电压为 DC48V，采用单母线接线方式。交直流一体化电源系统将交流电源系统、直流电源操作系统、UPS 系统、通信电源系统统一设计、监控、生产、调试，实现站用电源的安全化、网络化、智能化、一体化。

（一）应用范围

交直流一体化电源系统主要应用在电网、发电等领域，作为所有电力自动化系统、通信系统、远方执行系统、高压断路器的分合闸装置、继电保护装置、自动装置、信号装置等的交直流不间断电源。

变电站一般配置三套各自独立的操作电源系统，即直流电源、通信电源、交流电源，每套电源系统单独配置蓄电池室、蓄电池组和监控管理系统。

为控制、信号、保护、自动装置以及某些执行机构等供电的直流电源系统，通常称为直流电源；为微机、载波、消防等设备供电的交流电源系统，通常称为交流电源；为交换机、远动等通信设备供电的直流电源系统，则称为通信电源。

直流电源、交流电源、通信电源、电力专用不间断电源（UPS）或电力专用逆变电源（INV）等装置组合为一体，共享直流电源的蓄电池组，并统一监控的成套设备即为一体化电源。

（二）组成与功能

交直流一体化电源主要包括交流电源、直流电源、通信电源、电力专用 UPS 和电力专用逆变电源，各种电源的功能如下：

（1）交流电源的输入来自站用变压器或自备发电设备，主要功能是将变压器的输出电能合理分配给各个用电负荷，负荷主要是三相 380V 和单相 220V 的交流用电设备，如站内照明、空调、生活设施以及直流电源、通信电源和 UPS 等。

（2）直流电源的输入来自交流电源，主要功能是将交流电转换为直流电（额定电压 220V 或 110V），为电池组充电，同时为变电站的控制、保护、信号、高压断路器操动机构和事故照明等负荷提供直流供电。

（3）通信电源的输入来自直流电源，主要功能是将直流电（220V 或 110V）转换为 48V 直流，为变电站的通信设备（如载波机、调度机和光纤通信设备等）提供直流供电。

（4）电力专用 UPS 的交流输入来自交流电源，直流输入来自直流电源，主要功能是为站内重要的交流用电设备（如后台机、服务器等）提供不间断的交流供电。

（5）电力专用逆变电源（INV）的输入来自直流电源，主要功能是为变电站的照明设备等提供交流供电。

变电站一体化电源组成框图如图 1-2 所示。

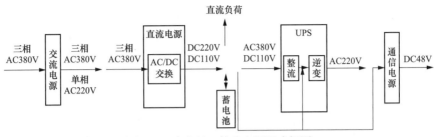

图 1-2 变电站一体化电源组成框图

（三）系统各单元模块功能

1. 交流配电

将交流电源引入分配给各个充电模块，扩展功能为实现两路交流输入的自动切换。

2. 直流配电

（1）综合控制室内保护测控柜、公共设备柜等宜按间隔采用辐射供电方式。

（2）按 Q/GDW Z 410—2010《高压设备智能化技术导则》要求户外智能组件柜采用双电源供电方式。

3. 通信电源

通信使用的 48V 直流电源由 220V（110V）直流采用 DC/DC 转换获得。

4. 整流模块

完成 AC/DC 变换，实现系统最基本的功能（配有过电流、过电压、欠电压、过热等保护）。目前电网区域变电站普遍使用高频整流器。

5. 蓄电池

在变电站一体化电源系统交流失电压后为全站继电保护装置、自动化装置、断路器分合闸装置、控制装置、信号装置、事故照明装置及计算机设备提供不间断电源。目前电网变电站普遍使用阀控式铅酸蓄电池。

（1）均衡充电。用于均衡单体电池容量的充电方式，一般充电电压较高，常用来快速恢复电池容量。

（2）浮充电。保持电池容量的一种充电方法，一般电压较低，常用来平衡电池自放电导致的容量损失，也可用来恢复电池容量。

（3）正常充电。蓄电池正常的充电过程，即由均充电转到浮充电的过程。

（4）定时均充。为了防止电池处于长期浮充电状态可能导致电池单体容量不平衡，而周期性地以较高的电压对电池进行均衡充电。

（5）限流均充。以不超过电池充电限流点的恒定电流对电池充电。

（6）恒压均充。以恒定的均充电压对电池充电。

6. 配电监控

将系统的交流、直流中的各种模拟量、开关量信号采集并处理，同时提供声光告警。

7. 监控模块

进行系统管理,主要为电池管理和后台远程监控,对下级智能设备实施数据采集并加以显示。

8. 绝缘监测装置

实现系统母线和支路的绝缘状况监测,产生告警信号并上报数据到监控模块,在监控模块显示故障详细情况(无论是母线平衡接地,还是不平衡接地;同一支路的单侧接地,还是正负极同时接地;不同支路的单侧接地,还是双侧同时接地,以及所有支路的混合接地,都可做出正确判断)。

9. 电池监测仪

支持单体电池电压监测和告警,对电池端电压、充放电电流、蓄电池室温度及其他参数做实时在线监测。

10. 仪表

直流电源系统应配置数字式母线电压、蓄电池电压、充电装置电流、蓄电池电流等表计,电压表精度 0.2 级,电流表精度 0.5 级。分电柜应配置直流电压表。

11. 防雷单元

配置防雷器和过电压保护。

12. 低压断路器、熔断器

上送各馈出回路的跳闸及电池熔断器的信号,低压断路器上下级配置原则为 2~4 级。

(四)系统技术指标

交直流一体化电源系统技术指标见表 1-1。

表 1-1   系统技术指标

参数名称		参数值
交流电源	额定电压	380V
	短时热稳定电流(有效值)	≥50kA
	短时动稳定电流(峰值)	≥105kA
	短时热稳定电流持续时间	1s
	1min 工频耐受电压(有效值)	2.5kV
直流电源	交流输入电压	380V(1±15%)
	输入功率因数	≥0.94
	直流电压调节范围	99~143V(DC110V);198~286V(DC220V)

参数名称		参数值
直流电源	稳流精度	±0.4%
	稳压精度	±0.35%
	纹波系数	≤0.35%
	效率	≥91%
	均流不均衡度	±2.3%
UPS	输入电压	交流：380V 或 220V； 直流：99～143V（DC110V），198～286V（DC220V）
	输出电压调节范围	220V（1±2%）
	效率	≥91%
	输出电压精度（稳态）	220V（1±0.5%）
	输出频率精度	50Hz（1±0.3%）
	过载能力	125% 额定值时可维持 10min； 150% 额定值时可维持 1min
	备用电源切换时间	0ms
	静态开关切换时间	≤4ms
通信电源	输入直流电压	99～143V（DC110V）； 198～286V（DC220V）
	输出电压调节范围	48V（1±10%）
	稳压精度	±0.2%
	效率	≥92%
	衡重杂音	≤1mV
	纹波电压峰－峰值	≤80mV

（五）系统常用接线方式

110kV 及以下变电站交直流一体化电源系统典型单线电气原理图和通信原理图如图 1-3 和图 1-4 所示。

原理说明如下：

（1）交流电源两路进线（来自 1 号站用变压器和 2 号站用变压器），通过 1 个 ATS 形成单母线接线方式（一般不分段）。

（2）直流电源采用单电单充（单套电池组和单套充电机）。

（3）直流电源母线采用单母线接线。

（4）UPS 和通信电源各配置 1 套。

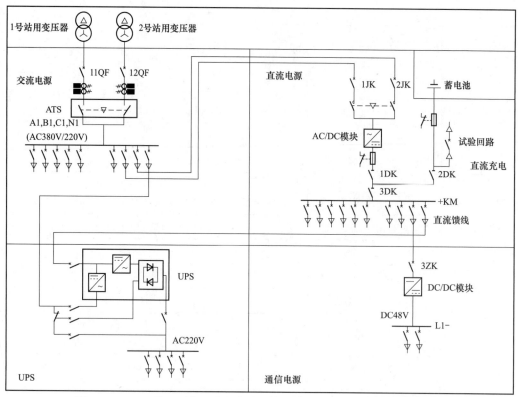

图1-3 110kV及以下变电站交直流一体化电源系统典型单线电气原理图

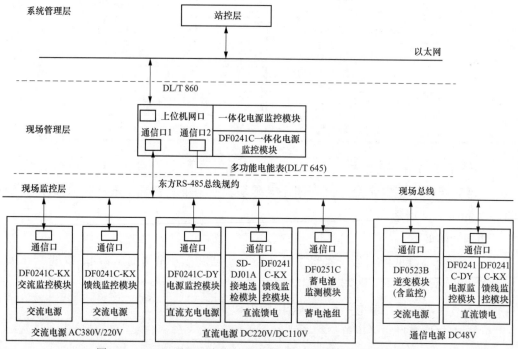

图1-4 110kV及以下变电站交直流一体化电源系统通信原理图

采用非 ATS 和双 ATS 的交流电源接线示意图如图 1-5 和图 1-6 所示。

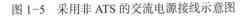

图 1-5 采用非 ATS 的交流电源接线示意图

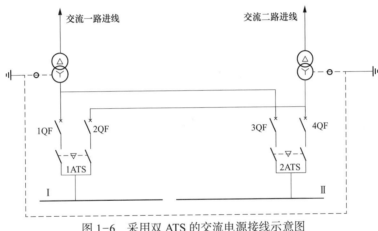

图 1-6 采用双 ATS 的交流电源接线示意图

原理说明如下：

（1）正常情况下，I段和II段母线均分变电站交流负荷，即两路进线均分负荷，当其中一路失电时，另一路给变电站全部交流负荷供电；而当失电的一路恢复正常后，仍要恢复到I段和II段母线均分变电站交流负荷的供电方式。这样，就要求两个 ATS 必须工作在主备方式（自投自复），而不能工作在互为备用方式。

（2）直流电源采用双电双充（2 套电池组和 2 套充电机）。

（3）直流电源母线采用单母线分段接线形式。

（4）UPS 和直流电源充电机两路交流进线来自同两段交流母线，2 套直流电源充电机交流进线配置进线自动切换装置。

（5）通信电源配置 2 套，其直流输入分别来自两段直流母线，均分变电站内的通信负荷，2 套独立运行，不设联络。

（6）UPS 电源配置 2 套，其直流输入分别来自两段直流母线，均分变电站内需要不间断供电的设备的交流负荷，2套UPS有两种工作方式：主从运行方式（见图1-7）和分列运行方式（见图1-8）。

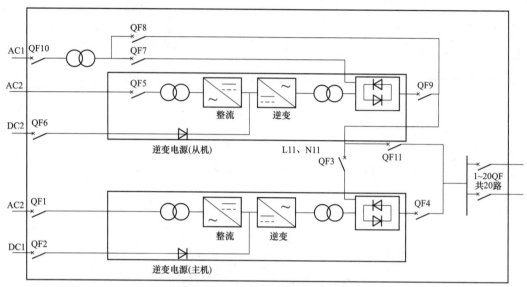

图1-7　UPS主从运行方式接线图

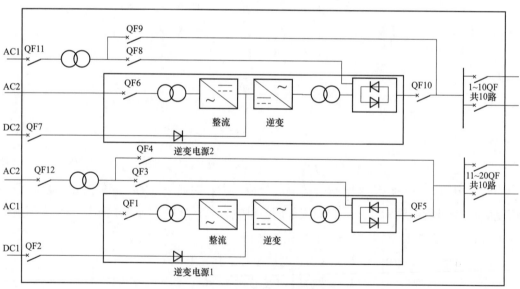

图1-8　UPS分列运行方式接线图

220、330kV变电站交直流一体化电源系统典型单线电气原理图如图1-9所示，通信原理图如图1-4所示。

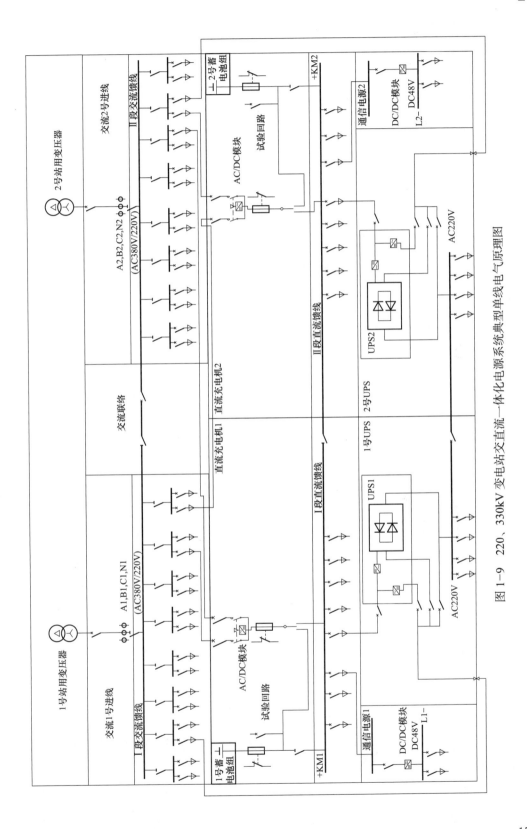

图1-9 220、330kV变电站交直流一体化电源系统典型单线电气原理图

二、交流电源工作原理

（一）运行方式

交流电源采用两路进线，通过 1 个 ATS 形成单母线接线方式，采集的是母线电压、电流，计量的是所有馈出所用的总电量。

（二）电气原理及元器件介绍

1. 电气原理图

交流电源电气原理图如图 1-10 所示。

2. 主要元器件简介

（1）双路自动切换。

1）定义：自动转换开关电器（automatic transfer switching equipment，ATSE）由一个（或几个）转换开关电器和其他必需的电器组成，用于监测电源电路，并将一个或几个负载电路从一个电源自动转换至另一个电源的电器。电气行业中简称为"双电源自动转换开关"或"双电源开关"。

2）分类。

按实现功能不同 ATSE 可分为两个级别，即 PC 级和 CB 级。

a）PC 级 ATSE：只完成双电源自动转换的功能，不具备短路电流分断（仅能接通、承载）的功能。

b）CB 级 ATSE：既完成双电源自动转换的功能，又具有短路电流保护（能接通并分断）的功能。

按构成原理不同可分为接触器类、塑壳式断路器类、负荷隔离开关类、一体式自动转换开关电器类。

a）接触器类：此类电源切换系统以接触器为切换执行部件，切换功能用中间继电器或逻辑控制模块组成二次回路完成控制功能，一般为非标产品，缺点是主回路接触器工作需要二次回路长期通电，容易出现温升发热、触点黏结、线圈烧毁等故障。另外，其组成元器件较多，产品质量受元器件、制造工艺制约，故障率较高，现已逐渐被新产品代替。

b）塑壳式断路器类：此类电源切换系统以塑壳式断路器为切换执行部件，切换功能用 ATS 自动控制单元完成，有机械和电气连锁，功能完善，操作性能好，使用寿命高，组成元器件较少，安装方便。该类属 CB 级产品，由两个断路器作为电流分断单元，并配备电流脱扣器，具备一定的保护能力，断路器的接通、分断能力比继电器高很多。该类产品稳态时由机械结构进行保持，由于断路器同负荷隔离开关本身的区别，在过电流状况下的应用效果不如 PC 级产品。

c）负荷隔离开关类：负荷隔离开关型转换开关电器是在两个负荷隔离开关的基础上

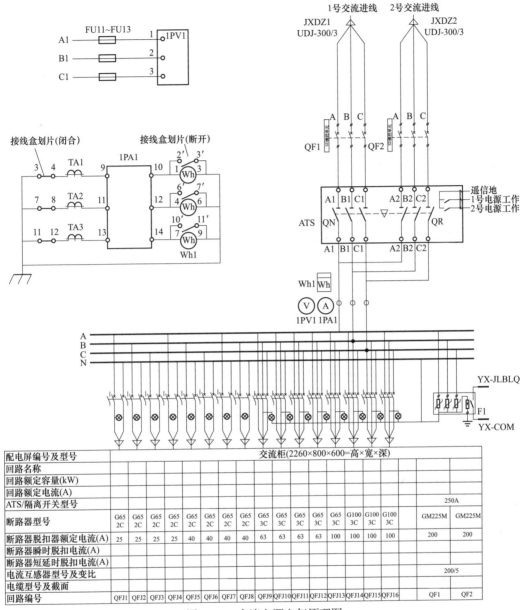

图 1-10 交流电源电气原理图

配电屏编号及型号	交流柜(2260×800×600=高×宽×深)																	
回路名称																		
回路额定容量(kW)																		
回路额定电流(A)																		
ATS/隔离开关型号																	250A	
断路器型号	G65 2C	G65 2C	G65 2C	G65 2C	G65 2C	G65 2C	G65 2C	G65 2C	G65 3C	G65 3C	G65 3C	G65 3C	G65 3C	G100 3C	G100 3C	G100 3C		GM225M	GM225M
断路器脱扣器额定电流(A)	25	25	25	25	40	40	40	40	63	63	63	63	100	100	100	100		200	200
断路器瞬时脱扣电流(A)																		
断路器短延时脱扣电流(A)																		
电流互感器型号及变比																	200/5	
电缆型号及截面																		
回路编号	QFJ1	QFJ2	QFJ3	QFJ4	QFJ5	QFJ6	QFJ7	QFJ8	QFJ9	QFJ10	QFJ11	QFJ12	QFJ13	QFJ14	QFJ15	QFJ16		QF1	QF2

加装电动操动机构、机械连锁机构、自动控制单元等一体化组装而成。电流的分断单元为负荷隔离开关，其触头灭弧系统是按分断一次电弧要求设计的，不具备电路的保护功能，这一类产品属于 PC 级产品，采用弹簧储能、瞬时释放的加速机构，能快速接通、分断电路或进行电路的转换，产品操作性能可靠。

（2）断路器。低压断路器结构如图 1-11 所示。

低压断路器的主触点是靠手动操作或电动合闸的。主触点闭合后，自由脱扣机构将

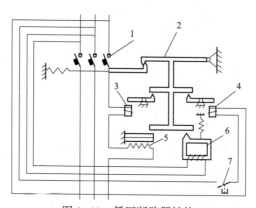

图 1-11　低压断路器结构

1—主触点；2—自由脱扣器；3—过电流脱扣器；4—分励脱扣器；

5—热脱扣器；6—欠电压脱扣器；7—按钮

主触点锁在合闸位置上。过电流脱扣器的线圈和热脱扣器的热元件与主电路串联，欠电压脱扣器的线圈和电源并联。当电路发生短路或严重过载时，过电流脱扣器的衔铁吸合，使自由脱扣机构动作，主触点断开主电路。当电路过载时，热脱扣器的热元件发热使双金属片上弯曲，推动自由脱扣机构动作。当电路欠电压时，欠电压脱扣器的衔铁释放，也使自由脱扣机构动作。分励脱扣器则作为远距离控制用，在正常工作时，其线圈是断电的，在需要距离控制时，按下启动按钮，使线圈通电，衔铁带动自由脱扣机构动作，使主触点断开。

（3）故障分析排除。故障分析排除方法见表 1-2。

表 1-2　　　　　　　　　　故 障 分 析 排 除 方 法

序号	故障现象	故障检查步骤	排除方法
1	控制器无电源显示	检查常用、备用电源是否电压正常、连接可靠	检查是否供电或重新连接可靠
		检查熔丝是否熔断	换用合适熔丝
		如是三极，N 线是否连接	可靠连接 N 线
2	烧熔断器	检查开关输出端子连接电路是否短路	排除连接电路短路故障
		故障依然存在	退回原厂维修
3	开关不转换	控制器是否设置在"手动"方式	改设定为"自动"方式
		开关是否转换到备用电源，控制器是否设定"自投不自复"模式	改设定为"自投自复"模式
		控制器是否显示两路电源异常	检查输入电源，排除故障
		控制器是否显示脱扣	检修负载短路故障，完毕后手动合扣
		控制器合闸指示灯是否闪烁	断路器触点粘连，退回原厂维修
		故障依然存在	退回原厂维修

（三）电气接口与监控接口

1. 电气接口

交流电源电气接口如图 1-12 所示。

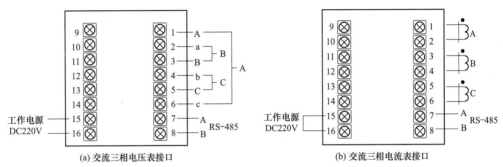

图 1-12　交流电源电气接口

2. 监控接口

ATS 遥信接口如图 1-13 所示。

母线电压采集接口如图 1-14 所示。

避雷器遥信接口如图 1-15 所示。

3. 网络标号与端子定义

交流电源网络标号与端子定义见表 1-3。

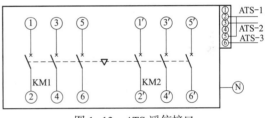

图 1-13　ATS 遥信接口

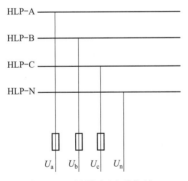

图 1-14　母线电压采集接口

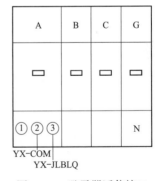

图 1-15　避雷器遥信接口

表 1-3	交流电源网络标号与端子定义
网络标号	定义
YX-JL	交流输入开关跳闸
YX-JLBLQ	交流避雷器故障
ATS-2	1 号交流投入
ATS-3	2 号交流投入

19

网络标号	定义
QFJn-OF	n 号交流配电开关状态
QFJn-SD	n 号交流配电开关跳闸
QFJ1n-OF	n 号交流配电开关状态（Ⅰ段）
QFJ1n-SD	n 号交流配电开关跳闸（Ⅰ段）
QFJ2n-OF	n 号交流配电开关状态（Ⅱ段）
QFJ2n-SD	n 号交流配电开关跳闸（Ⅱ段）
YC-Ua1	
YC-Ub1	1 号交流输入电压
YC-Uc1	
YC-Un1	
YC-Ua2	
YC-Ub2	2 号交流输入电压
YC-Uc2	
YC-Un2	
YC-Ia1	
YC-Ib1	1 号交流输入电流
YC-Ic1	
YC-Ia2	
YC-Ib2	2 号交流输入电流
YC-Ic2	

三、直流电源工作原理

（一）运行方式

直流电源采用单电单充、单母线接线方式。

（二）电气原理及元器件介绍

1. 电气原理图

直流电源电气原理图如图 1-16 所示。

2. 主要元器件介绍

（1）充电装置输出断路器：断路器额定电流≥1.2×充电装置额定输出电流。

（2）蓄电池出口断路器：

1）断路器额定电流≥蓄电池的 1h 放电率电流。其中，铅酸蓄电池的 1h 放电率电流取 $5.5I_{10}$，即 $0.55C_{10}$（C_{10} 指的是蓄电池放电 10h 释放的容量，Ah）。

回路名称						
电缆型式及截面						
直流断路器型号	2P/16A	2P/16A	2P/32A	2P/32A	2P/63A	2P/63A
脱扣器动作电流	$5\sim10I_n$	$5\sim10I_n$	$5\sim10I_n$	$5\sim10I_n$	$5\sim10I_n$	$5\sim10I_n$
回路编号	QFH1-QFH4	QFH5-QFH8	QFH9-QFH10	QFH11-QFH12	QFH13-QFH14	QFH15-QFH16

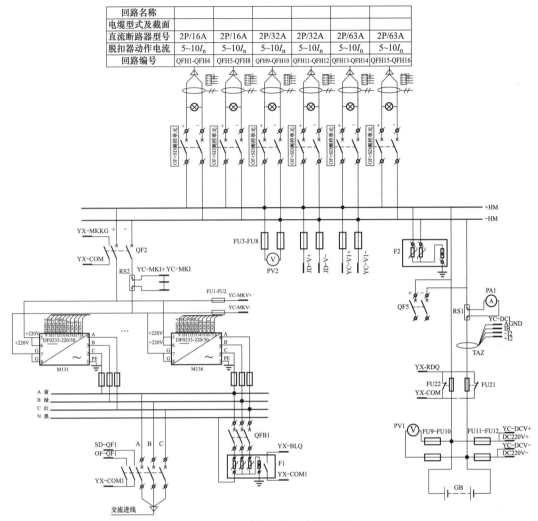

图 1-16　直流电源电气原理图

2）满足保护动作选择性条件，即额定电流应大于直流馈线断路器中额定电流最大的一台。取以上两种情况中电流最大者为断路器额定电流，并应满足蓄电池出口回路短路时灵敏系数的要求。同时还应按事故初期（1min）冲击放电电流校验保护动作时间。

3）断路器电磁操动机构的合闸断路器，断路器额定电流≥0.3×断路器电磁操动机构的合闸电流。

（三）电气接口与监控接口

1. 分流器接口定义

分流器接口定义如图 1-17 所示。

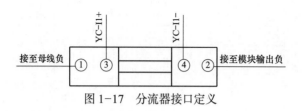

图 1-17　分流器接口定义

2. 自动切换装置接口定义

自动切换装置接口定义如图 1-18 所示。

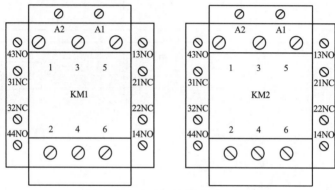

图 1-18　自动切换装置接口定义

3. 表计接口定义

表计接口定义如图 1-19 所示。

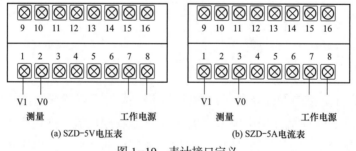

图 1-19　表计接口定义

4. 网络标号与端子定义

直流电源网络标号与端子定义见表 1-4。

表 1-4　　　　　　　　　　　　　直流电源网络标号与端子定义

网络标号	定义
YX-MKn	n 号模块故障
YX-BLQ	直流避雷器故障

网络标号	定义
YX-RDQ	蓄电池熔断器故障
YX-JDGZ	直流母线绝缘故障
QFHn-OF	n 号直流馈电开关状态（合闸母线）
QFHn-SD	n 号直流馈电开关跳闸（合闸母线）
QFKn-OF	n 号直流馈电开关状态（控制母线）
QFKn-SD	n 号直流馈电开关跳闸（控制母线）
QFH1n-OF	n 号直流馈电开关状态（I段合闸母线）
QFH1n-SD	n 号直流馈电开关跳闸（I段合闸母线）
QFK1n-OF	n 号直流馈电开关状态（I段控制母线）
QFK1n-SD	n 号直流馈电开关跳闸（I段控制母线）
QFH2n-OF	n 号直流馈电开关状态（II段合闸母线）
QFH2n-SD	n 号直流馈电开关跳闸（II段合闸母线）
QFK2n-OF	n 号直流馈电开关状态（II段控制母线）
QFK2n-SD	n 号直流馈电开关跳闸（II段控制母线）
TA：+	漏电流传感器电源
TA：-	
TA：G	
TAn	n 号漏电流传感器输出
QFH1n	n 号漏电流传感器输出（I段）
QFH2n	n 号漏电流传感器输出（II段）
YC-MKn	n 号模块输出电流
YC-MKV+	充电输出电压
YC-MKV-	
YC-MKI+	模块输出电流
YC-MKI-	
+12	电池充放电电流
-12	
IB	
YC-V1+	母线电压（合闸母线）
YC-V1-	
YC-DCV+	电池电压
YC-DCV-	
YC-V2+	控制母线电压
YC-V2-	
YK-MKn	n 号模块遥控开关机
YT-MK	模块遥调

四、通信电源工作原理

（一）运行方式

通信电源的输入来自直流电源，主要功能是将直流电（220V 或 110V）转换为 48V 直流，为变电站的通信设备（如载波机、调度机和光纤通信设备等）提供直流供电。

（二）电气原理及元器件介绍

1. 电气原理图

通信电源电气原理图如图 1-20 所示。

回路名称				
电缆型式及截面				
直流断路器型号	2P/16A	2P/16A	2P/20A	2P/20A
脱扣器动作电流	5~10I_n	5~10I_n	5~10I_n	5~10I_n
回路编号	QFT1-QFT2	QFT3-QFT4	QFT5-QFT6	QFT7-QFT8

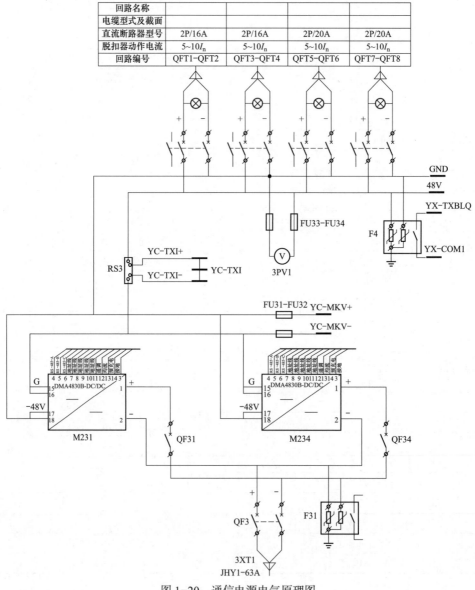

图 1-20　通信电源电气原理图

2. 电气接口与监控接口

直流避雷器电气接口与监控接口如图 1-21 所示。

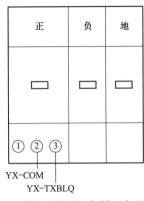

图 1-21　直流避雷器电气接口与监控接口

3. 网络标号与端子定义

通信电源网络标号与端子定义见表 1-5。

表 1-5　　　　　　　　　　通信电源网络标号与端子定义

网络标号	定义
YX-TXMKn	n 号 DC/DC 模块故障
YX-TXBLQ	DC/DC 避雷器故障
QFTn-OF	n 号 DC/DC 配电开关状态
QFTn-SD	n 号 DC/DC 配电开关跳闸
YC-TXMKn	n 号 DC/DC 输出电流
YC-TXI+	DC/DC 输出电流
YC-TXI-	
YC-TXMX+	DC/DC 母线电压
YC-TXMX-	

五、UPS 工作原理

（一）运行方式

UPS 的交流输入来自交流电源，直流输入来自直流电源，主要功能是为站内重要的交流用电设备（如后台机、服务器等）提供不间断的交流供电。

（二）电气原理及元器件介绍

1. 电气原理图

UPS 电气原理图如图 1-22 所示。

回路名称				
电缆型式及截面				
交流断路器型号	2P/16A	2P/16A	2P/63A	2P/63A
脱扣器动作电流	5~10I_n	5~10I_n	5~10I_n	5~10I_n
回路编号	QFN1~QFN2	QFN3~QFN4	QFN5~QFN6	QFN7~QFN8

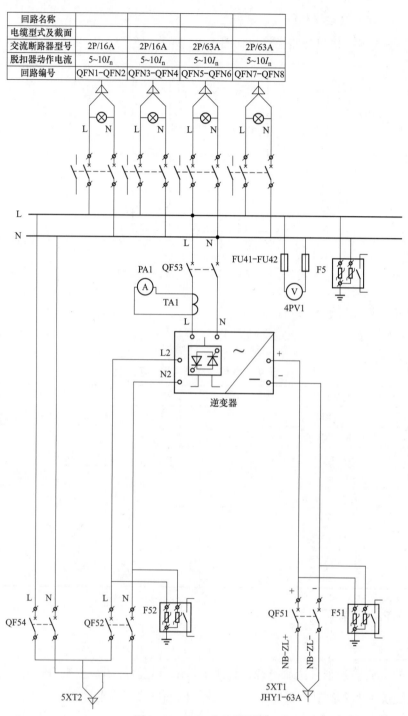

图 1-22 UPS 电气原理图

2. 电气接口与监控接口

UPS 电气接口与通信接口如图 1-23 所示。

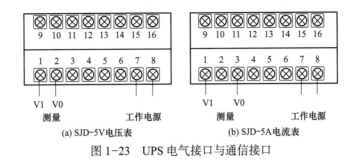

(a) SJD-5V电压表　　　　(b) SJD-5A电流表

图 1-23　UPS 电气接口与通信接口

3. 网络标号与端子定义

UPS 网络标号与端子定义见表 1-6。

表 1-6　　　　　　　　　　　　UPS 网络标号与端子定义

网络标号	定义
QFNn-OF	n 号逆变配电开关状态
QFNn-SD	n 号逆变配电开关跳闸

第二章 变电站交流电源系统

第一节 站用电交流系统

一、站用电交流系统的配置

（一）站用电交流电源

常规的站用电交流系统普遍是两路交流电源供电，两路交流电源分别经站用变压器降压后供交直流系统。按照母线接线方式可分为两种，即单母线方式和单母线分段方式，两路电源所接站用变压器运行方式为一主一备，或者是分列运行，互为备用。由于两路电源的参数存在差异，有的还存在一定的相位差，因此不能并列运行。在110kV及以下变电站中大部分采用单母线接线方式，如图2-1所示；在220kV及以上变电站普遍采用单母线分段方式，如图2-2所示。站用电系统中的主开关和负荷开关主要有手动双投隔离开关、熔断路、接触器、空气断路器、框架式断路器。安装形式主要有固定式、抽屉式等。

（二）站用变压器配置基本规范

变电站宜采用容量相同、互为备用且分列运行的2台站用变压器，每台变压器按全

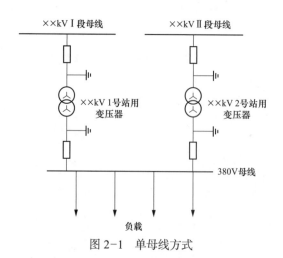

图 2-1 单母线方式

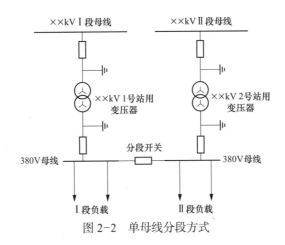

图 2-2　单母线分段方式

站计算负荷选择，每台站用变压器容量至少要能够满足变电站内所有主变压器的冷却器用电负荷。变电站只配置 1 台主变压器时，其中 1 台站用变压器宜从第三站用电源引接。投产初期只有 1 台主变压器时，站内配置 1 台站用变压器外，还须设置 1 台由站外可靠电源引接的站用变压器。

站用变压器按类型可分为油浸式变压器和干式变压器。干式变压器一般室内布置，可以布置在站用电屏或站用电分屏室内（应选用固定式封闭配电屏；当站用电馈线较多，也可采用抽屉式配电屏，以减少空间体积和占地面积，但应设有机械联锁和电气联锁；单独设置的站用配电屏室也应靠近站用变压器室）。油浸式变压器可室外布置也可室内布置，室内布置时，应单独安装在小房间内。干式站用变压器应装有温湿度装置，油浸式站用变压器本体应配置油温表和硅胶呼吸器。为了方便运行检修，提高运检效率，站用变压器室可另设小门。

站用变压器开关经电缆引至站用变压器柜，站用变压器低压侧经铝排引到站用电屏内，经空气断路器后将电源送至站用电母线。

站用变压器应配置固定的检修电源，可以设置在站用变压器附近、屋外及屋内配电装置内。其中安装在屋外的检修电源箱，落地安装应满足高出地坪 0.2m 以上的要求，并满足密封要求，防止小动物进入和雨水渗入。

油浸式变压器额定容量在 800kVA 及以上的以及车间内油浸式变压器额定容量在 400kVA 及以上的，都应配置瓦斯保护，其保护动作出口跳闸或上传跳闸信号。

对于站用变压器低压侧中性点直接接地的，宜配置以下单相接地短路保护之一：①站用变压器低压侧中性线上的零序过电流保护可由反时限电流继电器组成；②站用变压器高压侧的过电流保护可兼作单相短路保护，保护装置宜采用两相三继电器接线。

根据系统运行需要应投入相应的站用变压器保护，禁止无继电保护的站用变压器投入运行。运行中，站用变压器保护不能任意投退或变更定值，若需投入、退出保护或变更定值，必须在相应当值调度员的命令下进行。定值变更应有有关调度继电保护部门的整定通知单，在定值更改结束后，运行人员将收到的整定通知单与值班调度员认真核对，核对无误后，运行人员签名，并注明日期。不允许在未停用保护的站用变压器上进行试验或启动试验按钮。检修工作如果需要更改保护二次接线，应具有有关部门批准的工程联系单，工作完毕后，应做好有关记录，对站用变压器的图纸做相应的修改，签名，并注明日期。

站用变压器高压侧如果配置断路器，高压侧保护宜设置有过电流保护和电流速断保护，是保护站用变压器内部、引出线发生短路故障的主保护以及相邻元件发生相间短路故障的后备保护。保护动作时（其中电流速断保护瞬时动作，过电流保护动作带时限），跳开站用变压器各侧断路器。保护装置宜采用两相式继电器接线。

（三）站用变压器控制和信号

当站用配电屏与主控制室有一定距离时，站用变压器母线分段断路器、低压总断路器等回路采用的操作电器，以及站用变压器采用的有载调压分接开关等元件，宜根据以下不同的控制方式来实施控制：

（1）采用常规控制方式时，宜设置控制屏于继电器室或者主控室实施远方控制。

（2）采用微机监控方式时，由监控系统进行远程控制。

对于在低压配电屏上就地进行控制的元件，需要单独配置控制回路。

设有双回路的控制楼及通信楼专用线，其操作电器的控制回路应保证只能由一个回路进行供电。

站用电事故信号、预警信号应接入中央信号系统或微机监控系统。

（四）站用变压器备自投装置

备用电源自动投入装置（以下简称备自投装置）是一种为了提高电力系统的供电可靠性而配置的自动保护装置投入装置，在工作电源因故障或其他因素切除后，通过保护逻辑动作自动、迅速地将备用电源投入工作电源，保障用户电源持续供电。近年来，备自投装置被广泛应用于电力系统，特别是网络中重要电源节点，可以防范电力系统事故扩大，防范电力系统稳定破坏，防范电网大规模崩溃，防范系统大面积停电，恢复电力系统正常运行。

（1）站用变压器备自投装置（常规分段备自投装置）充电条件：

1）Ⅰ段母线Ⅱ段母线均有电压，而且大于有压定值。

2）合位开关为Ⅰ段母线进线开关、Ⅱ段母线进线开关；分位开关为分段开关。

（2）站用变压器备自投装置（常规分段备自投装置）放电条件：

1）备自投装置检测到分段开关在合闸位置。

2）Ⅰ段母线和Ⅱ段母线线电压小于设定的无压定值。

3）手动操作分开Ⅰ段母线进线开关、Ⅱ段母线进线开关，备自投装置经继电保护装置触点 KKJ 自动闭锁而放电。

4）备自投装置在下列情况将闭锁：母线差动、失灵等保护装置动作接入，低周动作接入，闭锁方式压板投入等。

5）当Ⅰ段母线进线开关、Ⅱ段母线进线开关、分段开关位置信号处于异常状态时。

6）备自投装置动作后，备自投开关没有动作，二次信号没有返回。

7）备自投定值设置为不允许自动投入时。

（3）站用变压器备自投装置（常规分段备自投装置）动作过程：在满足全部充电条件时，备自投装置经延时完成充电。检测到Ⅰ段（Ⅱ段）母线的一次电压值低于设定的无压定值，且Ⅰ段（Ⅱ段）母线进线电流值低于无流定值；检测到Ⅱ段（Ⅰ段）母线的电压和电流满足备自投的要求时，备自投装置逻辑动作启动，经延时保护动作跳Ⅰ段（Ⅱ段）母线进线开关。备自投装置在确认Ⅰ段（Ⅱ段）母线进线开关在分闸位置后，立即合上分段开关，Ⅰ段（Ⅱ段）母线的电压恢复正常。

（4）站用变压器备自投装置（常规分段备自投装置）运行要求：保证一路工作站用变压器的断路器断开造成工作母线无电压，且另一路站用变压器电源电压正常的情况下，才允许备自投装置动作投入备用电源；备自投装置应满足延时动作且只允许动作一次的要求。工作母线发生故障时，以及就地或远方遥控断开工作电源时，备自投装置不应启动。工作电源供电恢复正常后，应手动进行切换回路的复归。备自投装置动作后，应发送预告信号。

（五）站用变压器接线方式

一次接线方式及正常运行方式：220kV变电站××kV 1、2号站用变压器低压空气断路器合上，站用变压器分段开关断开，站用电负荷全部由××kV 1、2号站用变压器供电；正常情况下，2台站用变压器低压侧分列运行（接线联结组号不同，2台站用变压器输出电压之间存在相角差，因此两台站用变压器不得并列运行）。

站用变压器低压侧应采用三相四线制，低压侧的中性点直接接地，系统额定电压为380V/220V；站用变压器高压侧中性点宜接消弧线圈，高压侧中性点经消弧线圈直接接地。

站用电负荷由站用电屏或站用电分屏直配供电，重要负荷双回路供电，在站用变压器分列运行时，双回路供电的负荷其分段开关不得并列。

二、站用电交流系统运行维护

（一）站用变压器运行管理规定

站用变压器停役操作：当需要将带站用电负荷的站用变压器停役时，必须先拉开停役站用变压器的低压空气断路器，再合上××kV 1、2号站用变压器低压联络空气断路器（或另1台站用变压器低压空气断路器），复役反之。

站用变压器室必须保证室内通风良好。

站用变压器应采用标准阻抗系列的普通变压器，其阻抗的选择应考虑低压侧所有负荷对短路电流的承受能力。

站用变压器低压空气断路器具有分闸位置闭锁装置，因站用变压器低压无隔离开关，为防止站用变压器检修，低压空气断路器意外合闸发生倒送电事故，故在操作站用变压器低压空气断路器分闸后必须在该断路器分闸位置闭锁装置加锁，以防止低压空气断路器意外合闸，即站用变压器低压系统应采取措施防止变压器并列运行。

（1）站用电第三站用电源运行维护内容：

1）在站用电第三站用电源配电箱前放置绝缘垫。

2）在站用电第三站用电源投入使用之前，必须用万用表测量站用电第三站用电源电压是否正常（如有指示灯的，也可以通过观察指示灯来判断）。

（2）站用变压器保护及自动装置的有关操作规定：

1）站用变压器保护装置工作后复役时，投入出口压板前，必须用高内阻电压表测量压板两端确无电压后方可放上。

2）站用变压器保护在正常运行中不得断开其装置直流电源，如遇特殊情况（直流接地拉路查找等）需断开装置直流电源，必须经上级同意将保护跳闸压板取下，断路器控制开关"KK"切至就地后进行。

（二）油浸式站用变压器日常巡视检查内容

（1）站用变压器的油温和温度计应正常，储油柜的油位应与温度相对应，各部位无渗油、漏油。

（2）站用变压器套管油位应正常，套管外部无破损、裂纹，无严重油污，无放电痕迹及其他异常现象。

（3）站用变压器声响正常，无明显的放电声响。

（4）各冷却器手感温度应相近，风扇、油泵运转正常，油流继电器工作正常。

（5）吸湿器完好，吸附剂干燥。

（6）引线接头、电缆、母线应无发热迹象。

（7）压力释放器、防爆膜应完好无损。

（8）气体继电器内应无气体。

（9）各控制箱和二次端子箱应关严，无受潮，封堵无损坏、掉落。

（10）站用变压器本体基础没有出现明显沉降，本体无明显倾斜。

（11）熄灯巡视注意观察站用变压器通流部位无明显变红现象。

（12）下列情况下应对站用变压器进行特殊巡视检查，增加巡视次数：

1）新设备或经过检修、改造的站用变压器在投运72h内。

2）有严重缺陷时。

3）发生如大风、大雾、大雪、冰雹、寒潮等时的气象突变（特别关注室外配置的站用变压器）。

4）雷雨季节特别是雷雨后（特别关注室外配置的站用变压器）。

5）高温季节、高峰负荷期间。

6）站用变压器急救负荷运行时。

（三）干式站用变压器日常巡视检查内容

（1）站用变压器的外部表面应无积污。

（2）站用变压器温湿度控制装置显示正常。

（3）站用变压器引线接头、电缆、母线应无发热迹象。

（4）站用变压器声响正常，无明显的放电声响。

（5）站用变压器环境中无明显异味。

（6）站用变压器室除湿机运行工作正常，相关温度和湿度设置在合理范围内（根据季节随时进行调节）。

（7）各控制箱和二次端子箱应关严，无受潮，封堵无损坏、掉落。

（8）站用变压器本体基础没有出现明显沉降，本体无明显倾斜。

（9）熄灯巡视注意观察站用变压器通流部位无明显变红现象。

（10）下列情况下应对站用变压器进行特殊巡视检查，增加巡视次数：

1）新设备或经过检修、改造的站用变压器在投运72h内。

2）有严重缺陷时。

3）发生如大风、大雾、大雪、冰雹、寒潮等时的气象突变。

4）雷雨季节特别是雷雨后。

5）高温季节、高峰负载期间。

6）站用变压器急救负载运行时。

（四）站用变压器每月定期检查内容

（1）外壳及箱沿应无异常发热。

（2）各部位的接地应无好。

（3）油循环冷却器的油浸式站用变压器应进行冷却装置的自动切换试验。

（4）各种标识应齐全、明显。

（5）各种保护装置应齐全、良好。

（6）各种温度计（温湿度装置）应在检定周期内，报警信号应正确、可靠。

（7）消防设施应齐全、完好。

（8）油浸式贮油池和排油设施应保持良好状态。

（五）站用变压器保护及自动装置的一般运行、维护和检查

站用变压器保护室应保持干净、整洁、无漏水，并有防止小动物进入的措施。站用变压器保护室的温度应控制在5～30℃。

站用变压器保护屏上下前后必须有明显的被保护设备的间隔标识，对屏上一经触动后就会直接导致保护误动的开关、按钮等应有明显的告警标识或防护措施。

工作人员一般只允许进行装置的压板、熔丝、操作用小闸刀及空气小开关的操作。但处理装置异常时，在熟悉二次接线及原理并不危害一、二次设备安全运行的前提下，允许工作人员断开或拧紧有关端子排和继电器上的螺钉，测量电压，测量绝缘电阻。处理过程中，要依据正确的图纸进行，不得凭记忆进行。测量电压时，必须使用高内阻电压表，严禁使用灯泡搭接代替仪表。

当操作站用变压器保护的开关量输入压板时，应检查核对显示或打印信息是否与操作一致。在运行中，若发生开关量变位信号与实际不符或开关量反复变位、装置反复自复位，应及时向上级汇报，并要求退出该保护装置。

严禁在站用变压器保护的后台管理机上做与运行操作无关的任何工作。站用变压器保护动作和装置故障输出的打印报告、微机录波器的录波文件和打印录波图应及时处理归档，若无法打印信息，应及时记录显示器记录的内容。

不准在有微机保护运行的站用变压器保护室内使用无线电通信设备。

（六）站用变压器检修事宜

××kV 1、2 号站用变压器的电源是开关室的站用变压器高压侧开关经电缆引入到站用变压器柜的，站用变压器改检修时，其高压侧验电需在站用变压器开关柜内用验电小车进行验电，验明确无电压后，合上在站用变压器高压侧接地开关；站用变压器低压侧验电在站用变压器柜内进行，验明确无电压后，在站用变压器低压侧挂接地线。

（七）站用电第三站用电源使用注意事项

当本站 ××kV 1、2 号站用变压器均不能使用时，才可以使用站用电第三站用电源（即临时电源）。站用电第三站用电源的使用步骤如下，具体操作按当时 ××kV 1、2 号站用变压器实际情况进行调整。

1. 投入步骤

（1）断开 ××kV 1 号站用变压器低压侧空气断路器，并上锁锁住。

（2）断开 ××kV 2 号站用变压器低压侧空气断路器，并上锁锁住。

（3）检查站用变压器低压联络开关确在断开位置（视变电站配置情况有无）。

（4）将站用电主备电源切换开关从 ××kV 1 号站用变压器低压侧切换到备用电源侧，并检查。

（5）合上 ××kV 1 号站用变压器低压侧空气断路器。

（6）合上站用变压器低压联络开关（视变电站配置情况有无，否则合上 ××kV 2 号站用变压器低压侧空气断路器）。

（7）检查站用电所供负载情况正常。

2. 停用步骤

（1）断开 ××kV 1 号站用变压器低压侧空气断路器，并上锁锁住。

（2）拉开站用变压器低压联络开关（视变电站配置情况有无）。

（3）将站用电主备电源切换开关从备用电源侧切换到××kV 1 号站用变压器低压侧，并检查。

（4）合上 ××kV 1 号站用变压器低压侧空气断路器。

（5）合上 ××kV 2 号站用变压器低压侧空气断路器。

（6）检查站用电所供负载情况正常。

（八）其他运行维护要求

本站低压空气断路器在分闸后必须进行储能才能保证远方操作功能及就地合闸。注意：低压空气断路器在合闸状态不得进行储能，否则会引起低压空气断路器跳开。

站用电第三站用电源是指从站外变压器低压侧引到站用室，供站用电全失紧急情况下使用。正常时，户外第三电源配电箱内的第三站用电源断路器 DK 在断开位置，站用电第三电源空气断路器在断开位置（或站用电屏上的站用变压器备用电源抽屉盒放置在站用电屏相应位置），并在站用电第三电源断路器操作把手上挂"禁止合闸，有人工作"标示牌。正常运行时，站用电主备电源切换开关合于 ××kV 1 号站用变压器低压侧，站用变压器的正常停复役操作均不考虑此开关的操作。日常巡视时，应检查主备电源切换开关的发热情况，备用电源、××kV 1 号站用变压器低压电源带电指示灯应亮。

第二节　不间断供电系统

变电站中用电设备很多，且设备使用频率相当高，其中某些重要设备如监控后台、主变压器冷却器等在供电质量与供电持续性等方面要求较高，其在运行过程中必须始终保持在稳定的运行电压频率状态下，提高供电可靠性，不得出现任何导致断电的故障差错。因此，为了保证供电的连续性、提供符合要求的优质电源，变电站中不间断供电系统被广泛应用。

不间断供电系统是指当交流电网输入发生异常时，可持续向负载供电，并能保证供电质量，使负载供电不受影响的供电装置。不间断供电系统依照其向负载提供的电流类型可分为交流不间断供电系统和直流不间断供电系统。人们习惯将交流不间断供电系统称为 UPS，其作用有二：一是在市电供电中断时能继续为负载提供合乎要求的交流电源；二是在市电供电没有中断但供电质量不能满足负载要求时，具有稳压、稳频等交流电的净化作用。

一、不间断供电系统基本构造

（一）整流器

整流器能够提供交流转直流电源功能服务，可应用于后续的蓄电池与逆变器功能过程中。整流器的性能指标能够直接影响 UPS 的输入指标，就这一点来讲它起到两点作用：第一，在将交流电整流转变为直流电并进行滤波处理后，还会为负载设备或逆变器供给电能；第二，可为蓄电池提供充电电压，作用类似于充电器。整流器中一般会用到高频开关配合可控硅，它伴随外接电源的变化合理控制电源电能输出幅值，可为设备后端输出幅值相对稳定的直流电源电能。

（二）逆变器

逆变器中包含上级直流电源部分，即蓄电池与整流器，二者均可转变成交流电源。另外，逆变器中还包含逆变桥、滤波电路以及控制逻辑电路。逆变器的最大作用就是将市电经过整流转变为更加稳定的直流电或蓄电池储存直流电能源，或是转变形成波形更加稳定的交流电。

（三）旁路开关

旁路开关能提升 UPS 的工作安全可靠性，且能承载一定的负载、过载和短路。实际上，它加大了电气设备的保护上限，能够避免由于电流过载所导致的设备短路损坏问题。旁路开关能够通过自动切换逆变器进行持续供电，即从交流市电旁路供电到由逆变器供电或从逆变器供电到市电旁路供电的切换操作。

（四）蓄电池

蓄电池中可储存 UPS 电能，它的容量大小决定了应急供电的具体时间。在市电电压稳定供应期间，UPS 通过整流器将电能转换为化学能再储存到蓄电池中。当市电断电或出现异常波动时，蓄电池中的所有化学能会转化为后端负载设备电能，为电气设备提供充足电源。

（五）监控系统

监控系统的核心部件，由一个主监控模块与若干个子监控模块组成。不间断供电系统监控模块存储整个站用电源数据，通过与后台的网络连接，完成站用电源"四遥"功能。监控系统采用四级控制管理结构，第一级为计算机监控后台，通过通信接口和本监控系统连接；第二级为本系统的一体化监控器，通过通信接口与第三级子监控器（含站用交流电源监控器、逆变电源/UPS 监控器、通信电源监控器、独立绝缘监测装置、独立电池巡检仪）连接；第四级由进线监控、电量检测等底层采样监控单元组成。其中，第四级监控器通过通信接口与第三级监控单元相连接。

变电站不间断供电系统相比于传统的分散式供电系统具有显著的优势。不间断供电系统将这些组合成一个统一的集成体，这个集成体不仅能够满足对其内部电源系统的监控和调试需求，还能够实现设备之间的信息共享，且相比于变电站传统电源系统，变电站不间断供电系统具有更高的安全性，主要体现在：

（1）不间断供电系统可以实现对变电站电源子系统的故障监测和分析，同时确保变电站电源信息管理的智能化，同时解决了传统变电站电源系统子系统分布式管理的不兼容问题，对促进变电站智能化发展具有重要意义。

（2）不间断供电系统应用的技术已经趋于成熟，并且所使用的各种设备本身不存在任何风险，具有较高的运行稳定性，可以显著减少设备维护的次数。

（3）变电站不间断供电系统的监控、管理、生产、安装和维护工作更加方便，减少了电源系统和子系统之间的重复管理，有效地降低了电源子系统的运营成本。

二、不间断供电系统分类

（一）后备式 UPS

后备式 UPS 是指交流输入正常时，通过稳压装置对负载供电；交流输入异常时，电池通过逆变器对负载供电，它是一种以市电供电为主的供电形式，主要由充电器、蓄电池、逆变器、变压器抽头调压式稳压电源、旁路开关等组成。其工作原理框图如图 2-3 所示。

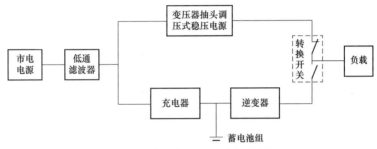

图 2-3　后备式 UPS 工作原理框图

后备式 UPS 具有结构简单、价格低廉等优点，运用与某些非重要的负载使用，如家用计算机等。但市电断电时，继电器将逆变器切换至负载，切换时间较长，一般需要几毫秒的间断，所以稍微重要的计算机设备不应选用被动式 UPS。

（二）在线式 UPS

在线式 UPS 是指交流电输入正常时，通过整流、逆变装置对负载供电；交流电输入异常时，电池通过逆变器对负载供电。在线式 UPS 又称为双变换在线式或串联调整式 UPS。大容量 UPS 大多采用此结构形式。在线式 UPS 通常由整流器、充电器、蓄电池、逆变器等部分组成，是一种以逆变器供电为主的电源形式。其工作原理框图如图 2-4 所示。

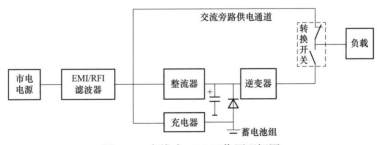

图 2-4　在线式 UPS 工作原理框图

在线式 UPS 作为 UPS 电源的主流产品，具有性能好、电压稳定度与频率稳定度高、功能强等优点，在市电发送故障的瞬间，UPS 的输出不会产生任何问题。但是全部负载功率都由逆变器提供，UPS 的容量裕量有限，输出能力不够理想；整流器和逆变器承担全部负载功率，整机效率低。

（三）互动式 UPS

互动式 UPS 是指交流输入正常时，通过稳压装置对负载供电，变换器只对电池充电；交流输入异常时，电池通过变换器对负载供电。互动式 UPS 又称为在动式 UPS 或并联补偿式 UPS。与（双变换）在线式 UPS 相比，互动式 UPS 省去了整流器和逆变器，而由一个可运行于整流状态和逆变状态的双向变换器配以蓄电池构成。当市电输入正常时，双向变换器处于反向工作（即整流工作状态），给电池组充电；当市电异常时，双向变换器立即转换为逆变工作状态，将电池电能转换为交流电输出。其工作原理框图如图 2-5 所示。

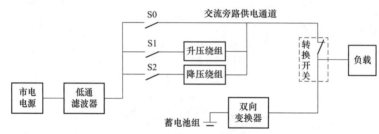

图 2-5　互动式 UPS 工作原理框图

互动式 UPS 供电效率高，可达 98% 以上；电路结构简单，成本低，可靠性高；输出能力强，对负载电流峰值系数、过载等无严格限制；变换器直接接在输出端，并且处于热备用状态，对输出电压尖峰干扰有滤波作用。但是，大部分时间为市电供电，仅对电网电压稍加稳压处理，输出电能质量差；市电供电中断时，由于交流旁路开关存在断开时间，导致 UPS 输出存在一定时间的电能中断，但比后备式 UPS 的转换时间短。

三、不间断供电系统配置规范

不间断供电系统宜采用直流系统、逆变器组合而成，或采用成套 UPS 装置，具体组成部分包括站用交流系统、直流系统、通信电源、UPS/逆变电源、监控系统等。采用组合式监控系统，分散控制、集中管理。子监控单元采用模块化、积木式设计，可根据系统输出容量和馈线路数，通过配置相应数量的监控模块，满足不同需求组合方式更加灵活。

不间断供电系统的性能包括稳定系统电压和稳定系统频率，额定输出频率为 50Hz，额定输出交流电压为单相 220V。不间断供电系统的容量配置宜留有一定的裕度，特别是供计算机使用的不停电电源装置。

不间断供电系统具有旁路输出和逆变输出切换功能；具有输入电压、输入电流，输出电压、输出电流、输出频率，旁路交流电压、逆变电源状态、旁路开关状态等关键状态量的采集功能；具有防止过负荷及外部短路的保护功能。

UPS 的安装对于场地及环境的选择，既要考虑 UPS 的安全运行，又要考虑负载的实际情况，保证 UPS 运行正常，供电可靠。一般考虑 UPS 安装场地和环境时，要注意以下几个方面：

（1）场地应清洁干燥，UPS 的左右侧至少要保持 50mm 的空间，后面至少要有 100mm 的空间，以保证 UPS 通风良好，湿度和温度适宜（15～25℃最佳）。

（2）无有害气体（特别是 H_2S、SO_2、Cl_2 和煤气等），因为这些气体对设备元器件的腐蚀性较强，影响 UPS 的使用寿命，沿海地区还应防止海风（水）的侵蚀。

（3）外置电池柜应尽可能与 UPS 放在一起。

UPS 与市电电源及负载的连接有以下相关要求：

（1）检查 UPS 上所标的输入参数，是否与市电的电压和频率一致。

（2）检查 UPS 输入线的相线与中性线是否遵守厂家规定。

（3）检查负载功率是否小于 UPS 的额定输出功率。

UPS 一般均安装于室内，而且离负载较近，其走线多为地沟或走线槽，所以一般采用铜芯橡皮绝缘电缆。其导线截面积主要考虑三个因素：符合电缆使用安全标准；符合电缆允许温升；满足电压降要求。

UPS 外接蓄电池，正确安装及安全运行的基本条件如下：UPS 及电池工作环境干燥，温度为 20～25℃。在蓄电池组的充放电回路中必须装有过电流保护断路器或熔断器，而且此保护装置离电池越近越好，有些熔断器甚至可以串接在蓄电池组内，这样当蓄电池组的输出线绝缘损坏或输出短路时，蓄电池组的输出电压可被迅速切断。过电流保护断路器或熔断器的额定工作电压（直流）应大于 UPS 蓄电池组的浮充电压，因为虽然 UPS 正常工作时充电器与蓄电池组之间压差不是很大，但如果充电器内部或充电器输出端正负极连线发生短路，那么有可能接近于整个蓄电池组浮充时电压值的电压就会全部加到此断路器上，为了保证此时断路器还能有效分断，此断路器的额定工作电压值一定要大于 UPS 蓄电池组的浮充电压。

对于要求 UPS 24h 不间断运行的用户，为 UPS 单独配置一个维修旁路配电箱是非常必要的。通过对 UPS 及其维修旁路配电箱的正确操作，用户可将 UPS 负载无间断地切换到此配电箱的手动维修旁路上，然后使 UPS 主机彻底不带电，工程技术人员就可安全地对 UPS 进行维修。当维修工作完成后，再通过对 UPS 及此维修旁路配电箱进行操作，用户同样可将 UPS 负载无间断地从手动维修旁路切换回 UPS 在线输出回路。维修旁路配电箱的结构及操作方法如图 2-6 所示。

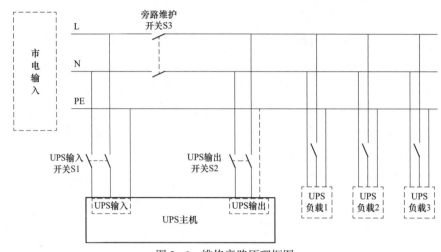

图 2-6 维修旁路原理框图

S1—UPS 输入断路器；S2—UPS 输出断路器；S3—UPS 旁路维护开关

正常开机顺序（初始状态 S1、S2、S3 均为 OFF）：将 S1 扳到 ON，正常启动 UPS；确认 UPS 输出电压正常后，将 S2 扳到 ON；开启负载，此时 S3 保持 OFF 状态。

转维护旁路顺序（初始状态 S1、S2 为 ON，S3 为 OFF）：确认市电供电正常，将 UPS 主机切换到旁路状态（内部旁路）；确认 S3 上、下口电压差不超过 2V 后，将 S3 扳到 ON；确认负载运行正常后，将 S2 扳到 OFF；将 S1 扳到 OFF，此时 UPS 设备已与整个配电回路断开，可进行维护。如果 UPS 不能切换到内部旁路，则需按正常顺序将 UPS 彻底关机，将 S2 扳到 OFF，S1 扳到 OFF，此时负载将关闭；如负载还需继续工作，在确认 S1、S2 为 OFF 状态后，将 S3 扳到 ON，然后再开启负载。

转回正常工作顺序（初始状态 S1、S2 为 OFF，S3 为 ON）：将 S1 扳到 ON；启动 UPS，确认 UPS 进入旁路状态（内部旁路）；确认 S2 上、下口电压差不超过 2V 后，将 S2 扳到 ON；将 UPS 从旁路切换到在线状态，此时 UPS 恢复到正常工作状态。

四、不间断供电系统运行维护

（一）巡视及检查

（1）正常运行时，UPS 交流输入开关、UPS 直流输入开关、UPS 交流输出开关均处于合位，旁路维护开关处于分位（正常运行不允许合位，只有在 UPS 关闭后，方可合上旁路维护开关），各负荷支路的运行监视信号完好、指示正常，熔断器无熔断，自动空气断路器位置正确。

（2）UPS 装置温度正常，清洁，通风良好。

（3）UPS 装置内各部分无过热、松动现象，各灯光指示正确。

（4）UPS 装置运行状态的指示信号灯正常，交流输入电压、直流输入电压、交流输出电压、交流输出电流正常，运行参数值正常，无故障、报警信息。

（5）监控系统的工作环境要求有空调设施，以保持室内温度为5～30℃，相对湿度为20%～90%。还应保持干净、整洁、无漏水，并有防止小动物进入的措施。

（6）监控系统的直流电源空气断路器、交流电压空气断路器或熔丝在正常运行时，均应合上。

（7）监控系统正常运行时，各个监控设备的运行灯亮，通信设备及网络运行正常。

（8）监控设备的各种维护、检修、调试等工作，均应办理工作票手续，并在做好相应的安全措施后方可进行。

（二）运行注意事项

1. 逆变器运行状态

（1）交流运行状态：逆变器交流输入正常，将输入的交流整流逆变后输出交流电压。

（2）直流运行状态：当逆变器的交流输入失去，直流输入正常时，逆变器将输入的直流进行逆变后输出交流电压。

（3）自动旁路状态：逆变器开机时，首先运行于该状态；如输出大于额定输出功率时，将自动切至旁路状态；当逆变器出现故障时，逆变器自动切至旁路状态；逆变器在自动切至旁路状态的过程中会伴随出现"逆变器故障"信号出现，如逆变器本身并无故障，切至旁路状态后该信号会自动消失。

（4）手动旁路状态：当逆变器有检修工作时，手动操作此旁路开关至"旁路"位置，即由交流输入直接供电。

2. UPS 系统运行注意事项

当 UPS 系统在正常交流电源状态下连续运行时间超过三个月，应做切换试验，以验证其直流运行状态良好，即拉开 UPS 屏上交流输入空气断路器，使逆变器应自动转入直流运行状态运行，检查运行应正常，相关的声光信号正确。然后合上交流输入开关，恢复其正常的交流运行状态。蓄电池存放一段时间后要进行充电，对于 UPS 长期处于市电供电而很少用电池供电的情况，要定期让蓄电池进行充放电。蓄电池深度放电时对电池有很大的影响，一般情况下要避免电池深度放电。UPS 中所使用的免维护蓄电池不能用快速充电器来充电，否则将很容易损坏蓄电池。为保证蓄电池具有良好的充放电特性，对于长期闲置不用的 UPS（经验数据是 UPS 停机 10 天以上），在重新开机使用前，最好先不要加负载，让 UPS 利用机内的充电回路对蓄电池浮充 10～12h 以后再用。

UPS 装置应具备防止过负荷及外部短路的保护，交流电源输入回路中应有涌流抑制措施，其旁路电源需经隔离变压器进行隔离。

UPS 负荷空气断路器跳开后，应注意检查所带负荷回路绝缘是否有问题，检查没有明显故障点后可以试分合一次空气断路器。

UPS 装置自动旁路后，因检查 UPS 自动旁路，短时间无法判断故障点时，应进行操作,用另一台 UPS 代所有 UPS 负荷运行,将故障 UPS 隔离后作进一步检查,必要时因通知检修或厂家进站检查,严禁运维人员私自拆开 UPS 装置进行检查。

在正确使用的基础上,UPS 还需定期维护与保养,才能更好地延长其使用寿命。蓄电池是 UPS 设备的支柱之一,使用不当容易损坏。因此对蓄电池的正确维护显得尤为重要。要定期(通常为 6 个月)检查 UPS 内蓄电池组的端电压,若电池端电压较低时就需要进行维护。蓄电池组应在 0~30℃的环境中使用,温度过高时,蓄电池寿命将大大缩短;温度过低时,蓄电池可释放的容量将大大减少。

UPS 不宜长期工作在 30℃以上的环境中,否则会大大缩短电池的使用寿命。不要将磁性介质放在 UPS 上,否则容易导致 UPS 机内信息丢失而损坏机器。此外,UPS 最好不要一直在满载和轻载状态下运行,一般选取额定容量的 50%~80% 为宜。

3. UPS 日常维护要求

(1)UPS 在正常使用情况下,主机的维护工作主要是防尘和定期除尘。

(2)其次就是在除尘时检查各连接件和插接件有无松动和接触不牢的情况。

(3)蓄电池组目前都采用了免维护电池,但这只是免除了以往的测比、配比、定时添加蒸馏水的工作。而外因工作状态对电池造成的影响并没有改变,这部分的维护和检修工作仍然是非常重要的,UPS 系统的维护检修工作主要在电池部分。

(4)平时每组电池中应有几只电池作标示电池,作为了解全电池组工作情况的参考,对标示电池应定期测量并做好记录。

4. 蓄电池维护中需经常检查的项目

(1)清洁并检测电池两端电压、电池温度;连接处有无松动、腐蚀现象,检测连接条压降。

(2)电池外观是否完好,有无外壳变形和渗漏;极柱、安全阀周围是否有酸雾溢出。

(3)不能把不同容量、不同性能、不同厂家的电池连在一起,否则可能会对整组电池带来不利影响。

(4)对寿命已过期的电池组要及时更换,以免影响到主机。

(5)再好的设备也有寿命,也会出现各类故障,但维护工作做得好可以延长寿命,减少故障的发生,不要因为所谓的"高智能、免维护"而忽略了本应进行的维护工作,预防工作在任何时候都是安全运行的重要保障。

第三节 事 故 照 明 系 统

一、变电站事故照明的作用

随着电力系统的不断发展,电网结构越来越复杂,变电站数量日益增多,设备种类也越发多样化，变电站事故也时有发生。然而，由于现代化供电企业优质服务工作的要求，向电力用户提供安全稳定的电能，是电网企业最重要的任务。变电站设备作为电网中电力供应最重要的环节，其运行的安全性和稳定性至关重要。

变电站发生事故时，可能会对站内的交流电源系统造成影响，导致正常的站内照明系统无法运作，不能提供可靠照明，使电力设备抢修无法顺利开展。因此，变电站除正常照明系统外，还有事故照明系统。

变电站的照明系统，特别是事故照明系统，是变电站交流电源系统的一个重要组成部分，它能保障各种情况下的良好的光照环境，帮助运检人员在正常照明系统出现异常的情况下，开展设备巡视、倒闸操作和事故处理。

变电站的事故照明正常由交流电源供电，若遇到异常情况变电站交流电源消失，能通过自动或手动投入事故照明，确保在事故状态下必需的照明，可以使运检人员在充足照明条件下进行紧急事故处理，防止故障的扩大，尽快恢复设备的正常运行，最大限度地降低停电损失，避免由于照明不足造成事故处理人员混乱，导致人身、设备伤害事故发生。事故照明系统能够实现正确、快速切换，可靠运行，从而保证站内事故状态下的照明，给运检人员检查和处理各类事故提供可靠的照明环境至关重要。

二、变电站事故照明的原理

事故照明在正常情况下是交流供电，因此事故照明可以作为正常照明使用。当交流输入消失后，可以自动转换为直流电源输入，继续为照明装置供电。以某 220kV 变电站事故照明系统为例，正常情况下，事故照明系统由 AC1～N 交流电源供电，输入事故照明逆变装置后经逆变装置输出空气断路器 GK1 输出至交流负载，为事故照明灯供电。当交流输入故障时，逆变装置自动切换到直流输入电源，经逆变器将直流输入电源逆变为交流输出电源后经 GK1 输出至交流负荷，保障事故照明系统正常运行，如图 2-7 所示。

其中交流电源来自 I 段交流馈线屏 I，直流输入来自 I 段直流馈线屏 II。通过交流 I 段母线、交流 II 段母线供电。实现了两路非同源输入，任意一段交流电源失电都不会导致事故照明输入全部失去。实现两路独立电源供电，不会同时失去交流、直流输入电源，保障供电可靠性。供电情况如图 2-8 所示。

该系统中交流 I 段母线为事故照明逆变装置提供交流电源输入，交流 I 段、交流 II 段母线同时给 I 段直流充电屏提供交流输入电源，经充电模块整流后输出直流电至 I 段直流馈线屏，再将直流电源输入到事故照明逆变装置。

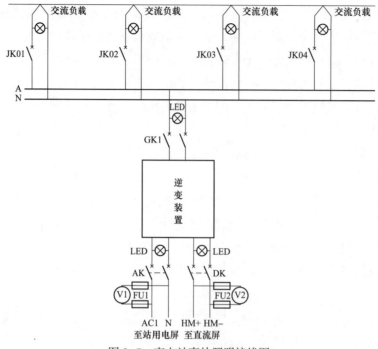

图 2-7 变电站事故照明接线图

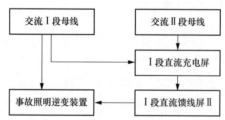

图 2-8 变电站事故照明系统示意图

三、变电站事故照明运行规定

变电站室内工作及室外相关场所、地下变电站均应设置正常照明，应保证足够的亮度，照明灯具的悬挂高度应不低于 2.5m，低于 2.5m 时应设保护罩。

室外灯具应防雨、防潮、安全可靠，设备间灯具应根据需要考虑防爆等特殊要求。在控制室、保护室、开关室、GIS 室、电容器室、电抗器室、消弧线圈室、电缆室应设置事故应急照明，事故照明的数量不低于正常照明的 15%。

定期巡视事故、正常照明灯具完好，清洁，无灰尘。照明开关完好；操作灵活，无卡涩；室外照明开关防雨罩完好，无破损。照明灯具、控制开关标识清晰。照明灯杆完好；灯杆无歪斜、锈蚀，基础完好，接地良好。照明电源箱完好，无损坏；封堵严密。

每季度对室内、室外照明系统维护一次。每季度对事故照明试验一次。需更换同规格、同功率的备品。更换灯具、照明箱时，需断开回路的电源。更换灯具、照明箱后，检查工作正常。拆除灯具、照明箱接线时，做好标记，并进行绝缘包扎处理。更换室外照明灯具时，要注意与高压带电设备保持足够的安全距离。

第四节　站用交流电源系统运行维护

一、运行规定

交流电源相间电压值应不超过 420V、不低于 380V，三相不平衡值应小于 10V。如发现电压值过高或过低，应立即安排调整站用变压器分接头，三相负载应均衡分配。

两路不同站用变压器电源供电的负荷回路不得并列运行，站用交流环网严禁合环运行。

站用电系统重要负荷（如主变压器冷却系统、直流系统等）应采用双回路供电，且接于不同的站用电母线段上，并能实现自动切换。

站用交流电源系统涉及拆动接线工作后，恢复时应进行核相。接入发电车等应急电源时，应进行核相。

（一）站用交流电源柜

（1）站用交流电源柜内各级开关动/热稳定、开断容量和级差配合应配置合理。

（2）交流回路中的各级熔断器、快分开关容量的配合每年进行一次核对，并对快分开关、熔断器（熔片）逐一进行检查，不良者予以更换。

（3）具有脱扣功能的低压断路器应设置一定延时。低压断路器若因过载脱扣，应在冷却后方可合闸继续工作。

（4）剩余电流保护器每季度应进行一次动作试验。

（二）自动装置

（1）站用电切换及自动转换开关、备自投装置动作后，应检查备自投装置的工作位置、站用电的切换情况是否正常，详细检查直流系统、UPS 系统、主变压器（高抗）冷却系统运行正常。

（2）站用电正常工作电源恢复后，备自投装置不能自动恢复正常工作电源的需人工进行恢复，不能自重启的辅助设备应手动重启。

（3）备自投装置闭锁功能应完善，确保不发生备用电源自投到故障元件上，造成事故扩大。

（4）备自投装置母线失电压启动延时应大于最长的外部故障切除时间。

二、站用交流系统巡视及维护

（一）站用交流系统巡视

1. 例行巡视

（1）站用电运行方式正确，三相负荷平衡，各段母线电压正常。

（2）低压母线进线断路器、分段断路器位置指示与监控机显示一致，储能指示正常。

（3）站用交流电源柜支路低压断路器位置指示正确，低压熔断器无熔断。

（4）站用交流电源柜电源指示灯、仪表显示正常，无异常声响。

（5）站用交流电源柜元件标识正确，操作把手位置正确。

（6）站用交流不间断电源系统面板、指示灯、仪表显示正常，风扇运行正常，无异常告警，无异常声响、振动。

（7）站用交流不间断电源系统低压断路器位置指示正确，各部件无烧伤、损坏。

（8）备自投装置充电状态指示正确，无异常告警。

（9）自动转换开关（ATS）正常运行在自动状态。

（10）原存在的设备缺陷是否有发展趋势。

2. 全面巡视

全面巡视在例行巡视的基础上增加以下项目：

（1）屏柜内电缆孔洞封堵完好。

（2）各引线接头无松动、锈蚀，导线无破损，接头线夹无变色、过热迹象。

（3）配电室温度、湿度、通风正常，照明及消防设备完好，防小动物进入措施完善。

（4）门窗关闭严密，房屋无渗水、漏水现象。

（5）环路电源开环正常，断开点警示标识正确。

3. 特殊巡视

（1）雨、雪天气，检查配电室无漏雨，户外电源箱无进水受潮情况。

（2）雷电活动及系统过电压后，检查交流负荷、断路器动作情况，UPS主从机柜电涌保护器、站用电屏（柜）避雷器动作情况。

（二）站用交流系统维护

1. 低压熔断器更换

（1）熔断器损坏，应查明原因并处理后方可更换。

（2）应更换为同型号的熔断器，再次熔断不得试送，联系检修人员处理。

2. 消缺（故障）维护

（1）屏柜体维护要求及屏柜内照明回路维护要求参照端子箱部分相关内容。

（2）指示灯更换要求参照油浸式变压器（电抗器）相关内容。

3. 站用交流不间断电源（UPS）装置除尘

（1）定期清洁 UPS 装置柜的表面、散热风口、风扇及过滤网等。

（2）维护中做好防止低压触电的安全措施。

4. 红外检测

（1）必要时应对交流电源屏、交流不间断电源屏等装置内部件进行检测。

（2）重点检测屏内各进线开关、联络开关、馈线支路低压断路器、熔断器、引线接头及电缆终端。

（3）配置智能机器人巡检系统的变电站，有条件时可由智能机器人完成红外普测和精确测温，由专业人员进行复核。

第五节　站用交流电源运行可靠管控提升

为提升站用交直流电源运行可靠性，有效保障电网安全、平稳运行，并结合变电站交直流电源故障，站用交流电源运行可靠性管控提升措施显得尤为必要，本措施针对站用电交流系统各类设备，按照设计阶段、运维检修阶段进行分类，按阶段开展提升工作。

一、交流电源设计阶段

（一）设计基本要求

（1）交流电源配置、站用电接线方式、供电方式、不间断电源（UPS）系统配置及交流电源柜配置等要求满足相关规范、规程、标准和规定。110kV 及以上电压等级变电站应至少配置两路站用电源；220kV 电压等级的重要变电站，应配置三路站用电源，第三路站用电源应取用 380V 电源；装有两台及以上主变压器的 500kV 及以上变电站和地下 220kV 变电站，应配置三路站用电源，第三路站用电源可采用 10～35kV 站外电源。站外电源应独立可靠，不应取自本站作为唯一供电电源的变电站。

（2）配置 380V 电源作为第三路电源的新建变电站，380V 电源应从站外配电变压器引入，设计阶段应考虑第三路电源接口箱及电缆需求，并在图纸中体现电缆埋管、接口箱土建基础位置等相关工作。

（3）装有一台主变压器的变电站，应配置两路电源，其中一路取自本站主变压器，另一路取自站外可靠电源。

（4）站用电遥测、遥信信息应接入变电站监控并上传至监控中心。遥测量应包含母线交流三相电压、交流进线电压、交流进线三相电流、零序电流、有功功率、无功功率、功率因数、交流频率；遥信量应包含 380V 进线开关运行状态、380V 分段开关运行状态、ATSE 运行状态、380V 备自投装置动作。另外，遥信信号母线电压异常告警、智能屏监控单元失电告警、馈线开关跳闸告警，应以硬节点方式输出。

（5）220kV 及以上新建变电站站用电进线开关、母线分段开关，应能由站用电监控系统进行控制，在运变电站可以结合改造进一步完善。

（6）站用交流电源系统应考虑负荷特性和站用变压器容量，预留高压细水雾、集控站机房等接入位置，同时应根据变电站新设备建设情况每年更新站用交流电源系统技术规范书。

（7）设计图纸中应包含站用电交流系统图，图中应标明各级开关整定值、级差配合及交流环路。

（8）中央配电屏后 N 线不应重复接地。

（二）防止全站或部分失去站用交流电源措施

（1）新建变电站站用电应采用按工作变压器划分的单母线分段接线，两段母线同时供电，分列运行。两台工作变压器互为备用，低压进线可采用自动转换开关电器（ATSE）实现互投或低压侧设母线分段开关的方式实现互投，同时应具备母线故障闭锁备自投保护功能，当母线发生故障时，保护动作，自动投切装置不动作，以防止事故扩大。

（2）当任意一台站用工作变压器退出时，站用备用变压器应能自动快速切换至失电的工作母线段继续供电；没有配置站用备用变压器时，另一台站用工作变压器宜手动接入失电的工作母线段继续供电。

（3）当站用变压器低压侧设有母线分段开关，并配置备自投装置时，备自投装置应符合 GB/T 14285—2006《继电保护和安全自动装置技术规程》和 GB/T 50062—2008《电力装置的继电保护和自动装置设计规范》的有关规定，并满足下列要求：

1）保证工作电源的断路器断开后，工作母线无电压，且备用电源电压正常的情况下，才投入备用电源。

2）备自投装置应延时动作，并只动作一次。

3）当工作母线故障时，备自投装置不应启动。

4）备自投装置动作后，应发预告信号。

（4）两台工作变压器互为备用时，低压进线可采用 ATSE 实现互投，ATSE 应符合 GB/T 14048.11—2016《低压开关设备和控制设备　第 6-1 部分：多功能电器　转换开关电器》的规定，并满足下列要求：

1）ATSE 宜选择 PC 级。

2）转换动作条件。ATSE 应装有监测电源电压异常或电源频率异常的电路，当监测到电源电压异常或电源频率异常时能够完成设定的运行方式转换。

3）外部闭锁功能。ATSE 应可通过监测进线开关故障跳闸或其他辅助保护动作判断母线故障，并闭锁 ATSE 转换进线电源，避免事故扩大。

4）站用交流电源系统备自投装置或 ATSE 应具备上级电源恢复供电自动投入功能。

5）ATSE 采用直流电源作为工作电源的，应能在直流电源失电时保持原工作状态。

6）站用电系统重要负荷（如主变压器冷却器、直流系统充电机、交流不间断电源、消防水泵等）应采用双回路供电，接于不同的站用电母线段上，并能实现自动切换。

7）断路器、隔离开关的动力电源可按区域分别设置环形供电网络，禁止并列运行；也可按区域分别设置专用配电箱，向间隔负荷辐射供电，配电箱电源进线一路运行，一路备用。

8）站用变压器低压出口处严禁选用带剩余电流动作保护功能的低压总断路器。

9）站用交流电源系统保护层级设置不应超过四层，馈线断路器上下级之间的级差不应少于两级。

10）站用变压器低压总断路器应带延时动作，馈线断路器应先于总断路器动作，上下级保护电器应保持级差，决定级差时应计及上下级保护电器动作时间的误差。

11）变电站内如没有对电能质量有特殊要求的设备，不使用低压脱扣装置；若需装设低压脱扣装置，应使用具备延时整定和面板显示功能的低压脱扣装置。延时时间应与系统保护和重合闸时间配合，躲过系统瞬时故障。

12）有发电车接入需求的变电站，站用电低压母线应设置移动电源引入装置。新投运变电站站用电屏至少预留一个第三路电源接入的空气断路器，其容量需满足第三路电源要求，220kV 变电站第三路电源接入空气断路器额定电流不小于 400A，110kV 变电站第三路电源接入空气断路器额定电流不小于 250A。

（三）防止低压配电装置故障措施

（1）站用交流电源柜内裸露导体应采用阻燃热缩绝缘护套，所有绝缘材料均应具有自熄性或阻燃性，遇到火源时不产生有毒物质和不透明烟雾。

（2）变电站交流电源为临时外接电源接入时，应将中性线与主接地网可靠连接，测试正常后方可投入运行。

（3）站用变压器应配置零序电流互感器（TA），零序 TA 变比满足站用变压器高压侧保护要求，同时零序 TA 应接入站用变压器高压侧保护，经过调度部门整定并选择投跳闸方式。

（四）防止站用交流不间断电源装置事故措施

（1）特高压变电站每个区域宜配置两套站用交流不间断电源装置；220kV 及以上电压等级变电站应配置两套站用交流不间断电源装置；110kV 及以下电压等级变电站宜配置一套站用交流不间断电源装置。

（2）110kV 及以上变电站的每台站用交流不间断电源装置应采用两路站用交流输入、一路直流输入。

（3）站用交流母线分段的，每套站用交流不间断电源装置的交流主输入、交流旁路输入电源应取自不同段的站用交流母线。两套配置的站用交流不间断电源装置交流主输入应取自不同段的站用交流母线，直流输入应取自不同段的直流电源母线。

（4）计算站用交流不间断电源装置容量时，应按负荷可能出现的最大运行方式计算，不间断电源系统应能保证2h事故供电，并根据负载情况配置对应容量的空气断路器。

（5）站用交流不间断电源装置应具备运行旁路和独立的检修旁路功能。

（6）双机双母线带母联接线方式的站用交流不间断电源装置，母联开关应具有防止两段母线带电时闭合母联开关的防误操作措施。手动维修旁路开关应具有防误操作的闭锁措施。

（7）站用交流不间断电源装置应接入自动化装置、调度数据网设备、电量采集系统、火灾报警、防误装置、事故照明等重要负荷，严禁接入办公计算机、空调等非重要负荷。

（8）站用交流不间断电源装置交流输入及输出均应有工频隔离变压器，直流输入应有逆止二极管，站用交流不间断电源的所有部件的功率均应满足长期额定输出的要求。

二、交流电源运维阶段

（一）运维管理

（1）新设备投运前，应收集设备台账信息并及时录入生产管理系统（PMS），站用电铭牌及组附件铭牌信息应以照片形式保存。

（2）变电站现场应配备站用电交流系统图，交流系统图应体现各回路容量和计算电流、各级开关型号及相应整定值，及时更新并建立备品备件清册。

（3）站用变压器应选择合适的运行分接头位置，低压侧首端相间电压应满足380～420V的要求，且三相不平衡值应小于10V，三相负荷应均衡分配。

（4）当500kV及以上变电站和地下220kV变电站站用变压器检修或上级电源失电，仅剩一路可靠站用电源时，现场应配置临时发电装置。

（5）运行巡视时重点检查以下工作：

1）交流电源屏上低压母线进线断路器（分段断路器）位置指示与监控机显示一致。电源柜上各位置指示、电源灯指示正常，配电柜上各切换开关位置正常，交流馈线低压断路器位置正常。

2）备自投装置充电状态指示正常，无异常告警；ATSE无异常告警；主屏上备自投装置与ATSE的工作位置、要求一致，分屏上ATSE投自动运行；储能机构运行正常，储能状态指示正常。

3）站用交流不间断电源系统面板、指示灯、仪表显示正常，风扇运行正常，无异常告警，无异常声响、振动。

4）站用交流电源系统电源切换操作后，应重点检查主变压器冷却器、直流系统充电机、交流不间断电源、消防设备等重要负荷的切换功能是否正常。

5）站用电正常工作电源恢复后，检查是否自动恢复至正常工作电源，若无法自动恢复应进行手动恢复。

6）检修电源箱应配置剩余电流保护器，每季度应进行一次试验。

7）运维人员应每季度对备自投装置或 ATSE 进行切换试验，切换试验前应告知监控部门。

8）若开展引起全站站用电失电的工作，运维单位或施工单位应提前通知监控、自动化和信通等专业部门，各专业对所管辖设备应做好评估及预控措施。

9）运维人员应每季度对 380V 第三路电源电压进行检查，确认是否带电且电压幅值满足要求。

10）运维单位应每半年对 UPS 开展切换试验，模拟 UPS 逆变、旁路状态，切换试验前应告知监控、自动化、信通等专业部门。

11）雨、雪天气时，应检查配电室有无漏雨，户外电源箱有无进水受潮情况，低压母线电压及进线电压幅值是否正常。

12）雷电活动及系统过电压后，应检查交流负荷、断路器动作情况，UPS 主从机柜电涌保护器、站用电屏（柜）避雷器动作情况。

13）运维人员应每月对站用交流电源系统进行红外测温，包括对交流电源屏、交流不间断电源屏等装置内部件进行测温，重点检测屏内各进线开关、联络开关、馈线支路低压断路器、熔断器、引线接头及电缆终端。

（二）防止全站或部分失去站用交流电源措施

（1）第三路电源计划停电时，电网调控部门应提前通知变电站运维单位；如遇故障停电，电网调控部门应及时通知运维单位，运维单位应及时做好相应的措施。

（2）两台站用变压器分列运行的变电站，电源环路中应设置明显断开点，并做好安全措施，负荷回路不得并列运行，站用交流环网严禁合环运行，日常操作中应遵循先拉开后合上的原则。

（3）站用变压器外接电源线路或站用变压器改造结束恢复送电时，外接站用变压器与站内站用变压器应进行核相工作。站用变压器低压回路涉及拆动接线工作后，恢复时应进行核相工作。

（三）防止低压配电装置故障措施

（1）站用交流电源系统的进线开关、分段开关、备自投装置及脱扣装置相关定值应进行整定计算，并以定值单的形式进行管理。

（2）变电站其余设备接入站用交流电源系统后，应检查站用电馈线开关和接入设备进线开关选型是否满足动/热稳定、开断容量和级差配合要求。

（3）站用交流电源系统停用操作应先断开低压负荷，再断开电源开关；送电操作应先合上电源开关，再恢复低压负荷；禁止带负荷插拔熔断器。

（四）防止站用交流不间断电源装置事故措施

（1）正常运行中，禁止两台不具备并联运行功能的站用交流不间断电源装置并列运行。

（2）当 UPS 出现故障时，应先查明原因，分清是负载还是 UPS，是主机还是电池组。主机应在无故障情况下才能重新启动。

（五）备品备件管理

（1）站用交流设备备品备件管理应遵循《国家电网公司输变电设备备品备件管理指导意见》及省公司相关管理规定要求。

（2）备品备件原则上不另作他用，备品备件应保持适当储备量，使用后应及时进行补充。常用备品备件有母线分段备自投装置、各型号馈线空气断路器、各型号低压熔丝、剩余电流保护器等。

（3）ATSE、进线开关应配置相应专用操作工具。

第三章　变电站直流电源系统

第一节　充　电　装　置

一、充电装置的发展回顾

1. 磁放大充电机

早期的直流电源是由交流电动机带动直流发电机产生的。20 世纪中期大功率二极管的出现，使整流技术大量应用于直流电源上，并应用磁饱和控制技术调整直流输出电压。这种结构的充电机在当时电力系统直流电源中占很大的比例，通常称之为磁放大充电机。

2. 相控电源

随后出现的晶闸管器件使电压调整与整流由同一器件完成，通过控制晶闸管导通角达到调整输出电压的目的，称之为相控电源。相控电源的自动控制回路在相控电源的发展过程中经历了较大的发展，目前还有相当一部分相控电源在运行中。

3. 高频开关电源

近年来，电力电子器件在大功率及高频化方面有了很大的发展，应用高频开关电源技术组成 AC/DC 模块结构的充电机在直流系统中的应用日益普及，高频开关电源的模块冗余结构简化了充电机结构，并提高了充电机的可靠性。

高频开关电源的特点：与相同功率的直流电源相比，体积大大减小，输出的直流技术性能指标与以前采用其他原理的充电装置相比提高了一个数量级。在自动控制技术方面，高频开关电源大量应用计算机控制技术和计算机通信技术，组成了一个自动化监视和控制程度更高的直流系统，使得人机界面更为友好，调试整定更方便，自动化程度更高，与站内综合自动化系统更容易配合。

高频开关电源充电装置均使用监控器，监控器对充电机各开关电源模块的工作监控管理，完成充电机输出电压和电流调整，由于监控器内部计算机技术非常强大，监控器可通过本身的通信接口和信号采集。

二、电力系统直流电源装置研究方向

随着 GZD 和 GZDW 系列直流电源柜在电力系统的推广和大量采用,现在又开发推出了蓄电池用整流逆变装置,配用蓄电池巡检仪和安时计,使我国直流电源柜升级到第三代,其技术性能指标、自动化、智能化、外观、工艺和可靠性都处于国际先进水平。但在使用过程中产品还会出现新的问题,用户还会有新的要求,直流电源装置还要进一步发展,为此,应开展下列研究工作:

(1)完善整流和逆变模块、智能化蓄电池放电装置、分布式绝缘监测装置、集中控制器、高耐腐蚀长寿命蓄电池、电子式短路短延时脱扣直流断路器和直流馈线绝缘监测保护断路器、蓄电池巡检仪和充放电安时计等配套元器件的性能,并降低生产成本。

(2)开展直流空气断路器之间及对熔断器的级差配合保护研究,保证直流电源故障、停电范围限制到最小。

(3)开发蓄电池在线监测系统(电池阻抗监测、容量监测)。

(4)推广使用满足控制、保护、测量和通信要求的蓄电池直流电源装置,包括直流电源与不间断电源(UPS)一体化装置。

(5)统一直流电源各元器件之间的通信规约,解决各器件的通用性和互换性。

(6)探索、研究新能源在直流电源中的应用与推广。

三、高频开关电源系统

高频开关电源系统通常由以下部分组成:①交流配电模块,对交流电源进行处理、保护、监控并与整流模块接口;②整流模块,将交流电转变为直流电;③直流配电模块,负责向直流负荷供电;④集中监控模块,用于对交流输入电源、整流模块、输出电源及蓄电池组进行职能管理,并实现数据检测、定值设定、越限报警,还设置通信接口以实现遥测、遥信和遥控。

高频开关整流电源装置与其他充电装置相比,具有如下优点:

(1)稳压、稳流精度高,稳压精度小于 0.5%,稳流精度小于 0.5%。纹波系数低,纹波系数小于 0.1%。因为阀控式铅酸蓄电池对充电装置的稳压、稳流的精度和纹波系数的要求都较高,所以这一优点特别适用于对阀控式铅酸蓄电池充电和浮充电。

(2)运行的可靠性高。高频开关电源装置采用模块化结构,一套充电装置由多个结构相同、容量相同的模块组成,并按 $N+1$ 或 $N+2$ 原则配置。单个模块发生故障后可以单独带电插拔、更换,不影响整套装置的正常运行,维护快捷、方便。

(3)由于充电模块采用了移相谐振高频软开关技术,实现了功率开关的零电压开通,因此开关损耗低,整机效率高达 94%~96%,同时降低了装置运行的温升和噪声。

(4)装置的可控性好,与直流系统微机监控器配合使用,通过控制器的控制,可实现对蓄电池的各种充电状态的自动控制。

在新设计的工程中，一般优先选用高频开关整流电源作为蓄电池的充电和浮充电装置。

四、高频整流模块工作原理

（一）微机控制高频开关电源直流屏的特点

（1）稳压和稳流精度高，体积小，质量小。

（2）效率高，输出纹波和谐波失真小，自动化程度高，可靠性高。

（3）镍蓄电池、防酸蓄电池及阀控式密封铅酸蓄电池，可实现无人值守。

微机控制高频开关电源直流屏的型号如图3-1所示。

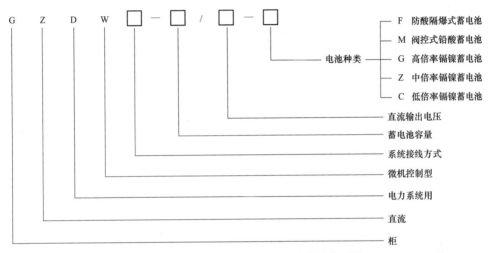

图3-1　微机控制高频开关电源直流屏的型号

（二）整流模块的原理框图

整流模块的原理框图如图3-2所示。

（1）三相交流输入首先经防雷处理和EMI滤波。该部分电路可有效吸收雷击残压和电网尖峰，保证模块后级电路的安全。

（2）三相交流经整流和无源PFC后转换为高压直流电，经全桥PWM电路后转换为高频交流，再经高频变压器隔离降压后整流输出。

（3）模块控制部分负责PWM信号产生及控制，保证输出稳定，同时对模块各部分进行保护，提供"四遥"接口。

（4）模块采用无源PFC技术，功率因数达到0.9以上；采用高频软开关技术，模块转换效率大大提高，最高可达95%。

（5）模块采用自然冷却方式，减少了风扇噪声和飞尘。

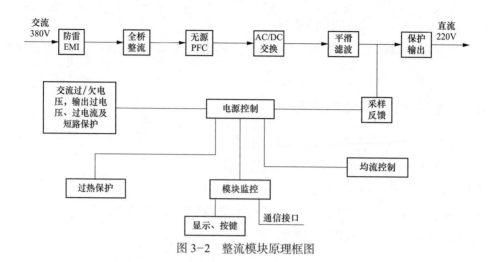

图 3-2 整流模块原理框图

（6）模块监控采集电源工作参数并显示后上传给主监控，接受主监控指令对电源进行控制，通过显示、按键校准模块参数，设置模块运行状态。

（三）保护功能

1. 输出过电压保护

输出电压过高会对用电设备造成灾难性事故，为杜绝此类情况发生，高频整流模块内有过电压保护电路，出现过电压后模块自动锁死，相应模块故障指示灯亮，故障模块自动退出工作而不影响整个系统正常运行。过电压保护点设为 320V±2V。

2. 输出限流保护

每个模块的输出功率受到限制，输出电流不能无限增大，因此每个模块输出电流最大限制为额定输出电流的 1.05 倍，如果超负荷，模块自动调低输出电流以保护电路。

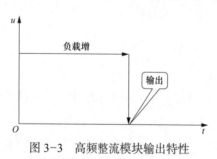

图 3-3 高频整流模块输出特性

3. 短路保护

高频整流模块输出特性如图 3-3 所示，输出短路时模块在瞬间把输出电压拉低到零，限制短路电流在限流点之下，此时模块输出功率很小，以达到保护模块的目的。模块可长期工作在短路状态，不会损坏，排除故障后模块可自动恢复工作。

4. 并联保护

每个模块内部均有并联保护电路，绝对保证故障模块自动退出系统，而不影响其他正常模块工作。电源模块并联输出示意图如图 3-4 所示。

5. 过热保护

过热保护主要是保护大功率变流器件，这些器件的结温和电流过载能力均有安全极限值，正常工作情况下，系统设计留有足够余量；在一些特殊环境下，如果环境温度过高、

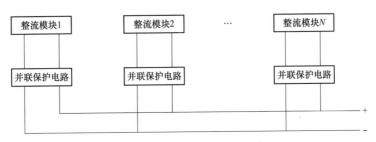

图 3-4 电源模块并联输出示意图

风机停转等，模块检测散热器温度超过 90℃时自动关机保护，温度降低到 80℃时模块自动启动。

6. 过电流保护

过电流保护主要保护大功率变流器件，在变流的每一个周期，如果通过电流超过器件承受电流，关闭功率器件，达到保护功率器件的目的。过电流保护可自动恢复。

7. 测量功能

测量电源模块输出电压和电流以及模块的工作状态，并通过液晶显示器（LCD）显示，使用者可直观、方便地了解模块和系统工作状态。

8. 故障报警功能

在出现故障时，模块会发出声光报警，同时 LCD 上显示故障信息，用户能方便地对模块故障定位，便于及时排除故障。

9. 设置功能

（1）模块输出电压设置。根据设置的模块工作母线、充电状态、浮充电压、均充电压、控制母线输出电压等参数确定电源的输出电压。

（2）无级限流。通过监控系统可在 5%～105% 额定电流内任意设置限流点，限流点通过了 LCD 和按键设置，根据设置的模块工作母线、合闸母线限流、控制母线限流等参数确定模块输出限流。

10. 校准功能

（1）电压测量校准。通过 LCD 和按键校准模块输出电压测量。

（2）电流测量校准。通过 LCD 和按键校准模块输出电流测量。

（3）输出电压控制校准。通过 LCD 和按键校准模块输出电压控制。

11. 通信功能

模块通过 RS-485 和主监控之间通信，主监控通过通信实现模块参数设置，采集模块工作参数，控制模块工作状态。

（四）技术要求

1. 稳压精度

充电装置在浮充电（稳压）状态下，交流输入电压在额定值的 ±15% 范围内变化，直流输出电流在额定值的 0%～100% 范围内变化时，直流输出电压在调节范围内（见 DL/T 459—2017《电力用直流电源设备》表 10）任意数值上应保持稳定，稳压精度不应大于 0.5%，计算公式为

$$\delta_u = (U_m - U_z)/U_z \times 100\% \qquad (3-1)$$

式中　δ_u——稳压精度；

　　　U_m——输出电压波动极限值；

　　　U_z——输出电压整定值。

2. 稳流精度

充电装置在浮充电（稳压）状态下，交流输入电压在额定值的 ±15% 范围内变化，直流输出电压在调节范围内（见 DL/T 459—2017《电力用直流电源设备》表 10）变化，直流输出电流在额定值的 20%～100% 范围内任一数值上应保持稳定，稳流精度不应大于 1%，计算公式为

$$\delta_i = (I_m - I_z)/I_z \times 100\% \qquad (3-2)$$

式中　δ_i——稳流精度；

　　　I_m——输出电流波动极限值；

　　　I_z——输出电流整定值。

3. 纹波系数

充电装置在浮充电（稳压）状态下，交流输入电压在额定值的 ±15% 范围内变化，电阻性负载电流在额定值的 0%～100% 范围内变化时，直流输出电压在调节范围内（见 DL/T 459—2017《电力用直流电源设备》表 10）变化，纹波系数不应大于 0.5%，计算公式为

$$\delta = (U_H - U_L)/(2U_{av}) \times 100\% \qquad (3-3)$$

式中　δ——纹波系数；

　　　U_H——直流电压脉动峰值；

　　　U_L——直流电压脉动谷值；

　　　U_{av}——直流电压平均值。

4. 均流不平衡度

当多个模块在并联工作状态下运行时，各模块承受的电流应能做到自动均分负载，称为均流。模块间负荷电流的差异，称为均流不平衡度，均流不平衡度应不大于规定值，计算公式为

$$\beta = (I - I_{av})/I_N \times 100\% \qquad (3-4)$$

式中　β——均流不平衡度；

　　　I——模块输出电流的极限值；

　　　I_{av}——模块输出电流的平均值；

　　I_N——模块的额定电流值。

五、直流母线电压调节装置

　　电压调节装置就是降压稳压设备，是合闸母线电压输入降压单元，降压单元再输出到控制母线，调节控制母线电压在设定范围内（110V 或 220V）。当合闸母线电压变化时，降压单元自动调节，保证输出电压稳定。降压单元也是以输出电流的大小来标称的。降压单元有两种，即有级降压硅链和无级降压斩波。有级降压硅链有 5 级降压和 7 级降压，电压调节点都是 3.5V，也就是说合闸母线电压升高或下降 3.5V 时，降压硅链就自动调节稳定控制母线电压。无级降压斩波就是一个降压模块，它比降压硅链体积小，没有电压调节点，所以输出电压也比有级降压硅链要稳定，还有过电压、过电流和电池过放电等功能。但是，无级降压斩波技术还不是很成熟，常发生故障，所以还是有级降压硅链使用较广泛，如图 3-5 所示。

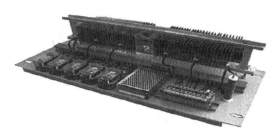

图 3-5　降压硅链图

　　（一）电压调整单元的工作原理

　　配置 2V、108 只蓄电池直流屏，因蓄电池组的均充、浮充电压（分别为 254V 和 243V）通常高于控制电压，为保证控制母线为 220V×（1±10%），因此需采用电压调整装置进行调压。在直流屏中常用的调压方法有硅链、硅降压模块和无极降压斩波，这里重点介绍直流系统中应用最为广泛的硅链或硅降压模块的降压方法。7 级硅降压模块降压原理图如图 3-6 所示。

　　（二）调压原理

　　在直流电源系统正常运行（当交流正常供电）时，调整硅降压模块加在逆止二极管 VD1 阳极上的电位低于控制高频开关电源模块输出的正极电位，逆止二极管 VD1 处于截止状态，硅降压装置不工作，控制电压由控制高频开关电源模块直接提供稳压精度为 ±0.5% 的 220V 控制电压。当控制模块故障或交流失电时，控制模块停止工作，控制母线 +WC 的电压可通过蓄电池经降压单元来提供。

　　图 3-6 中 K1～K3 是 3 个调压继电器，它们的动合触点分别与 1 个、2 个和 4 个硅降压模块相连（每个降压模块可降压 5.6V，7 个降压模块最大降压值为 39V），它们的线圈可由自动降压控制器自动或通过调节万转开关手动控制。

　　自动降压控制器由取样单元实时监测控制母线电压，当控制电压过高或过低时，自动降压控制器可根据电压的高低自动地分别使 K1～K3 三个调压继电器接通或断开改变穿入降压回路的降压模块数量，从而使控制电压达到 220V×（1±10%）。

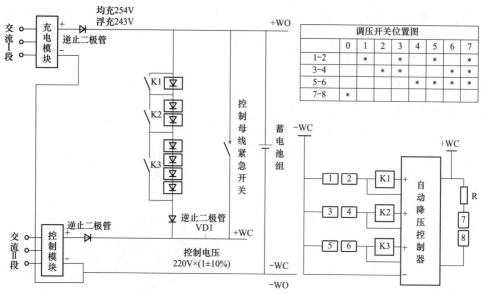

图 3-6　7 级硅降压模块降压原理图

当交流失电时，若蓄电池处于浮充状态，此时蓄电池组电压为 243V，为保证控制母线电压为 220V，则应降压 23V。此时，自动降压控制器自动接通 K1 和 K2，K1 和 K2 的触点闭合短接 3 个降压模块，蓄电池经 4 个降压模块降压，降压值为 $4 \times 5.6 = 22.4$（V），实际控制电压为 $243 - 22.4 = 220.6$（V），从而保证控制电压在 $220V \times (1 \pm 10\%)$ 的范围内。

六、充电装置配置方式

（1）设置充电装置的原则是既能保证正常工作又有备用，另外由于小型电力工程的直流系统蓄电池容量选择不大，充电和浮充电时的容量差别也不大，按容量选择比较合理。

两组蓄电池的直流系统，每组宜设一套晶闸管式充电装置，共用一套备用晶闸管式充电装置。当采用高频开关充电装置时，由于高频开关电源具有模块化冗余配置的原则，正常运行时不可能全部损坏，个别模块损坏除具有报警功能外，充电装置可以继续运行，更换损坏的模块不需停电，因此每组蓄电池分别设置一套高频开关充电装置是可行的。

一组蓄电池的直流系统，采用晶闸管式充电装置是按一套工作、一套备用的原则。采用高频开关充电装置时，因采用大容量模块冗余配置，造价较高，原则上配一套就可以了。重要变电站或选用个别模块损坏影响整套装置正常工作的高频开关充电装置时，仍可设置备用充电装置。

（2）高频开关整流具有体积小、质量轻、技术指标先进、少维护、效率高、个别模块故障时不会影响整套装置的工作等特点，提高了直流系统的可靠性和自动化水平，故受到设计和运行人员的好评，已经得到了广泛的应用。

晶闸管式整流装置有多年的运行经验，具有运行可靠、维护方便、规格齐全等特点，目前仍有部分变电站使用。

上述充电装置均要求在浮充电时具有稳压性能，防止浮充电电压不足产生落后电池；要求在充电时具有稳流性能，在第一阶段定电流充电时便于调节，保持稳定的电流而使电压自动逐步上升。同时要求具有限流功能，在负荷突增时，可以防止调压上升时间过快以致出现抢负荷和超调现象，而造成充电装置跳闸。

充电装置应满足直流系统的各种运行方式的需要，采用微机型控制器实现对蓄电池的长期浮充电运行，事故放电后或需要时自动均衡充电，同时也应具有手动控制功能，长期连续工作制也是直流系统的需要。

充电装置交流输入电压的规定是按充电设备实际的通用性考虑的。

充电装置主要技术参数的要求，是根据目前设备合理的制造水平而规定的标准。相控型、高频开关电源型充电浮充电装置主要技术参数应达到表 3-1 的规定。

表 3-1　　　　　　　　　　充电装置的精度及纹波系统允许值

项目	充电浮充电装置类别		
	相控型		高频开关电源型
	I	II	
稳压精度（%）	不超过 ±0.5	不超过 ±1	不超过 ±0.5
稳流精度（%）	不超过 ±1	不超过 ±2	不超过 ±1
纹波系数（%）	≤1	≤1	≤0.5

注　I、II 表示充电浮充电装置的精度分类。

稳压精度的提高，是蓄电池长期浮充电运行时，避免出现欠充电现象的最好方法，从而保证蓄电池在事故放电时的保持容量。均衡充电时的稳压精度要求可以低于浮充电，但为了避免充电电流波动太大和防止突破直流母线上限电压也应尽量提高精度。

稳流精度的提高，对于蓄电池的初充电和均衡充电的长时间过程是有利的，满足了蓄电池电化学反应的最佳状态。

纹波系数较大，曾发生中央音响信号装置误动作和高频继电保护误发信号等事故。充电装置与蓄电池并联运行时，浮充电压波动或偏低时会出现蓄电池的脉动充电放电过程，对蓄电池不利，故规定充电设备纹波系数应满足相关规定。

满足浮充电要求，应按经常性负荷电流与蓄电池自放电电流之和选择。关于蓄电池自放电电流，不同型式的蓄电池其自放电特性是不一样的；同型式的蓄电池，由于电池结构不同，制造工艺的差别和原材料不同，有的同一环境温度下的自放电也不同。影响自放电的因素主要是电池内的杂质多少和电化学的稳定性，另外，使用环境温度也对自放电有影响。按照常规做法，直流系统的经常性负荷电流决定直流系统的设计，均由充电装置供电。浮充电电流为蓄电池的补充充电或定期保证蓄电池的一致性的充电，选择充电设备，除提高补充电的要求外，还应加上经常性负荷电流。

充电设备输出电压的调节范围，应满足蓄电池组放电末期最低电压和充电末期最高电压的要求。经计算，铅酸蓄电池110V直流系统可选90～160V的输出电压，220V直流系统可选180～315V的输出电压；对于镉镍蓄电池，由于尚不具备固定接线方式，整组蓄电池个数对于110V直流系统采用90只，220V直流系统采用180只或更多，故电压调节范围对于110V选用100～165V的输出电压，220V选用200～330V的输出电压。

七、充电装置的选线和安装

充电装置选取高频开关电源模块应满足下列要求：

（1）$N+1$配置，并联运行方式，模块总数宜不小于3块。

（2）监控单元发出指令时，按指令输出电压、电流，脱离监控单元，可输出恒定电压给电池浮充。

（3）可带电插拔。

（4）充电装置及各发热元器件的极限温升见表3-2。

表3-2　　　　　　　　　　充电装置及各发热元器件的极限温升

部件及器件	极限温升（℃）	部件及器件	极限温升（℃）
整流管外壳	70	与半导体连接件的塑料绝缘线	25
晶闸管外壳	55	整流变压器、电抗器B级绝缘绕组	80
降压硅堆外壳	85	铁芯表面	不损伤相接触的绝缘零件
电阻发热元件	25	钢与钢接头	50
与半导体器件的连接处	55	钢搪锡与铜搪锡接头	60

不同电压等级变电站充电装置要求如下：

（1）500kV变电站及重要的220kV变电站。此类变电站直流系统应充分考虑设备检修时的冗余，应满足两组蓄电池，两组或三组充电装置的配置要求（浙江电网500kV变电站配置三组充电装置），每组蓄电池和充电装置应分别接于一段直流母线上，第三台充电装置可在两段母线之间切换，任一工作充电装置退出运行时，手动投入第三台充电装置且备用充电装置要按同容量配置，蓄电池事故放电时间应不少于2h。

（2）220kV变电站。220kV变电站一般采用双母线接线，由两组充电装置、两组蓄电池、两段母线构成，互为备用。

（3）110kV及以下变电站。110kV及以下变电站一般采用单母线接线，由一组充电装置、一组蓄电池、一段母线构成，结构简单。

第二节　蓄　电　池　组

一、蓄电池概述

（一）铅酸蓄电池发展历史

世界上第一只蓄电池始于 1860 年，当时，法国物理科学家普兰特采用铅板获得了极化电流。但由于普兰特铅蓄电池的特性欠佳和极板表面电化加工制造上的困难，使其没有在工业上得到应用，然而它却为具有工业意义的铅酸蓄电池的产生奠定了基础。时至今日，国外还将化成式极板组装的蓄电池称为普兰特蓄电池。

19 世纪 80 年代发现了由铅的氧化物中获得有效物质的方法，铅蓄电池才大规模发展起来，这种蓄电池构造合理，能以较小的尺寸得到较大的电流。

在 1881 年以后，蓄电池技术的发展有了一个飞跃，20 世纪初就已经创造出式样基本上与现在的固定型和移动型铅酸蓄电池相似的蓄电池。因此，第一只具有工业意义的铅酸蓄电池于 1881 年产生。

现在蓄电池已经进入第四代，即固定型阀控式密封铅酸蓄电池。阀控式密封铅酸蓄电池的问世，解决了酸液和酸雾外溢的问题，使铅酸蓄电池能与其他电子设备一起使用，而不对电子设备造成腐蚀和污染，其应用领域更加广阔。

（二）蓄电池基本知识

1. 蓄电池基本概念

（1）初充电。使蓄电池达到完全充电状态所进行的初次充电。

（2）浮充电。保持蓄电池容量的一种充电方法，常用来平衡蓄电池自放电导致的容量损失，也可用来恢复电池容量。

（3）均衡充电。用于均衡单体电池容量的充电方式，一般充电电压 2.30～2.35V，用作快速恢复电池容量。

（4）补充均充。为防止蓄电池处于长期的浮充电状态，可能导致蓄电池单体容量不平衡，而周期性地以较高的电压对蓄电池进行均衡充电。三个月装置自启动一次。

2. 阀控式密封铅酸蓄电池充电的三个阶段

额定电压 2V 的阀控式密封铅酸蓄电池出厂规定：均充电压（2.30～2.35）V/只，一般选用 2.35V；浮充电压为（2.23～2.28）V/只，一般选用 2.25V。其充电过程可分为三个阶段：

（1）恒流限压充电。以不超过蓄电池充电限流点（$0.1C_{10}$）的恒定电流（I_{10}）对蓄电池充电。当蓄电池组端电压上升到限压值 $N×$（2.30～2.35）V 时，自动或手动转为恒压充电。

（2）恒压充电。在 $N \times (2.30 \sim 2.35)$ V 的恒压下，I_{10} 充电电流逐渐减小，当充电电流减小至 $0.15 I_{10}$ 电流时，充电装置倒计时开始启动，当整定的倒计时结束时，充电装置将自动或手动地转化为正常的浮充电运行，浮充电电压宜控制在 $N \times (2.23 \sim 2.28)$ V。

（3）浮充电。$2.23 \sim 2.28$ V，当环境温度发生变化时，充电电压必须校正，充电曲线如图 3-7 所示。

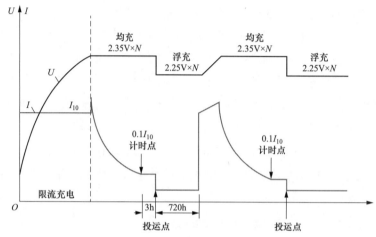

图 3-7　阀控式密封铅酸蓄电池充电曲线

3. 蓄电池个数的配置

配置蓄电池的个数，应考虑可靠性和使用的严酷条件，并根据断路器的操动机构是电磁式或是弹簧操动机构来决定。一般情况下，一组蓄电池，宜采用 108 只额定电压 2V 的蓄电池；两组蓄电池，宜采用 104 只额定电压 2V 的蓄电池。

4. 影响蓄电池寿命的因素

整组蓄电池如果有个别容量严重不足（内阻过大），会影响蓄电池组的整体水平和直流系统的安全可靠运行。在平时的浮充电方式下运行时，它会造成整组蓄电池的浮充电电流不足（浮充电电压不变，此时有一只或几只蓄电池内部阻值过大，就相当于在蓄电池组中另外串联了一只电阻而影响其电流值），无法满足蓄电池自放电的容量损失，造成整组蓄电池内阻增大、容量下降，使用寿命缩短。

5. 蓄电池在直流系统中的作用

蓄电池组由若干个单体电池串联组成，是直流系统重要的组成部分。交流正常供电时，微机控制高频开关直流电源装置控制母线由控制模块提供 220V 直流电源，带全站直流负荷，并对蓄电池进行浮充电。当交流停电或控制模块故障时，控制母线由蓄电池组通过调压装置自动将蓄电池组的电压调节为 $220V \times (1 \pm 10\%)$ 供电，以保证继电保护、自动化等装置正常工作，如图 3-8 所示。

（三）化学电池

化学电池是指通过电化学反应，把正极、负极活性物质的化学能，转变为低压直流电能的装置。手电筒照明的锌锰干电池是锌与二氧化锰起化学反应，把化学能转变成电能。铅酸蓄电池工作时是硫酸与铅起化学反应，把化学能转变成电能，如图 3-9 所示。

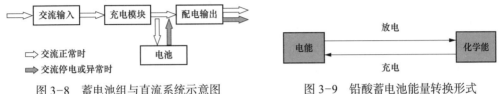

图 3-8　蓄电池组与直流系统示意图　　　　图 3-9　铅酸蓄电池能量转换形式

化学电池按工作性质可分为一次电池（原电池）和二次电池（蓄电池）。一次电池或原电池是"用完即弃"的电池，因为一次电池只能将化学能转换为电能（放电），其电量耗尽后，无法再用充电的方法使活性物质还原使用，只能丢弃。一次电池可分为糊式锌锰电池、纸板锌锰电池、碱性锌锰电池、扣式锌银电池、扣式锂锰电池、扣式锌锰电池、锌空气电池、一次锂锰电池等。

放电前需先充电，将电能转换为化学能，并储存在电池内，放电后可用充电的方法使活性物质还原的电池，称为二次电池或蓄电池，这是一种可逆的电池。二次电池可分为镉镍电池、氢镍电池、锂离子电池、二次碱性锌锰电池、开口式铅酸蓄电池、防酸隔爆式铅蓄电池、消氢式铅酸蓄电池、阀控式密封铅酸蓄电池等，如图 3-10 所示。

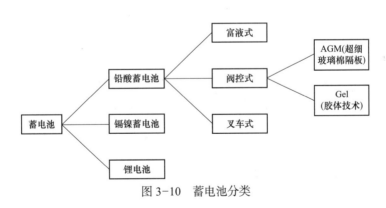

图 3-10　蓄电池分类

化学电池主要由两个不同材料的电极、电解质、隔膜、外壳这四个主要部件，以及其他附件如接线柱、导电排等组成。其中，电极的作用是参与化学反应，将化学能转化成电能；电解质的作用是保证两极间液相的离子导电；隔膜的作用是防止正、负极接触而短路；外壳是起容器的作用。

只发生氧化反应的正极（阳极）、只发生还原反应的负极（阴极）和把正、负极反应在一起的电解质是化学电池的三要素。不管是一次电池还是二次电池，尽管它们的型号、规格各式各样，但是这三个要素是缺一不可的，只不过是构成它们的正极、负极和电解质的物质有所不同。

蓄电池靠自身的能量可向外线路供给电流，称为蓄电池的放电；在部分放电或完全放电以后又可用适当的外部电源向蓄电池通入电流，称为蓄电池的充电。蓄电池在放电和充电的过程中，负极和正极物质都要进行化学变化而生成另一种物质。

化学电池的电解液不是电子导电体，而是离子导电体，它把蓄电池的两极化学反应在蓄电池内部联系起来。没有电解液氧化反应和还原反应，在蓄电池内部两极间就没有电流的通路，所以电解液也是产生电流的必要因素。

（四）固定型铅酸蓄电池

电力系统变电站直流电源设备使用的固定型铅酸蓄电池主要有防酸隔爆式、消氢式及阀控式密封铅酸蓄电池。老式开口式铅酸蓄电池已被淘汰。防酸隔爆式和消氢式两种形式铅酸蓄电池的内部结构和工作原理基本一样，所不同的是，防酸隔爆蓄电池盖上装有用金刚砂压制成型、具有消除酸雾及透气性能的防酸隔爆帽。在充放电过程中，电解液分解出来的氢、氧气体从防酸隔爆帽的毛细孔溢出，而酸雾水珠碰到经过具有憎水性硅油浸入处理的防酸隔爆帽时，水珠仍滴回电池槽内。所谓"防酸"是指防止电池内部气体强烈析出的酸雾，经防酸隔爆帽过滤后，酸雾不易析出蓄电池外部，可减少酸雾对蓄电池室及设备的腐蚀；所谓"隔爆"是指蓄电池内部不致引起爆炸，但由于还有氢、氧气体析出，如果蓄电池室内空气不太流通，可爆气体聚积较多时可能引起爆鸣。这种蓄电池只能算是半密封蓄电池。而消氢式铅酸蓄电池解决了这一问题，它在蓄电池的密封盖上装置了含催化剂的催化栓。催化栓除有防酸隔离帽的作用外，还能使铅酸蓄电池在使用过程中产生的氢、氧爆鸣气体通过栓内催化剂合成水，回到电解液内，使蓄电池在使用过程中的水分损失减少。在采用低压恒压法充电时，从蓄电池内逸出的气体极少，这样在通风良好时，蓄电池室内不会发生爆炸。所以消氢电池是一种比防酸隔爆电池更能消除气体和酸零的蓄电池，它不仅增加了电池运行的安全性，而且可减少添加纯水的次数。

根据 JB/T 2599—2012《铅酸蓄电池名称、型号编制与命名方法》规定，国内铅酸蓄电池型号含义分为 3 段表示，如图 3-11 所示。

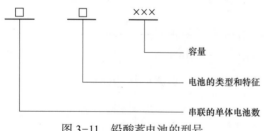

对于单体蓄电池，电池数为 1，第一段可省略。蓄电池的类型和特征根据主要用途划分代号用汉语拼音第一个字母表示，其蓄电池型号字母含义见表 3-3。

图 3-11　铅酸蓄电池的型号

容量

电池的类型和特征

串联的单体电池数

表 3-3 蓄电池型号字母含义

汉语拼音字母		含义	汉语拼音字母	含义
表示电池用途的字母	Q	启动前	表示电池用途的字母	干荷电式 A
	G	固定用	F	防酸式
	D	电池车	FM	阀控式
	N	内燃机车	W	无须维护
	T	铁路客车	J	胶体电液
	M	摩托车用	D	带液式
	KS	矿灯酸性	J	激活式
	JC	舰船用	Q	气密式
	B	航标灯	H	湿荷式
	TK	坦克	B	半密闭式
	S	闪光灯	Y	液密式

示例如图 3-12、图 3-13 所示。

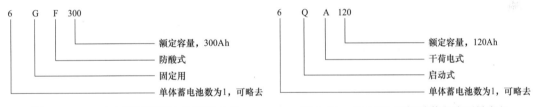

图 3-12　6GF300 型铅酸蓄电池型号含义　　　　图 3-13　6QA120 型铅酸蓄电池型号含义

铅酸蓄电池的电解液为硫酸溶液，充电时，正极板上的硫酸铅生成有效物质二氧化铅（PbO_2），负极板上的硫酸铅生成有效物质绒状铅（Pb）。两极板在电解液中发生化学反应，正极板缺少电子，负极板多余电子，正、负极板间便产生电位差，就是蓄电池的电动势。

（1）放电过程的电化学反应。当蓄电池与外电路接通时，在电池电动势的作用下，电路中便产生电流，放电电流由蓄电池的正极板经外电路流向负极板。在蓄电池内部，电解液内的硫酸分子电离，产生氢正离子和硫酸根负离子，在电场力的作用下，氢离子移向正极，硫酸根离子移向负极，形成离子流。电流的方向是从负极流向正极。

在负极板上，硫酸根离子与铅离子结合，生成硫酸铅，其化学反应方程式为

$$Pb^{2+} + SO_4^{2-} \longrightarrow PbSO_4 \qquad (3-5)$$

在正极板上，电子自外电路流入，与四价的铅离子结合，变成二价的铅正离子，然后立即和正极板附近的硫酸根负离子结合，生成硫酸铅。同时，移向正极板的氢正离子和氧负离子结合形成水分子，化学反应式为

$$PbO_2 + H_2SO_4 + 2H^+ + 2e^- \longrightarrow PbSO_4 + 2H_2O \qquad (3-6)$$

放电时总的化学方程式为

$$PbO_2 + Pb + 2H_2SO_4 \longrightarrow PbSO_4 + 2H_2O + PbSO_4 \qquad (3-7)$$

可见，蓄电池在放电过程中，正、负极板上都形成了硫酸铅，由于硫酸铅导电性能差，增加极板之间的电阻，影响电池容量。电解液中的硫酸逐渐减少，水分增加，因而其相对密度降低。

（2）充电过程的电化学反应。铅酸蓄电池充电时，在电池内部，充电电流由正极流向负极。在电流的作用下，正负极上的硫酸铅及电解液中的水被分解。充电时化学反应为

正极板

$$PbSO_4 + SO_4^{2-} + 2H_2O \longrightarrow PbO_2 + 2H_2SO_4 + 2e^- \qquad (3-8)$$

负极板

$$PbSO_4 + 2H^+ + 2e^- \longrightarrow Pb + H_2SO_4 \qquad (3-9)$$

总的化学反应方程式为

$$PbSO_4 + 2H_2O + PbSO_4 \longrightarrow PbO_2 + Pb + 2H_2SO_4 \qquad (3-10)$$

在充电过程中，在正极板上的硫酸铅被硫酸根氧化失去电子而还原成二氧化铅，在负极板上的硫酸铅被氧离子还原成为铅。在化学反应中，吸收了两个水分子中的水，而析出了两个水分子的硫酸。因此，充电时电解液的相对密度增大，电池的内阻减小，电动势增大。

综上所述，放电和充电循环过程中，可逆反应为

$$PbO_2 + 2H_2SO_4 + Pb \longrightarrow PbSO_4 + 2H_2O + PbSO_4 \qquad (3-11)$$

（五）阀控式密封铅酸蓄电池

过去在变电站中，绝大多数都是采用铅酸蓄电池。随着蓄电池制造技术的不断发展，新型防酸隔爆型蓄电池、贫液密封阀控式铅酸蓄电池等新型蓄电池代替了敞开式蓄电池。新型蓄电池不仅维护方便，而且使用寿命延长。下面介绍阀控式密封铅酸蓄电池的特点。

这种蓄电池是 20 世纪 80 年代末期开始生产的一种新型铅酸蓄电池，它的工作原理、特性曲线、运行方式与 GF 型、GFP 型铅酸蓄电池基本相同，不同之处主要在以下几点：

（1）阀控式密封铅酸蓄电池的电解液不是流动的，而是吸附在极板间超细玻璃纤维制成的隔膜中，吸附比约为 90%，无论电池立放还是卧放，电解液都不会溢出。因电解液在电池的制造过程中充入隔膜中，在电池的使用过程中不需要再充入电解液，所以节省了普通铅酸蓄电池所需要的经常性补充电解液、监视和调剂工作。

（2）阀控式密封铅酸蓄电池的电解液密度比普通铅酸蓄电池的高，因而其开路电压、浮充电电压、均衡充电电压均比普通铅酸蓄电池的高，在相同直流母线电压情况下，所需的蓄电池个数也较少。

（3）阀控式密封铅酸蓄电池出厂前电解液已经充好，并且已经充好电，在使用前不

必进行初充电。如果使用之前的贮存期超过六个月，使用时需进行均衡充电，以补充长期贮存时自放电引起的容量损失。

（4）电池内无流动液体，可以立体布置，相较卧放减小了蓄电池室的面积。蓄电池室不需进行防酸处理，室温在10～30℃为宜。蓄电池室不需附设调酸室、通风机室等辅助设施。

（5）一般铅酸蓄电池的电解液可以随时补充、更换，蓄电池的寿命主要取决于极板的寿命。而阀控式密封铅酸蓄电池的极板经特殊处理，比较牢固，不存在有效物脱落问题，其寿命主要取决于电解液。因为电解液是一次性充入的，在使用过程中不能补充，所以电解液耗尽了，蓄电池的寿命也就终结了。

阀控式密封铅酸蓄电池具有性能优良、运行可靠、无污染、寿命长、少维护和价格适中等特点，在变电站和发电厂已被普遍采用，也是今后变电站蓄电池的首选类型。

阀控式密封铅酸蓄电池分为两类，即贫液阀控式密封铅酸蓄电池（阴极吸收式超细玻璃纤维隔膜电池）和胶体阀控式密封铅酸蓄电池。两类阀控式密封铅酸蓄电池的原理和结构都是在原铅酸蓄电池的基础上，采取措施促使氧气循环及对氢气产生抑制，任何氧气的产生都可认为是水的损失。水过量损耗会使电池干涸失效、电池内阻增大，从而导致电池的容量损失。

贫液阀控式密封铅酸蓄电池是用超细玻璃纤维隔膜将电解液全部吸附在隔膜中，隔膜约处于90%饱和状态，电解液密度$\rho \approx 1.30$kg/L。电池内无游离状态的电解液，隔膜与极板采用紧装配工艺，内阻小受力均匀。在结构上采用卧式布置，如采用立式布置，则把同一极板两端高度压缩到最低限度，以避免层化或使层化过程变慢。

胶体阀控式密封铅酸蓄电池和传统的富液式铅酸蓄电池相似，将单片槽式化成极板和普通隔板组装在电池槽中，然后注入由稀硫酸和SiO_2微粒组成的胶体电解液，电解液密度$\rho \approx 1.24$kg/L。这种电解液充满隔板、极板及电池槽内所有空隙并固化，并把正、负极板完全包裹起来。所以在使用初期，正极板上产生的氧气没有扩散到负极的通道，便无法与负极上活性铅还原，只能由排气阀排出空间。使用一段时后，胶体开始干涸和收缩而产生裂隙，氧气便可透过裂缝扩散到负极表面，氧循环得到维持，排气阀便不常开启，电池变为密封工作。胶体电解液均匀性能好，因而在充放电过程中极板受力均匀不易弯曲。胶体阀控式密封铅酸蓄电池的顶端和底部电解液流动被阻止，从而避免了层化。

贫液阀控式密封铅酸蓄电池的电解液全部被隔膜和极板小孔吸附，做到蓄电池内部无流动电解液，隔膜中有2%左右的空间（即大孔）提供氧气自正极扩散到负极的通路，使蓄电池在使用初始立即建立起氧循环机理，所以无氢氧气体逸至空间。而胶体阀控式密封铅酸蓄电池在使用初期与富液式铅酸蓄电池相似，不存在氧复合机理，有氢氧气体逸出，此时必须考虑通风措施。

贫液阀控式密封铅酸蓄电池超细玻璃纤维隔膜孔径较大，又使隔膜受压装配，离子导电路径短、阻力小。而胶体阀控式密封铅酸蓄电池当硅溶胶和硫酸混合后，电解液导电性变差、内阻增大，所以贫液阀控式密封铅酸蓄电池的大电流放电特性优于胶体阀控式密封铅酸蓄电池。

贫液阀控式密封铅酸蓄电池的电解液均匀性和扩散性优于胶体阀控式密封铅酸蓄电池。

贫液阀控式密封铅酸蓄电池的制造要求保持单体极群的一致性，灌酸密度可靠性等技术工艺水平较高，因电池使用寿命与环境温度有密切关系，故要求电池室有较好的通风设施；同时贫液阀控式密封铅酸蓄电池要求充电质量较高、配置功能完善、性能优良的充电装置。

贫液阀控式密封铅酸蓄电池在国内生产较多，在变电站直流系统使用也比较普遍，故在此着重介绍此类蓄电池。

1. 阀控式密封铅酸蓄电池简介

阀控式密封铅酸蓄电池正常使用时保持气密和液密状态，当内部气压超过预定值时，安全阀自动开启，释放气体；当内部气压降低后，安全阀自动闭合，同时防止外部空气进入蓄电池内部，使其密封。蓄电池在使用寿命期间，正常使用情况下无须补加电解液。

（1）阀控式密封蓄电池的特点。一般情况下，无须维护（无须补水、加酸），自放电小、内阻小、输出功率高；具有自动开启、关闭的安全阀（当蓄电池严重过充，产生过量的气体使蓄电池内部压力超过正常值时，气体将通过自动开启的安全阀排出，并在安全阀上装有滤酸装置；当压力恢复到正常值后，安全阀自动关闭）。

（2）阀控式密封蓄电池的分类。可分为贫液阀控式密封蓄电池、胶体型阀控式密封蓄电池。

（3）阀控式密封铅酸蓄电池的充、放电概念。

1）初充电。新的蓄电池在交付使用前，为完全达到荷电状态所进行的第一次充电。初充电的工作程序应参照制造厂家说明书进行。

2）恒流充电。在充电电压范围内，充电电流维持在恒定值的充电。

3）均衡充电。为补偿蓄电池在使用过程中出现的电压不均匀现象，使其恢复到规定范围内而进行的充电。

4）恒流限压充电。先以恒流充电方式进行充电，当蓄电池组端电压上升到限压值时，充电装置自动转为恒压充电，直至充电完毕。

5）浮充电（简称为浮充）。在充电装置的直流输出端始终并接着蓄电池和负载，以恒压充电方式工作。正常运行时承担经常性负荷的同时向蓄电池充电，以补偿蓄电池的自放电，使蓄电池以满容量的状态处于备用。

6）存放蓄电池的补充充电。蓄电池在存放中，由于自放电使蓄电池容量逐渐减小，甚至于损坏，应按厂家说明书规定的期限进行充电。

7）恒流放电。蓄电池在放电过程中，放电电流值始终保持不变，直至放到规定的终止电压为止。

（4）阀控式密封铅酸蓄电池的放电制度。

1）恒流限压充电。当蓄电池组端电压上升到限压值（2.30～2.35）V×N（N为蓄电池的个数）时，手动或自动转为恒压充电（均充）。

2）恒压充电。在（2.30～2.35）V×N恒压充电下，随着蓄电池组的端电压上升，充电电流逐渐减小，当充电电流减小至限制电流时，充电装置的监控器倒计时开始启动，当整定的倒计时结束后，充电装置将自动转为浮充电运行。

2. 阀控式密封铅酸蓄电池结构

组合式和单体蓄电池的结构如图3-14、图3-15所示。电池外壳及盖采用ABS合成树脂或阻燃塑料制作，正负极板采用特殊铅钙合金板栅的涂膏式极板，分隔板采用优质超细玻璃纤维棉（毡）制作，设有安全可靠的减压阀，实行高压排气。

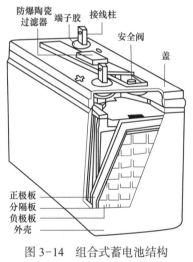

图3-14 组合式蓄电池结构
（12V、100Ah 以下）

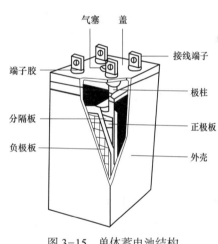

图3-15 单体蓄电池结构
（2V、200Ah 以上）

阀控式密封铅酸蓄电池由电极板、隔板、电解液、电池槽及安全阀等组成，如图3-16所示。

（1）电极。铅酸蓄电池负极活性物质为绒状铅，正极活性物质为二氧化铅。

正电极采用管式正极板或涂膏式正极板，通常移动型电池采用涂膏式正极板，固定型电池采用管式正极板。负极板通常采用涂膏式极板。板栅材料采用铅锑合金。

极板是在板栅上敷涂由活性物质和添加剂制造的铅膏，经过固化、化成等处理而制成。板栅支撑疏松的活性物质，是活性物质的载体，又可用作导电体，故要求板栅的硬度、机械强度和电性能质量较好，这是保证蓄电池质量的重要因素。

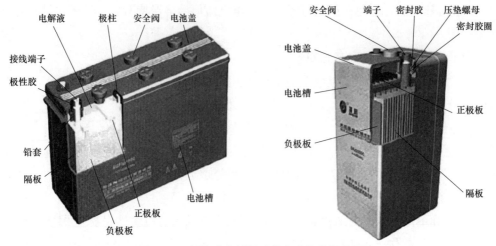

图 3-16 阀控式密封铅酸蓄电池整体结构图

板栅结构有垂直板栅和放射状板栅，要求电流分布均匀。阀控式密封铅酸蓄电池的板栅材料，尤其是正极板的板栅材料要求非常严格，要求其硬度、机械强度、耐腐蚀性能和导电性能好。但如果板栅太厚，其内阻较大，会影响大电流放电性能，一般阀控式密封铅酸蓄电池的板栅厚度取 6mm，由于正极板二氧化铅的电化当量为 4.46g/Ah，负极活性物质为绒状铅的电化当量为 3.87g/Ah，正、负极活性物质当量比为 1：1.08～1：1.2，故正极板略厚于负极板。

为了改善阀控式密封铅酸蓄电池的性能，生产厂家已将阀控式密封铅酸蓄电池的板栅材料由传统的铅钙合金、铅钙锡合金、铅锑镉合金改为镀铅铜板栅，将极柱材料由铅芯改为铅衬铜芯。采用镀铅铜板栅及极柱材料为铅衬铜芯的阀控式密封铅酸蓄电池具有以下优点：①由于铜的电导率比铅高，减小了欧姆化电动势，使电极内电流分布均匀，提高了活性物质使用率，因此，镀铅铜板栅适用于放电电流大的蓄电池；②在大容量阀控式密封铅酸蓄电池中，由于铜较铅的密度小，板栅变薄，减轻了蓄电池的质量；③由铅合金制作的板栅密度较大，在阀控式密封铅酸蓄电池的运行中，容易造成爬酸故障，影响蓄电池的密封和使用性能，而采用镀铅铜板栅及极柱材料为铅衬铜芯的阀控式密封铅酸蓄电池在运行中，不会出现这一故障现象。

阀控式密封铅酸蓄电池负极板的活性物质中还添加其他物质：①阻化剂，用于抑制氢气发生和防止制造过程及储存过程的氧化，常用松香、甘油等；②膨胀剂，用于提高容量和延长寿命，分为无机和有机两种。

铅膏是将铅粉与添加剂混匀，加入稀硫酸溶液，再用搅拌机拌均匀而成，正极板的活性物质利用率较低，如用小电流密度放电时只有 50%～60%，以大电流放电时，为了提高正极活性物质利用率，延长它的使用寿命，除要求正极板的活性物质结构合理外，还必须用添加剂来降低活性物质密度，增加其表面积的孔率，同时提高活性物质的比导率。

有些正极铅膏中加入无机盐硫酸锌，易于溶入水，可用来增加正极活性物质孔率，以利于电解液的扩散。阀控式密封铅酸蓄电池拆解结构图如图 3-17 所示。

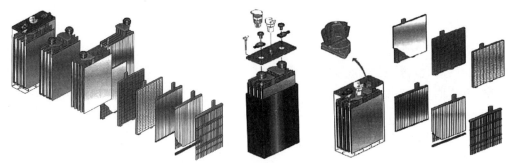

图 3-17　阀控式密封铅酸蓄电池拆解结构图

（2）隔板。隔板的作用是防止正负极板短路，但要允许导电离子畅通，同时要阻挡有害杂质在正、负极间串通。对隔板的要求是：

1）隔板材料应具有绝缘和耐酸性能，在结构上应具有一定孔率。

2）由于正极板中含锑、砷等物质，容易溶解于电解液，如扩散到负极板上将会发生严重的析氢反应，要求隔板孔径适当，起到隔离作用。

3）隔板和极板采用紧密装配，要求机械强度好、耐氧化、耐高温、化学特性稳定。

4）隔板起酸液储存器的作用，使电解液大部分被吸引在隔板中，均匀分布且可压缩，并在湿态和干态条件下保持弹性，以保持导电和适当支撑活性物质的作用。

（3）电解液。贫液阀控式密封铅酸蓄电池电解液密度 $\rho \approx 1.30 \mathrm{kg/L}$。胶体阀控式密封铅酸蓄电池电解液密度 $\rho \approx 1.24 \mathrm{kg/L}$。

配制蓄电池电解液的用水在我国原机械工业部制定的标准中有严格的要求，配制蓄电池电解液的纯水制取方法有蒸馏法、阴阳树脂交换法、电阻法、离子变换法等。因水中的杂质是盐类离子，所以水的纯度可用电阻率来表示。国内制造厂主要用离子交换法制取蓄电池电解液的用水，其总含盐量小于 $1 \mathrm{mg/L}$，水电阻率为（800～1000）× $10^4 \Omega \cdot \mathrm{mm}$（25℃）。同时，配制蓄电池电解液的纯水中的杂质铁、铵、氯等对蓄电池危害较大，制造厂对此也有严格要求。

配制蓄电池电解液的硫酸为分析纯硫酸，其密度 $\rho = 1.84 \mathrm{kg/L}$，浓硫酸加入水稀释，会发生体积收缩，故混合体积值应适当增大。

（4）电池槽。

1）对电池槽的要求如下：

a）酸腐蚀，抗氧指标高。

b）密封性能好，要求水蒸气蒸发泄漏少，氧气扩散渗透少。

c）机械强度好，耐振动、耐冲击、耐挤压、耐颠簸。

d）蠕动变形小，阻燃，电池槽硬度大。

2）电池槽材料：阀控式密封铅酸蓄电池，电池槽的外壳以前多用 SAN，目前主要采用 ABS、PP、PVC 等材料。

3）电池槽的结构特点如下：

a）电池槽的外壳主要采用强度大而不易产生变形的树脂材料。槽壁要加厚。通过在短侧面上安装加强筋等措施抵制极板面上的压力。

b）电池槽有矮形和高形之分。矮形结构电解液分层现象不明显，容量特性优于高形结构电池。此外，在电池内部氧在负极复合作用方面，矮形比高形结构电池性能要优越。

c）电池内槽装设筋条措施。加筋条后可改变电池内部氧循环性能及在负极复合能力。

d）阀控式密封铅酸蓄电池正常为密封状态，散热较差。在浮充状态下，电池内部为负压，所以壁要加厚，而壁越厚，热容量越大，越难散热，将影响电池的电气性能。

e）大容量电池在电池槽底部装设电池槽靴，以防止极板变形。

f）电池槽与电池盖必须严格密封，通常采用氧气吹管将槽与端盖焊接。为保证密封不发生液和气的泄漏，新工艺利用超声波封口，然后再用环氧树脂材料密封。

g）引出极柱与极柱在槽盖上的密封。极柱端子用于每个单格间极群连接条及单体外部接线端子，极性结构影响电池的放电特性及电池内液和气的泄漏，通常极柱材料由铅芯改为铅衬铜芯，同时加大极柱截面。

h）电池槽制成后要严格检测，确保电池的密封。

（5）安全阀。阀控式密封铅酸蓄电池安全阀的作用如下：

1）在正常浮充状态，安全阀的排气孔能逸散微量气体，防止电池的气体聚集。

2）电池过充等原因产生气体使阀到达开启值时，打开阀门，及时排出盈余气体，以减小电池内压。

3）气压超过定值时放出气体，减压后自动关闭，不允许空气中的气体进入电池内，以免加速电池的自放电，故要求安全阀为单向节流型。

单向节流安全阀主要由安全阀门、排气通道、幅罩、气液分离器等部件组成。

安全阀与盖之间装设防爆过滤片装置。过滤片采用陶瓷或其他特殊材料，既能过滤，又能防爆。过滤片具有一定的厚度和粒度，当有火靠近时，能隔断引爆电池内部的气体。

安全阀开阀压和闭阀压有严格要求，根据气体压力条件确定。开阀压力太高，易使电池内因存气体超过极限，导致电池外壳膨胀或炸裂，影响电池安全；开阀压力太低，气体和水蒸气严重损失，电池可能因失水过多而失效。闭阀压防止外部气体进入电池内部，因气体会降低性能，故要及时关闭阀。减压阀的开闭阀压力的行业标准规定为：开阀压力应在 10～49kPa 范围内，闭阀压力应在 1～10kPa 范围内，使内部压力保持在

40kPa 左右。一般认为开阀压稍低些好，而闭阀压接近开阀压好。

3. 阀控式密封铅酸蓄电池密封原理

阀控式密封铅酸蓄电池的设计原理是把所需分量的电解液注入极板和隔板中，没有游离的电解液，通过负极板潮湿来提高吸收氧的能力，为防止电解液减少把蓄电池密封，故阀控式密封铅酸蓄电池又称"贫液电池"。

阀控式密封铅酸蓄电池放充电过程反应式为

$$PbO_2 + 2H_2SO_4 + Pb \longrightarrow PbSO_4 + 2H_2O + PbSO_4 \qquad （3-12）$$

阀控式密封铅酸蓄电池的极栅主要采用铅钙合金，以提高其正、负极析气（H_2 和 O_2）过电位，达到减少其充电过程中析气量的目的。由于正、负极板的电化反应各具特点，所以正、负极板的充电接受能力存在差别，正极板在充电达到 70% 时，氧气就开始产生；而负极板在充电达到 90% 时，才开始产生氢气。在生产工艺上，一般情况下正、负极板的厚度之比为 6:4。根据这一正、负极活性物质量比的变化，当负极上绒状 Pb 达到 90% 时，正极上的 PbO_2 接近 90%，再经少许的充电，正、负极板上的活性物质分别氧化还原达 95%，接近完全充电，这样可使 H_2 和 O_2 气体析出减少。采用超细玻璃纤维（或硅胶）来吸储电解液，并同时为正极上析出的氧气向负极扩散提供通道。这样，氧一旦扩散到负极上，立即被负极吸收，从而抑制了负极上氢气的产生，导致浮充电过程中产生的气体 90% 以上被消除（少量气体通过安全阀排放出去）。

在正常浮充电电压下，电流在 $0.2I_{10}$（I_{10} 为蓄电池 10h 放电率电流）以下时，气体100% 复合，正极析出的氧扩散到负极表面，100% 在负极还原，负极周围无盈余的氧气，并析出微量氢气。若提升浮充电压，或环境温度升高，使充入电流陡升，气体再化合效率随充电电流增大而变小，在 $0.5I_{10}$ 时复合率为 90%，当电流在 $1.0I_{10}$ 时，气体再化合效率近似为零。

铅酸蓄电池实现密封的难点就是充电后期水的电解，阀控式密封铅酸蓄电池采取以下几项重要措施来实现密封性能：

（1）极板采用铅钙板栅合金，提高气体释放电位。普通蓄电池板栅合金在 2.30V/单体（25℃）以上时释放气体，采用铅钙板栅合金后，在 2.35V/ 单体（25℃）以上时释放气体，从而减少了气体释放量，同时使自放电率降低。

（2）让负极有多余的容量，即比正极多出 10% 的容量。充电后期正极释放的氧气与负极接触，发生反应，重新生成水，即

$$O_2 + 2Pb \longrightarrow 2PbO + 2H_2SO_4 \longrightarrow 2H_2O + 2PbSO_4 \qquad （3-13）$$

使负极由于氧气的作用处于欠充电状态，因而不产生氢气。这种正极的氧气被负极的铅吸收，再进一步化合成水的过程，就是阴极吸收反应。阀控式密封铅酸蓄电池的阴极吸收氧气，重新生成了水，抑制了水的减少而无须补水。

（3）为了让正极释放的氧气尽快流通到负极，阀控式密封铅酸蓄电池极板之间不再

采用普通铅酸蓄电池所采用的微孔橡胶隔板，而是用新型超细玻璃纤维作为隔板，电解液全部吸附在隔板和极板中，蓄电池内部不再有游离的电解液。超细玻璃纤维隔板孔率由橡胶隔板的 50% 提高到 90% 以上，从而使氧气流通到负极，再化合成水。另外，超细玻璃纤维隔板具有将硫酸电解液吸附的功能，因此，即使阀控式密封铅酸蓄电池倾倒，也无电解液溢出。由于采用特殊的设计，阀控式密封铅酸蓄电池可控制气体的产生。正常使用时，阀控式密封铅酸蓄电池内部不产生氢气，只产生少量的氧气且产生的氧气可在蓄电池内部自行复合。

（4）阀控式密封铅酸蓄电池采用过量的负极活性物质设计，以保证蓄电池充电时，正极充到 100% 后，负极尚未充到 90%，这样电池内只有正极上优先析出的氧气，而负极上不产生难以复合的氢气。

（5）阀控式密封铅酸蓄电池采用密封式阀控滤酸结构，电解液不会泄漏，酸雾不能逸出，达到安全环保的目的。

综上所述，从正极板产生的氧气在充电时很快与负极板的活性物质起反应并恢复成水，因此，阀控式密封铅酸蓄电池可免除补加水维护，这也是阀控式密封铅酸蓄电池被称为"免维护"蓄电池的原因。但是，"免维护"的含义并不是任何维护都不做，恰恰相反，为了延长阀控式密封铅酸蓄电池的使用寿命，阀控式密封铅酸蓄电除了免除加水，其他方面的维护和普通铅酸蓄电池是相同的。只有使用得当，维护方法正确，阀控式密封铅酸蓄电池才能达到预期的使用寿命。

二、蓄电池组的配置方式

（一）蓄电池型式选择

阀控式密封铅酸蓄电池，是 20 世纪 90 年代发展起来的铅酸蓄电池，因具有密封结构，无酸雾排出，运行维护工作量小，有较长的运行经历，完善了技术资料和应用曲线，推荐采用。阀控式密封铅酸蓄电池有单体 2、6、12V 几种，在电力系统中额定容量在 100Ah 以上的蓄电池建议采用单体 2V 的蓄电池。

防酸式铅酸蓄电池，是传统的选择类型，具有丰富的运行维护经验，有完整的技术资料和应用曲线，故仍可以采用。但是运行维护复杂，占地面积大，调酸、给排水、环保、通风都比较麻烦，不适合无人值守变电站使用。

镉镍碱性蓄电池，日常维护工作量大，并且额定容量较低、事故放电能力较弱，限制了其在电力系统中的应用。

（二）蓄电池负荷统计

（1）当装设两组蓄电池时，因控制负荷属经常性负荷，为保证安全，可以允许切换到一组蓄电池运行，故应该统计全部负荷。发电厂的事故照明负荷因负荷较大且往往影响蓄电池容量的大小，故按 60% 统计在每一组蓄电池上。变电站的事故照明负荷相对于发电厂较小，为安全和简化事故照明切换接线，每一组蓄电池可按 100% 负荷统计。对于电磁合闸机构冲击负荷，按随机负荷叠加在最严重的放电阶段，对于动力和远动通信的事故负荷宜由两组蓄电池分担，避免蓄电池容量不合理加大。

（2）据调查，有人值班变电站在全场事故停电时，30min 左右即可恢复厂站用电，为了保证事故处理的充裕时间，计算蓄电池容量时仍应按 1h 的事故放电负荷计算。

无人值班变电站考虑在事故停电时间内无法立即处理恢复站用电，增加维修人员前往变电站的路途时间 1h，故 DL/T 5103—2012《35kV～110kV 无人值班变电站设计技术规程》中规定，蓄电池的容量按全站事故停电 2h 放电容量计，其中事故照明负荷 1h 计，实际上在事故放电时经常性负荷不大的变电站，2h 的事故放电容量不会使蓄电池容量增加太大。事故照明采用维修人员到达现场手投方案，必要时还可在全站停电 2h 时自动退出蓄电池供电回路，2h 蓄电池放电容量是完全可以满足要求的。

（3）交流不停电电源装置的负荷计算时间，按变电站事故停电时间全过程使用的原则，以提高安全可靠性。负荷系数综合考虑装置裕度和实际运行负荷，一般不大于 50% 的情况取 0.6。

（4）事故初期冲击负荷的统计，原则上是全面地考虑这些负荷的存在，并发生在事故放电初期。但是由于这些负荷的作用时间有长有短，精确统计这些负荷困难较大，因而在统计上不遗漏负荷电流，适当考虑叠加因素，负荷作用时间均考虑在 1min 放电时间内，为了计算方便和偏于安全的要求，分别乘以 0.5 左右的系数。

（5）恢复供电时断路器电磁合闸这种较大的冲击负荷，可以发生在事故停电过程中的任何时间，可按随机负荷考虑，叠加在事故放电过程中的严重工况上，而不固定在事故放电末期，从偏于安全考虑，合闸计算时间按 5s 计，负荷系数取 1。

（三）蓄电池容量选择计算

蓄电池容量应满足事故停电时间内全过程放电容量的要求，事故放电初期负荷的统计非常重要，若有直流电动机应考虑电动机的启动电流，还有各种断路器的跳合闸以及各种装置投入时的冲击电流。上述因素往往决定了蓄电池容量的计算结果，事故持续放电时间内叠加的冲击负荷按随机负荷统计，计算蓄电池容量时应叠加在事故放电过程的严重阶段上，并不一定放在事故放电末期，以便于正确计算蓄电池容量。

蓄电池容量选择计算方法，仍沿用 DL/T 5044—2014《电力工程直流电源系统设计技术规程》中推荐的方法，但作了如下几点调整：

（1）电压控制法也称容量换算法，阶梯负荷法也称电流换算法。

（2）电压控制法中取消了容量比例系数和电流比例系数两个概念词，以简少蓄电池厂家及设计计算的工作量。两种计算方法在系统选取时，可以共用一条曲线，即容量系数＝容量换算系数 × 放电时间。

（3）当有随机负荷时，两种计算方法的计算结果可能不一致，因为阶梯负荷法是采用容量叠加方式，而电压控制法是采用电压校验方式。当采用电压控制计算法时，如果已满足最低允许电压值，则不需要再叠加随机负荷所需要的这一部分容量。

（四）直流系统的蓄电池组数选择

110kV 及以下变电站，一般装设一组蓄电池，一般情况下均可以满足其直流负荷的要求。对于重要的 110kV 变电站也可装设两组蓄电池。

220～500kV 变电站应装设不少于两组蓄电池。

直流输电换流站，站用蓄电池应装设两组，极用蓄电池每极可装设两组。

（五）直流系统的蓄电池只数选择

阀控式密封铅酸蓄电池是贫电解液蓄电池，为保证其容量，其电解液密度比防酸式铅酸蓄电池高，取电解液密度 ρ=1.30，相应开路电压高达 2.16～2.18V，浮充电电压为 2.23～2.28V，建议取 2.25V。但浮充电电压值随环境温度变化而修正，修正值为 ±1℃时 3mV，即当温度升高 1℃，其浮充电电压应下降 3mV，反之应增加 3mV。按满足 220V 直流母线电压在浮充方式时应为 105%U_N 的要求，选择 103 只。均衡充电电压为满足事故放电或长期浮充电运行出现个别电池落后时采用的要求选取 2.30～2.35V，220V 直流母线电压达到 242.05V，等于 110%U_N（242V）的标准，放电末期取 1.85V，保证了蓄电池组选择 102 只可以满足直流母线允许 87.5%U_N 的要求。考虑安全运行的要求，对于带母线电压调节装置的直流系统，建议选择 108 只；无母线电压调节装置的直流系统，建议选择 104 只。

对于 110V 直流系统，建议按 220V 直流系统的 50% 进行选择蓄电池只数。

（六）蓄电池组的接线方式

不同厂家、不同型号、不同容量、新旧程度不一的蓄电池组不应并联使用。相同容量、相同型号的蓄电池组并联时，并联的组数也不宜过多（2～4 为宜），否则将会造成蓄电池实际容量的下降，影响其正常使用。

220kV 及以上的变电站，为提高供电可靠性，可装设两组蓄电池；重要的 110kV 变电站可装设两组蓄电池；110kV 及以下变电站，可装设一组蓄电池。

（1）单组 108 只、单台充电装置的接线方式。当直流电源系统只有一组蓄电池，宜采用 108 只额定电压 2V 的蓄电池，蓄电池的均充电压为 254V，浮充电压为 243V。因继电保护装置额定电压为 220V，高频开关电源模块应分为充电模块和控制模块。直流装置应配置自动、手动调压装置。其接线原理图如图 3-18 所示。

（2）单组 104 只、单台充电装置的接线方式。变电站的断路器采用弹操式操动机构，其蓄电池一般采用 104 只额定电压 2V 蓄电池，均充电压为 240V，浮充电压为 234V。这时能满足控制母线电压在 220V×（1±10%）范围内，故可不用电压调整单元。因此，控制母线和合闸母线可合二为一。高频开关电源模块全部为充电模块。此种接线方式接线简单，但在事故和单只蓄电池故障情况下可靠性差、运维工作量大。因此，这种接线方式建议只用于配置双套直流电源系统的变电站。其接线原理图如图 3-19 所示。

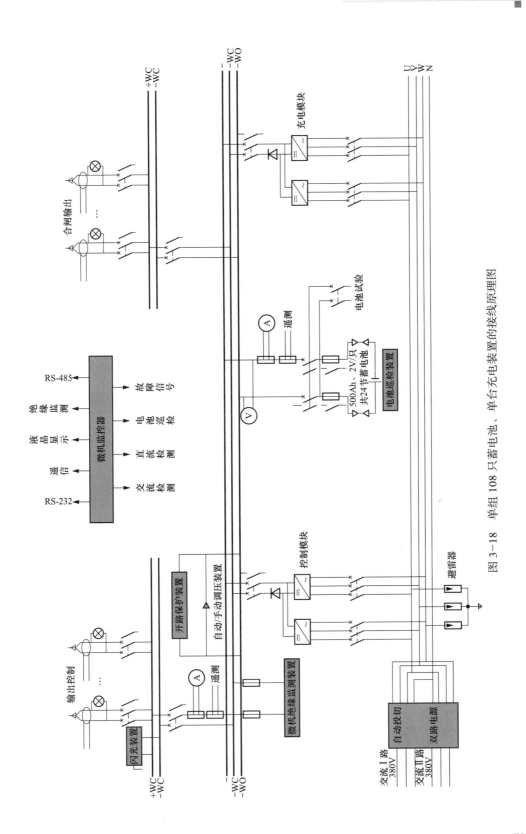

图 3-18 单组 108 只蓄电池、单台充电装置的接线原理图

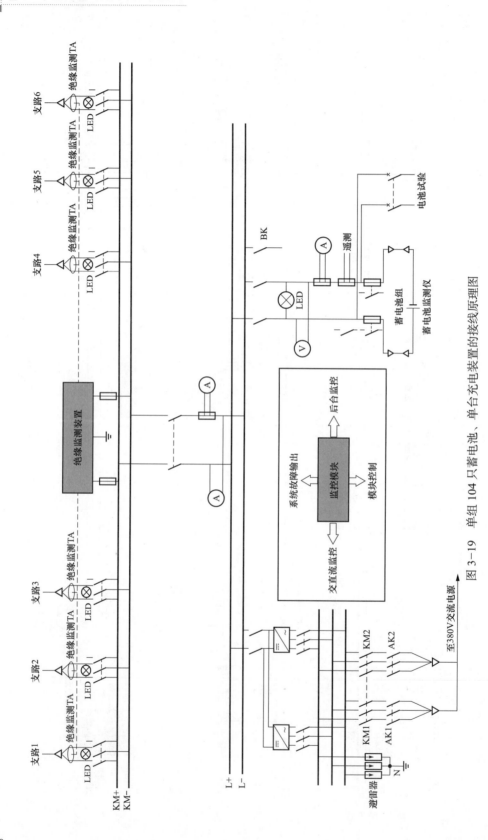

图 3-19　单组 104 只蓄电池、单台充电装置的接线原理图

（3）双母线、两组蓄电池、两台充电装置的接线方式。在750kV变电站中，750kV继电保护装置除了本身双重化外，从电流互感器、电压互感器二次侧一直到断路器跳闸线圈，均按双重化原则配置。因此直流系统的110V或220V蓄电池组宜相应设置两组，分别对两套保护及跳闸线圈供电，以保证安全运行。当采用弱电控制、弱电信号时，为保证控制系统、信号系统供电的可靠性，也宜装设两组蓄电池，以便互为备用。

特点：直流母线采用两段运行方式，并在两段直流母线之间配置联络断路器或隔离开关。正常运行时断路器或隔离开关处于断开位置。每段母线应分别用独立的蓄电池组供电，蓄电池和充电装置应接在同一段母线上。每台充电装置都配有独立的微机监控装置，每段直流母线都配有一套微机绝缘监测装置。每组蓄电池均装有蓄电池巡检仪（或蓄电池在线监测仪）并通过RS-485通信，将每一只蓄电池的电压、温度、压差等传入微机监控装置，进行显示或控制（如压差超标报警等）。两套装置互为备用。其接线原理图如图3-20、图3-21所示。

显然，在此接线方式下，当一套充电装置或蓄电池故障时，可通过两段直流母线之间配置联络断路器或隔离开关进行切换操作，保证直流电源正常运行。因此，这种接线方式用于220kV变电站、110kV重要变电站的直流电源系统。

（4）双母线、两组蓄电池、三台充电装置的接线方式。特点：直流母线采用分段运行方式，并在两段直流母线之间配置联络断路器或隔离开关。正常运行时断路器和隔离开关处于断开位置。每段母线应分别用一组独立的蓄电池供电，蓄电池和其充电装置（高频开关电源模块）应接在同一段母线上。每一台充电装置都配有独立的微机监控装置，3号充电装置为备用充电装置。其他配置与双母线、两组蓄电池、两台充电装置相同。其接线原理图如图3-22、图3-23所示。显然，这种接线方式运行灵活，可靠性高，适用于重要220kV及以上变电站的直流电源系统。

三、蓄电池智能管理与巡检系统

（一）蓄电池智能管理与巡检系统简介

阀控式铅酸蓄电池俗称"免维护"蓄电池，它的应用大大减少了开口式铅酸蓄电池烦琐复杂的维护工作，然而，其"免维护"的优点，也是其运行管理的缺点和难点。除了正常的使用寿命周期外，由于电池本身的质量问题，如材料、结构、工艺的缺陷，以及使用不当等因素，蓄电池早期失效的现象时有发生。所谓"免维护"仅指无需加水、加酸、换液等维护，日常维护仍是必不可少的；而开口式铅酸蓄电池运行检测维护方法已不再适用于阀控式铅酸蓄电池，这就对蓄电池测试设备提出了新的要求。由于铅酸阀控蓄电池对运行要求比较严格，偏离正确的使用条件将造成严重的后果，因此在提高蓄电池性能、减少维护工作量的同时，如何快捷有效地检测出早期失效电池、预测蓄电池性能变化趋势已成为蓄电池运行管理的重中之重，这对无人值守变电站、通信机房、移

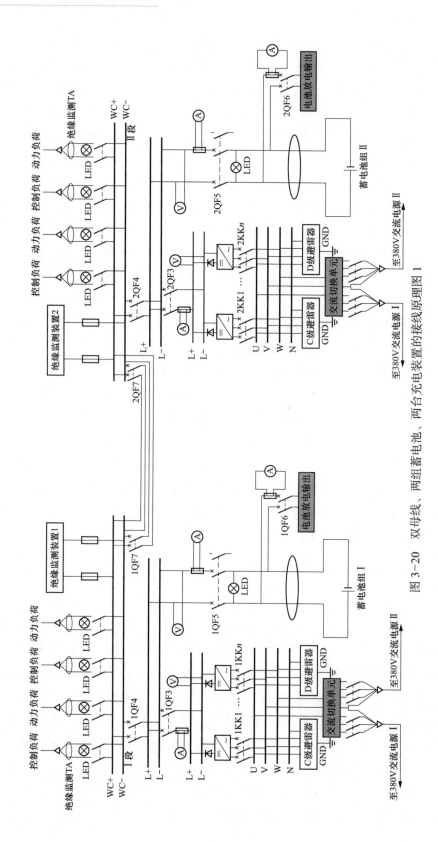

图 3-20 双母线、两组蓄电池、两台充电装置的接线原理图 1

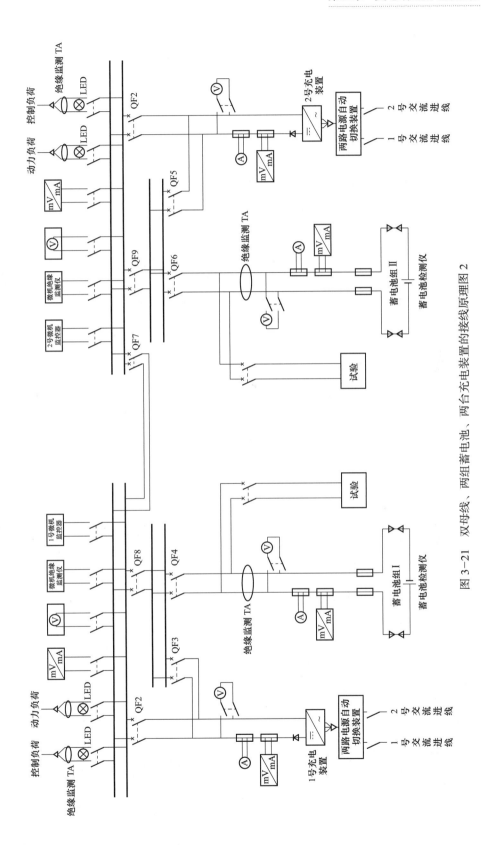

图 3-21 双母线、两组蓄电池、两台充电装置的接线原理图 2

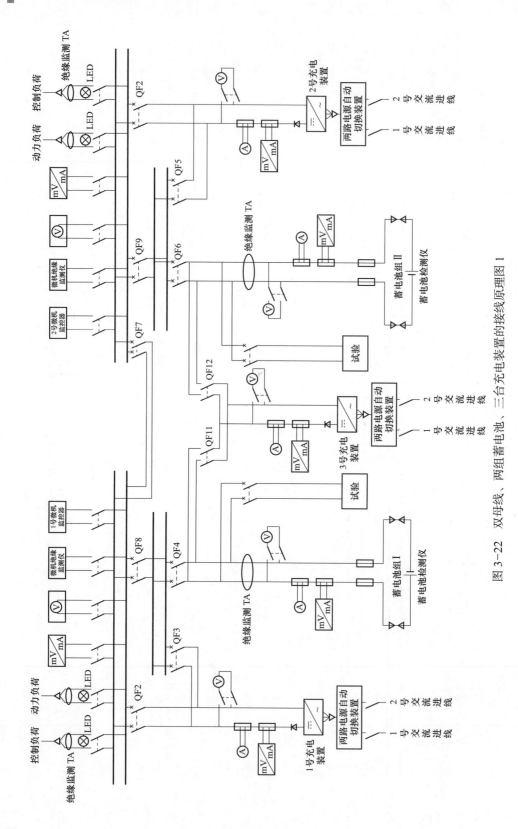

图 3-22 双母线、两组蓄电池、三台充电装置的接线原理图 1

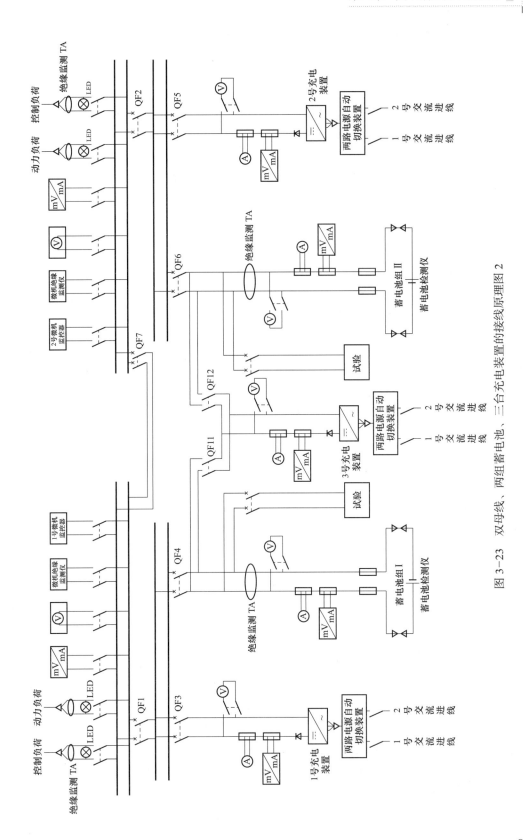

图 3-23　双母线、两组蓄电池、三台充电装置的接线原理图 2

动基站及 UPS 尤为重要。

智能蓄电池组监测系统主要由数据采集模块、放电模块、监控单元三部分组成，具有实时监测电池的运行参数（电压、电流、温度）、定时自动测试电池内阻、静态放电测量电池容量、综合测量判断电池性能及变化趋势以及显示报警功能，系统还可实现网络化、智能管理。

（二）蓄电池智能管理与巡检系统工作原理

电池巡检单元就是对蓄电池在线电压情况巡回检测的一种设备，可实时检测每节蓄电池的电压，当任一节蓄电池电压高过或低过设定值时，就会发出告警信号，并能通过监控系统显示出是哪一节蓄电池发生故障。电池巡检单元一般能检测 2～12V 的蓄电池和巡回检测 1～108 只蓄电池。

1. 蓄电池测量原理

常用的检测方法为测量蓄电池的端电压、内阻和核对性放电容量测试。而蓄电池的端电压与容量无对应关系。平时处于浮充状态下的端电压难以真实反映蓄电池性能，即使性能很差的蓄电池在浮充状态下也可能测得合格的电压，一旦停电，需蓄电池组放电时，该蓄电池组就可能无法保证事故状态下的放电要求，从而扩大事故范围。

经过分析，蓄电池放电曲线如图 3-24 所示。

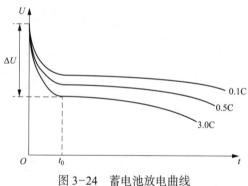

图 3-24　蓄电池放电曲线

由放电曲线，可以得出以下结论：

（1）相同的放电曲线反映了相同的电池性能。

（2）用恒定的电流对蓄电池放电，可在短时间得到明显的下跌曲线，进而测得蓄电池内阻。对同一厂家、同规格的蓄电池测得的内阻值能反映出蓄电池性能的差异。

（3）对同一蓄电池，随着循环次数和使用时间的增加，放电曲线也将明显发生变化，可作为蓄电池性能及使用寿命的评估依据。

采用先进的数学模型，对蓄电池浮充电压、放电曲线和内阻值等多项测量结果进行综合计算分析，即可对蓄电池的性能做出判断。

针对电力系统的使用要求，直流系统中的蓄电池必须能够提供足够大的瞬时电流和长时间的小电流放电，即要求有较小的内阻和较大的容量。结合对放电曲线的分析，可采用以下多项检测方法：

（1）实时检测每只蓄电池电压和蓄电池组充放电电流、温度。

（2）恒流放电。在短时间内得到蓄电池瞬间的放电曲线，测得内阻。蓄电池内阻＝蓄电池电压变化 ÷ 放电电流。

（3）静态恒流放电，测得蓄电池容量。蓄电池容量＝放电电流 × 时间。

（4）运用先进的数学模型对上述参数通过计算机进行综合计算分析，即可得出对电池性能好坏的准确评估。

2. 电路原理框图

电路原理框图如图 3-25 所示。

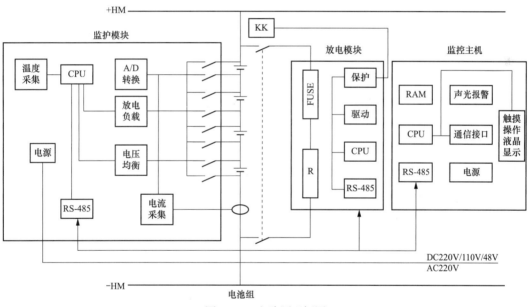

图 3-25　电路原理框图

3. 系统各部分原理

（1）蓄电池组监护模块（BMM）。

1）BMM 原理框图（见图 3-26）。通过开关切换，可实现单电池电压测量，单电池直流负载放电测试蓄电池内阻，也可对单电池充电进行电压均衡调节。

2）BMM 内阻测试原理。BMM 采用了直流内阻测试方法，即给电池增加一个负载，测量由此产生的变化电压和电流，可通过电压变化值除以电流变化值计算得到电池的内阻。蓄电池内阻测试采用四线制的方法，如图 3-27 所示。

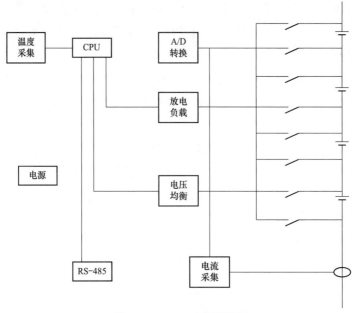

图 3-26　BMM 原理框图

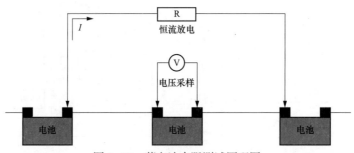

图 3-27　蓄电池内阻测试原理图

电路中采用了软硬件的滤波措施，可有效滤除充电机纹波对内阻测试的影响，保证了蓄电池在线内阻测试的准确性、一致性和重复性。

3）BMM 电压均衡调节充放电原理。在蓄电池组实际运行时，充电机并不是对每个电池单独控制充电的，而是控制整组电池的充电电压。这时，就产生了以下问题：由于电池生产过程中材料、工艺等非一致性，导致了单体电池性能参数的非一致性，每个单体电池并没有按理想设定的浮充电压（2.25V）在充电。

在实际运行中，一组蓄电池中单体电池浮充电压波动有可能很大，运行规程中给出的蓄电池浮充电压限值是 ±50mV，尽管某些蓄电池的单体电压没有超过限值，但却长期偏离设定电压运行，这也可能导致蓄电池失效。

通过对蓄电池运行数据分析可发现，过高的浮充电压意味着对电池的过充，长期处于过充状态，将加速正极板腐蚀，影响电池寿命；同样，过低的浮充电压意味着对电池的欠充，长期处于欠充状态，将加速负极板腐蚀，也将影响电池寿命。电池组中各单体电池电压会相互影响，产生更大的波动，加强了过充和欠充现象。

由于阀控电池平时一直处于浮充电状态，所以只有三种可能，即正常浮充状态、过充状态、欠充状态。

这一状态的判别，并不是简单地在某一时刻去测量单体电池浮充电压，而是应该通过一段时间的电压数据分析，如自身离散度的变化、相对整组离散度的变化等，再辅以内阻的变化，才能较为准确地获得浮充电状态。在 BMM 设备的 CPU 中，内嵌了电池分析的数学模型，通过对电池电压及电压离散度和内阻的变化分析，判断目前蓄电池的状态，当得出蓄电池处于欠充或过充状态时，设备将自动启动维护程序，在线对蓄电池进行电压均衡调节充电或活化。维护程序也可通过网络远程下达指令执行。

（2）放电模块。放电模块可作为长时间放电负载，实现对电池容量的核对性测试及蓄电池的活化维护。

当接受主控设备的放电指令时，放电负载接通，电池通过负载放电，同时蓄电池组监护模块将快速采集每节电池电压的每一变化量，在计算机中得到每节电池的特性曲线。

除主控设备对放电模块的放电启动 / 停止指令外，放电模块内部也设有计时器，如放电超时，将自动切断放电回路，即使电子开关损坏，放电回路也将被切断，从而大大提高了放电模块工作的可靠性。

放电模块还设有过电流、超温等异常保护，同时放电模块工作时还受控于交流市电，在放电时如发生交流市电失电，放电模块将自动终止放电，保证直流系统向负载供电。

（3）监控主机。系统采用了高性能 ARM9 处理器及大容量的存储，不但保证了对大量数据进行高速分析和处理，而且实现了对数据的掉电保存。

当蓄电池组监护模块将电池电压数字信号传送到监控主机后，该信号被送入 CPU 进行分析处理，判读结果并显示。

在运行监测状态下，系统计算机将运行监测程序，对每节电池电压、电池组充电电流、温度进行采集和判断，对超出设定电压阈值的电池予以报警和显示。

在放电状态下，系统计算机将运行放电监测程序，检测每节电池的放电特性，通过与设定模式的比较，对电池的好坏进行判读，将结果输出显示，并对失效电池予以提示报警，自动终止放电。

系统计算机内设有"看门狗"，保证监测程序的正常运行。如果系统计算机发生故障，将自动给出报警提示。

系统可提供多层次的通信接口，如 LAN、RS-232、RS-485，以便系统向现场及远端计算机传输数据、接收指令和调整参数。系统还设有干触点给远动接口，触点闭合时给出故障信号。

（三）蓄电池组的日常维护

1. 阀控式蓄电池的运行及维护

（1）阀控式蓄电池组正常应以浮充电方式运行，浮充电压值应控制在（2.23～2.28V）× N，一般宜控制在 2.25V × N（25℃时）；均衡充电电压宜控制在（2.30～2.35V）× N。

（2）运行中的阀控式蓄电池组，主要监视项目为蓄电池组的端电压值、浮充电流值、每只单体蓄电池的电压值、运行环境温度、蓄电池组及直流母线的对地电阻值和绝缘状态等。

（3）阀控式蓄电池在运行中电压偏差值及放电终止电压值，应符合表3-4规定。

表3-4　　　　　阀控式蓄电池在运行中电压偏差值及放电终止电压值的规定

阀控式密封铅酸蓄电池	标称电压（V）		
	2	6	12
运行中的电压偏差值	± 0.05	± 0.15	± 0.3
开路电压最大、最小电压差值	0.03	0.04	0.06
放电终止电压值	1.8	5.40（1.80×3）	10.80（1.80×6）

（4）在巡视中应检查蓄电池的单体电压值，连接片有无松动和腐蚀现象，壳体有无渗漏和变形，极柱与安全阀周围是否有酸雾溢出，绝缘电阻是否下降，蓄电池通风散热是否良好，温度是否过高等。

（5）阀控式蓄电池的浮充电电压值应随环境温度变化而修正，其基准温度为25℃，修正值为 ±1℃时 3mV，即当温度每升高 1℃单体电压为 2V 的阀控式蓄电池浮充电电压值应降低 3mV，反之应提高 3mV。阀控式蓄电池的运行温度宜保持在 5～30℃，最高不应超过 35℃。

2. 阀控式蓄电池组的充放电

（1）恒流限压充电。采用 I_{10} 电流进行恒流充电，当蓄电池组端电压上升到（2.3～2.35V）× N 限压值时，自动或手动转为恒压充电。

（2）恒压充电。在（2.3～2.35V）× N 的恒压充电方式下，I_{10}（I_{10} 为 10h 放电率电流）充电电流逐渐减小，当充电电流减小至 0.1I_{10} 时，充电装置的倒计时开始启动，当整定的倒计时结束时，充电装置将自动或手动转为正常的浮充电方式运行。浮充电电压值宜控制在（2.23～2.28V）× N。

（3）补充充电。为了弥补运行中因浮充电流调整不当造成的欠充，根据需要可以进行补充充电，使蓄电池组处于满容量。其程序为：恒流限压充电—恒压充电—浮充电。补充充电应合理掌握，确在必要时进行，防止频繁充电影响蓄电池的质量和寿命。

（4）阀控式蓄电池的核对性放电。长期处于限压限流的浮充电运行方式或只限压不限流的运行方式，无法判断蓄电池的现有容量、内部是否失水或干枯。通过核对性放电，可以发现蓄电池容量缺陷。

1）一组阀控式蓄电池组的核对性放电。全站（厂）仅有一组蓄电池时，不应退出运行，也不应进行全核对性放电，只允许用 I_{10} 电流放出其额定容量的 50%。在放电过程中，蓄电池组的端电压不应低于 $2V \times N$。放电后，应立即用 I_{10} 电流进行限压充电—恒压充电—浮充电。反复放充 2~3 次，蓄电池容量可以得到恢复。若有备用蓄电池组替换，该组蓄电池可进行全核对性放电。

2）两组阀控式蓄电池组的核对性放电。全站（厂）具有两组蓄电池时，则一组运行，另一组退出运行进行全核对性放电。放电用 I_{10} 恒流，当蓄电池组端电压下降到 $1.8V \times N$ 时，停止放电。隔 1~2h 后，再用 I_{10} 电流进行恒流限压充电—恒压充电—浮充电。反复放充 2~3 次，蓄电池容量可以得到恢复。若经过 3 次全核对性放充电，蓄电池组容量均达不到其额定容量的 80% 以上，则应安排更换。

3）阀控式蓄电池组的核对性放电周期。新安装的阀控式蓄电池在验收时应进行核对性充放电，以后每 2~3 年应进行一次核对性充放电，运行了 6 年以后的阀控式蓄电池，宜每年进行一次核对性充放电。备用搁置的阀控式蓄电池，每 3 个月进行一次补充充电。

3. 阀控式蓄电池的巡视和检查

（1）运行中的阀控式蓄电池，电压偏差值及放电终止电压值，应符合表 3-4 的规定。

（2）在巡视中应检查蓄电池的单体电压值，连接片有无松动和腐蚀现象，壳体有无渗漏和变形，极柱与安全阀周围是否有酸雾溢出，绝缘电阻是否下降，蓄电池温度是否过高等。

（3）备用搁置的阀控式蓄电池，每 3 个月进行一次补充充电。

（4）阀控式蓄电池的温度补偿系数受环境温度影响，基准温度为 25℃时，每下降 1℃，单体 2V 阀控式蓄电池浮充电电压值应提高 3~5mV。

4. 阀控式蓄电池的清洁工作

每次充电后应进行一次擦洗工作，每周要在蓄电池室内全面彻底进行一次清扫。

（1）用干净的布在 1% 的苏打溶液中浸过之后，擦拭容器表面、木架、支持绝缘子和玻璃盖板，再把布用水冲洗至无碱性溶液之后，擦去容器表面、木架、支持绝缘子和玻璃盖板上碱的痕迹。擦布用过之后，洗净晾干，下次再用。

（2）用湿布擦去墙壁和门窗上的灰尘。

（3）用湿拖布擦去地面上的灰尘和污水。

（四）蓄电池组的定期核对性容量试验

均衡充电是保证蓄电池容量和改善落后电池的一种有效方法，通过均衡充电将落后电池的电压拉上来，保证蓄电池组的均压性。

为了补偿蓄电池在使用过程中出现的电压不均匀现象，使其恢复到规定的范围内而进行的充电，以及大容量放电后的补充充电，统称为均衡充电。

1. 阀控式蓄电池组

阀控式蓄电池出现下列情形之一者，需进行均衡充电：

（1）蓄电池已放电到极限电压后。

（2）以最大电流放电，超过了限度。

（3）蓄电池放电后，停放了 1～2 昼夜而没有及时充电。

（4）个别蓄电池极板硫化，充电时密度不易上升。

（5）静止时间超过 6 个月。

（6）浮充电状态持续时间超过 6 个月时。

阀控式蓄电池充电采用定电流、恒电压的两阶段充电方式。充电电流为 1～2.5 倍 10h 放电率电流，充电电压为 2.35～2.40V，一般选用 10h 放电率电流、2.35V 电压。充电时间最长不超过 24h。当充电装置均衡充电电流在 3h 内不再变化时，可以终止均衡充电状态自动转入浮充电状态。

阀控式蓄电池的使用寿命除了与生产工艺和产品质量有密切关系外，对于质量合格的阀控式蓄电池而言，运行环境与日常维护都直接决定了其使用寿命。可见，正确合理的运行与维护对阀控式蓄电池显得尤为重要。

2. 阀控式蓄电池对充电设备的技术要求

（1）稳压精度。稳压精度是指在输入交流电压或输出负荷电流这两个扰动因素变化时，其充电设备在浮充电（简称浮充）或均衡充电（简称均充）电压范围内输出电压偏差的百分数。阀控式蓄电池一般都在浮充电状态下运行，每只电池的浮充端电压一般在 2.25V 左右（25℃时）。

（2）自动均充功能。阀控式蓄电池需要定期进行均衡充电，所谓均衡充电就是在原有浮充电的状态下，提高充电器的工作电压，使每只电池的端电压达到 2.3～2.35V。阀控式蓄电池进行均衡充电的目的是为了确保电池容量被充足，防止蓄电池的极板钝化，预防落后电池的产生，使极板较深部位的有效活性物质得到充分还原。

阀控式蓄电池组由多只电池串联组成。由电工学理论可知，在串联电路中通过每只电池的电流是完全相同的，这些电能在充电时大部分使蓄电池有效物质还原；另一部分则在电池内部变成热能被消耗掉。因为每只蓄电池（特别是经过长期使用后的电池）内部的自放电和内阻不可能完全一致，经过一段时间的浮充电或储存，或者经过停电后由电池单独放电，会使每只电池的充电效率不可能完全一致，就会出现部分电池充电不足（出现落后电池）的现象，所以必须进行均衡充电。

（3）温度自动补偿功能。当环境温度在 40～45℃时，浮充电流约为 3000mA 为了能控制阀控式蓄电池浮充电流值，要求充电设备在温度变化时，能够自动调整浮充电电压，也就是应具有输出电压的温度自动补偿功能。温度补偿的电压值，通常为温度每升高或降低 1℃，其浮充电压就相应降低或升高 3～4mV/ 只。

（4）限流功能。充电设备输出限流和电池充电限流是两个不同的功能。充电设备的输出限流是对充电设备本身的保护，而电池充电限流是对电池的保护。整流设备输出限流是当输出；电流超过其额定输出电流的 105% 时，整流设备就要降低其输出电压来控制输出电流的增大，保护整流设备不受损坏。而电池的充电限流是根据电池容量来设定的，一般为 $0.15C_{10}$（A）左右，最大应控制在 $0.2C_{10}$（A）。整流设备限流电流计算为

$$I = N \times 0.15 \times C_{10}（A）+ I_0 \tag{3-14}$$

式中　N——浮充电电池并联组数；

　　C_{10}——蓄电池放电 10h 释放的额定容量，Ah；

　　I_0——负荷电流值，A。

（5）智能化管理功能。阀控式蓄电池是贫液式的密封铅酸蓄电池，其对浮充电压、均充电压、均充电流和温度补偿电压都要严格控制。因而对阀控式蓄电池使用环境的变化、均充的开启和停止、均充的时间、均充周期等进行智能化管理就显得非常必要。阀控式蓄电池在充电时的容量饱和度、电池的剩余容量和使用寿命的检测判定在实际使用中相当重要。对阀控式蓄电池充电饱和度的控制有多种方法：

1）充电终止电流变化率控制。

2）电压－时间控制法。

3）安时控制法。

对充电饱和度的控制一般以电池容量充足而又不过充电为准则。

蓄电池容量就是指电池在一定放电条件下的荷电量。由于受密封结构所限，阀控式蓄电池不像普通铅酸蓄电池那样，可以观察电池内正、负极板的情况，测量电解液密度，除能测量端电压外，要想了解电池的实际荷电量，必须进行容量检测。

3. 蓄电池定期充放电及维护的目的

在变电站，交流失电或其他事故状态下，蓄电池组是负荷的唯一能源供给者，如果出现问题，供电系统将面临瘫痪，造成设备停运及其他重大运行事故。因此，蓄电池组作为备用电源在系统中起着极其重要的作用。但除了正常的使用寿命周期外，由于蓄电池本身的质量如材料、结构、工艺的缺陷及使用不当等问题可能会导致蓄电池早期失效，且运行中的蓄电池为了检验可备用时间及实际容量，需要对蓄电池组进行核对性放电测试，以保证系统的正常运行。为了使蓄电池组工作更加稳定，新蓄电池组在投运前和投运后都需要定期进行容量测定。表 3-5 为定期充放电记录表格，表 3-6 为蓄电池检修记录。

表 3-5　　　　　　　　　　变电站蓄电池放电试验记录

检修负责人：　　　　　　　记录：　　　　　　　审核：

试验性质	___% 核对性充放电	终止电压限值		放电电流	
蓄电池温度	___℃	开始时刻		终止时刻	

放电时间			放出容量			放电日期	
蓄电池容量			蓄电池型号			蓄电池厂家	
电池序号	记录时刻及蓄电池电压（V）								
	浮充时测								恢复运行
总电压									
1									
2									
3									
4									
5									
6									
7									
8									
9									
10									
11									
12									
13									
14									
15									
16									
17									
18									
19									
20									
21									
22									
23									
24									
25									
26									
27									
28									
29									

续表

电池序号	记录时刻及蓄电池电压（V）										
	浮充时测										恢复运行
30											
31											
32											
33											
34											
35											
36											
37											
38											
39											
40											
41											
42											
43											
44											
45											
46											
47											
48											
49											
50											
51											
52											
53											
54											
55											
56											
57											
58											
59											
60											
61											

续表

电池序号	记录时刻及蓄电池电压（V）										
	浮充时测										恢复运行
62											
63											
64											
65											
66											
67											
68											
69											
70											
71											
72											
73											
74											
75											
76											
77											
78											
79											
80											
81											
82											
83											
84											
85											
86											
87											
88											
89											
90											
91											
92											
93											

续表

电池序号	记录时刻及蓄电池电压（V）									恢复运行
	浮充时测									
94										
95										
96										
97										
98										
99										
100										
101										
102										
103										
104										
105										
106										
107										
108										

表 3-6　　　　　　　　　　检 修 记 录

序号	检修内容	检修情况
1	蓄电池柜内温度	____℃
2	外观检查记录	
3	蓄电池及柜是否已清扫	
4	整定参数检查情况记录	
5	蓄电池历史记录及检查处理情况	
6	蓄电池组放电活化处理和均充情况	
7	测试蓄电池动态内阻情况	
8	蓄电池容量核对性放电试验情况	

（五）蓄电池组的异常及影响

1．阀控式蓄电池的运行环境对使用寿命的影响

（1）温度影响电池使用容量。通常，电池在低温环境下放电时，其正、负极板活性物质利用率都会随温度的下降而降低，而负极板活性物质利用率随温度下降而降低的速率比正极板活性物质随温度下降而降低的速率要大得多。如在 -10℃环境温度下放电

时，负极板容量仅达到额定容量的 35%，而正极板容量可达到 75%。因为在低温工作条件下，负极板上的绒状铅极易变成细小的晶粒，其小孔易被冻结和堵塞，从而降低了活性物质的利用率。若电池在大电流、高浓度、低温恶劣环境下放电，负极板活性物质中小孔将被严重地堵塞，负极板上的海绵状物可能就变成致密的 $PbSO_4$ 层，使电池终止放电，导致极板钝化。

（2）温度影响电池充电效率。倘若在低温下对阀控式蓄电池充电，其正、负极板上活性物质微孔内的 H_2SO_4 向外界扩散的速度因低温而显著下降，也就是扩散电流密度显著减小，而交换电流密度减小不多，致使浓差极化加剧，导致充电效率降低。另外，放电后正、负极板上所生成的 $PbSO_4$，在低温下溶解速率小，溶解度也很小，在 $PbSO_4$ 的微细小孔中，很难使电解液维持最小的饱和度，从而使电池内活性物质电化反应阻力增加，进一步降低了充电效率。

（3）温度影响电池自放电速率。阀控式蓄电池的自放电不仅与板栅材料、电池活性物质中的杂质和电解液浓度有密切关系，还与环境温度有很大关系。

阀控式蓄电池自放电速率与温度成正比，温度越高，其自放电速率就越大。在高温环境下，电池正、负极板自放电速率会明显高于常温下的自放电速率。在常温下，阀控式蓄电池自放电速率很小，每天自放电量平均为其额定容量的 0.1% 左右。温度越低，自放电速率越小，因此低温条件有利于电池储存。

从正极板自放电反应式中可以看出，其自放电反应主要是析氧，伴随着析氧过程损耗 PbO_2 和 H_2O，因此在高温下正极板上自放电速率比负极板上自放电速率要大得多。

（4）温度影响电池极板使用寿命。温度对电池极板使用寿命影响很大，尤其当阀控式蓄电池在高温下使用时，根据正极板自放电反应式可知，电化反应越剧烈，其自放电现象越严重，这样会导致正极板的使用寿命缩短。

2. 过放电对阀控式蓄电池使用寿命的影响

所谓过放电就是指阀控式蓄电池在放电终了时还继续进行放电。

（1）阀控式蓄电池放电终了的判断。判断阀控式蓄电池组在放电终了时的标识主要有两个：

1）当阀控式蓄电池组在放电时，以放电端电压最低的一个电池为衡量标准，其端电压到达该放电小时率所对应的终了电压，这时就认为该蓄电池组的放电已经终了，必须立即停止该蓄电池组的放电。

2）当阀控式蓄电池的放电容量已经到达该放电小时率的标称额定容量时，就认为该蓄电池组的放电已经终了，必须立即停止该蓄电池组的放电。

（2）过放电对电池极板的影响。过放电使正、负极板上生成的 $PbSO_4$ 结晶颗粒变粗，从而使电化学极化增大，导致极化电阻的增大。同时电解液密度随着过放电的深入而迅速减小，导致阀控式蓄电池内阻急剧增大。

根据欧姆定律，有

$$U = E - IR \qquad\qquad (3-15)$$

式中　U——电池端电压，V；

　　　E——电池电动势，V；

　　　I——放电电流，A；

　　　R——电池内阻，Ω。

可以看出，内阻的急剧增大，会使电池内压降急剧上升，从而使端电压急剧下降。

另外，过放电所生成的 $PbSO_4$ 结晶颗粒变粗，会使极板膨胀，甚至变形。而这种粗颗粒的 $PbSO_4$ 结晶，在充电时不能完全还原成有效的活性物质 PbO_2（正极）和绒状 Pb（负极）。尤其是负极板中的活性物质将会发生硫酸盐化，导致电池容量降低。

（3）过放电容易造成电池反极。蓄电池在运行中是串联成组的，当电池过放电时，整组电池中就会有某只甚至几只电池不能输出电能，而不能输出电能的电池又会吸收其他电池放出的电能。由于整组电池是由每只电池串联起来的，这样吸收电能的电池就会被反向充电，造成电池极板的反极，导致整组电池的输出电压急剧下降。对电池而言，由于反极，在充电时正、负极板上原有的活性有效物质难以完全还原，使活性物质的有效成分减少，造成电池容量下降。

3. 过充电对阀控式蓄电池寿命的影响

充电所需的时间由蓄电池放电深度、充电电压的高低、限流值选择的大小和电池充电时的温度，以及充电设备的性能等因素决定。所谓过充电，就是电池被完全充电后，即正、负极板上的有效活性物质已经被完全还原，而仍继续充电。过充电的程度与充电电压和充电电流的大小成正比，同时也与充电的温度和充电时间成正比。

（1）过充电与电化反应。分析其电化反应，正极上产生氧气的速度大于氧气通过负极进行氧复合成水的速度，随着正极氧气的溢出，使蓄电池内电解液中的水减少，电解液的密度增加，正极板栅腐蚀加剧。同时，由于过充电所产生的气体对极板活性物质的冲击，造成有效物质脱落，使极板容量减小。

（2）过充电与温升的关系。过充电会使阀控式蓄电池的温度很快升高。其主要原因是阀控式蓄电池内部存在氧循环，氧气与负极的复合过程中生成 PbO，并产生热能。阀控式蓄电池内部由于无流动的电解液，加之采用紧密装配，充电反应中产生的热量难以散发，容易导致电池温度升高，甚至会造成热失控。热失控将会使端电压急剧降低，危及安全供电，同时使电池迅速失水，使隔膜内电解液很快干涸，最终使电池失效。

4. 浮充电压对阀控式蓄电池使用寿命的影响

（1）浮充电压设置偏低的影响。浮充电压设置偏低，会影响电池容量饱和度。浮充电压偏低，时间长了就会造成电池的欠充，导致电池容量下降。当阀控式蓄电池放电后，由于浮充电压偏低造成充电不足，正、负极板上的有效活性物质不能充分还原，会影响电池容量饱和度。

另外，如果浮充电压长期偏低，加上阀控式蓄电池的自放电，会导致电池亏损，使正、负极板上的有效活性物质减少。如果不及时纠正，将会使正极板上的有效活性物质钝化，负极板上的有效活性物质硫酸盐化，造成电池容量迅速下降。

（2）浮充电压设置偏高的影响。浮充电压设置过高，会加剧正极板栅的腐蚀。板栅腐蚀速度与浮充电压成正比，过高的浮充电压，会使阀控式蓄电池内盈余气体增多，影响氧再化合效率，使板栅腐蚀加剧，从而会使电池提前损坏。

（3）浮充电压与浮充寿命。阀控式蓄电池的使用寿命包括电池的充放电循环寿命和电池浮充寿命两个方面。电池的充放电循环寿命取决于极板的厚度、板栅材料以及制造工艺，这是先天质量所决定的。而浮充寿命直接由运行环境所决定，除了温度对浮充寿命有较大影响外，浮充电压同样对浮充寿命起到较大的作用。

（4）浮充电压与极板寿命。过大的浮充电压，必然导致较大的充电电流。由于正极周围析氧速率增大，一方面会使电池内盈余气体增多，使电池内压升高；另一方面，滞留在正极周围的氧会窜入正极板 PbO_2 内层，引起板栅氧化腐蚀。同时，活性物质小孔内 H^+ 骤增，提高了电解液浓度，使正极板腐蚀加速。板栅腐蚀会引起板栅变形而增长，造成活性物质与板栅剥离，缩短极板寿命。

第三节 远程充放电装置

一、远程充放电装置概述

（一）远程充放电的项目目标

蓄电池是电力变电站直流系统的主要组成部分之一，它的维护工作直接关系着变电站及电力网的安全运行。按照规程规定，运行的蓄电池组要定期进行核对性放电，以便使蓄电池得到活化，容量得到恢复，使用寿命延长，确保变电站直流系统安全运行。蓄电池定期核对性放电是直流维护工作的一项重要内容。随着电网的快速发展，变电站数量在迅速增加，直流系统的维护工作量也越来越大，而且现有的变电站主要设置在远离居住区、市中心的一些偏远地带，这就导致了蓄电池远程核对性充放电困难，蓄电池信息不能及时掌控。

根据变电站现场现状、直流系统运行原理及蓄电池组运行维护章程，为变电站加装蓄电池组远程动静态放电系统，在保证直流系统安全的前提下，远程启动对蓄电池组进行在线放电，检测蓄电池的实际容量和状态，定期对蓄电池进行活化。该系统启动后不影响充电机的正常运行，不影响直流系统的正常供电，在放电过程中，如充电机电压突降，该系统瞬间、无时差停止放电并切换到蓄电池组给直流系统负载正常供电。实际应用表明，该技术大大减少直流系统检测及维护工作量，延长蓄电池的使用寿命，降低生产和维护成本。

（二）远程充放电的系统结构

如图 3-28 所示，整个系统分为三层：现场采集层、数据通信层、系统应用层。现场采集层在站端配置蓄电池监护模块、远程核对性充放电控制模块；蓄电池监护模块负责采集蓄电池组的运行监测（实时监测组端、各单体电池电压、充放电电流和温度），远程核对性充放电控制模块负责完成蓄电池组的远程核对性容量测试。

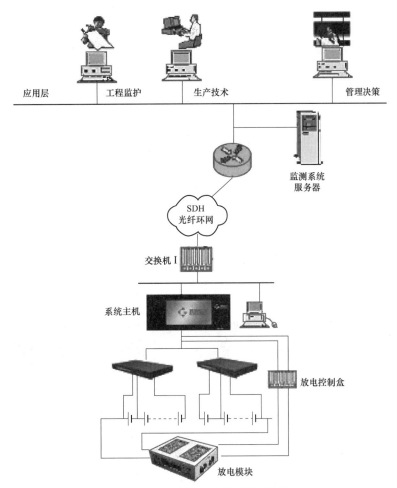

图 3-28　远程充放电的系统结构图

远程核对性充放电系统是将现场蓄电池组串接远程充放电控制盒，需要核对性放电时，启动充放电控制盒，将蓄电池组退出充电回路（同时利用二极管单项导通性实现交流失电的保护），当核对性放电至单体容量下限、组端电压下限、放电时间到等条件时，自动停止核对性容量测试，再次启动充放电控制盒，将电池组投入充电回路，由充电装置对蓄电池组进行充电，直至充电结束，进入浮充状态。

现场局域网负责将数据实时传送给服务器进行存储、分析处理、实时显示和故障报警，远程充放电控制管理。

系统软件采用 B/S 构架进行 Web 发布，使运维人员能够通过局域网内的任何一台个人计算机（PC）终端以 IE 浏览的方式即可实时掌握各变电站蓄电池的运行情况及其性能变化趋势，使蓄电池得到及时的维护，提高电源系统的安全性和可靠性。

系统功能描述如下：

（1）在线监测功能。系统通过现场设备实现对单体电池电压、内阻、核对性容量测试值、电池组端电压、充放电电流、环境温度等各项数据的采集。现场或后台同时显示、超标报警、存储及后台通信。实现在线自动监测每节电池电压、电池组端电压、充放电电流、环境温度等各项参数，实时存储数据。

（2）远程蓄电池组容量测试功能。系统通过现场配置的专用放电模块，采用行业标准 DL/T 724—2021《电力系统用蓄电池直流电源装置运行与维护技术规程》，对蓄电池进行 $0.1C_{10}$ 核对性放电，测试电池组的实际容量。同时该模块可实现对电池电压动态放电测量每节电池负载能力，瞬间判断电池特性。

（3）蓄电池内阻在线测试及维护功能。系统采用直流放电法在线测试每一节蓄电池内阻，判断蓄电池性能变化趋势，通过内置维护模块对蓄电池进行电压均衡调节充电维护，实现对蓄电池的维护，延缓蓄电池失效。

（4）判断电池性能变化趋势。如图 3-29 所示。

（5）完善的软件功能。现场设备将电池信息（数据）通过以太网传输方式，实时上送数据到远程监控计算机，实时监控蓄电池组的运行状态及任意时刻电池的各项参数、曲线；通过配套的管理分析软件和蓄电池失效判断数学模型对数据进行分析、处理，判断电池现有性能以及性能的变化趋势；丰富的报表服务功能，可生成 Excel 和 Word 等文档格式的报表；友好的人机交互管理界面，运行维护人员通过 IE 浏览器即可查看各变电站蓄电池组的实时运行信息及历史运行数据，实现对现场直流系统蓄电池组的远程在线监测管理。

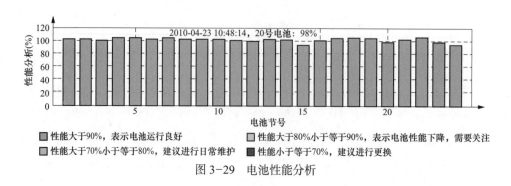

图 3-29　电池性能分析

（6）多种故障报警功能。电压超限、温度超限、电压均差值超限等，报警阈值自由设定；系统支持声光报警，故障报警可采用短信息形式提示用户等。

二、远程充放电装置的各模块功能及工作原理

远程蓄电池充放电系统总原理图如图 3-30 所示。

（一）蓄电池监测模块

监测模块采用了高性能 ARM9 处理器及大容量的存储，不但保证了对大量数据进行高速分析和处理，而且实现了对数据的掉电保存。

当蓄电池组监护模块将电池电压数字信号传送到监控主机（图 3-31）后，该信号被送入 CPU 进行分析处理，判读结果并显示。

在运行监测状态下，系统计算机将运行监测程序，对每节电池电压、电池组充电电流、温度进行采集和判断，对超出设定的电压阈值的电池予以报警和显示。

在放电状态下，系统计算机将运行放电监测程序，监测每节电池的放电特性，通过与设定模式的比较，对电池的好坏进行判读，将结果输出显示，并对失效电池予以提示报警，自动终止放电。

系统计算机内设有"看门狗"，以监测程序的正常运行并自动复位。如系统计算机发生故障，将自动给出报警提示。

系统可提供多层次的通信接口，如局域网、RS-232、RS-485、调制解调器，以便系统向现场及远端计算机传输数据、接收指令和调整参数。系统还设有干触点给远动接口，触点闭合时给出故障信号。

系统采用进口大屏幕背光彩色液晶显示屏，屏幕大小为 7 英寸（约 17.78cm），可清晰地显示中文汉字及图形。选用菜单显示方式，操作简单方便。

（二）蓄电池监护模块（采集部分）

蓄电池监护模块如图 3-32 所示。

1. 工作原理

从图 3-33 的原理框图中可以看到，通过开关切换，可以实现单电池电压测量，单电池直流负载放电测试电池内阻，也可以对单电池的电压均衡调节充电。

在 BMM-A 设备的 CPU 中，内嵌了蓄电池分析的数学模型，可以通过对电池电压、电压离散度和内阻的分析，得出电池当前的容量估算，也可以分析电池变化趋势，及时作出充电电压的调整，达到在线维护的目的。

2. 内阻测试原理

BMM-A 采用了直流内阻测试方法，即给电池增加一个负载，测量由此产生的变化电压和电流，可以通过电压变化值除以电流变化值计算得到电池的内阻。内阻测试采用了四线制的方法，如图 3-34 所示。

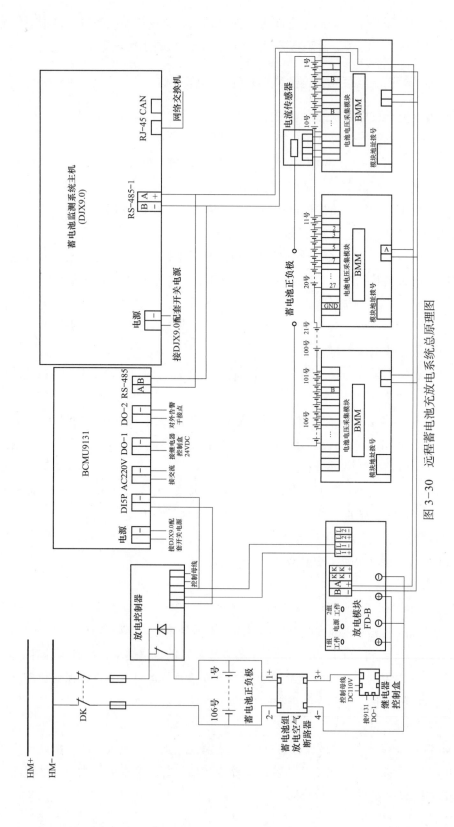

图 3-30 远程蓄电池充放电系统总原理图

图 3-31　DJX 监控主机

图 3-32　BMM-A 蓄电池监护模块

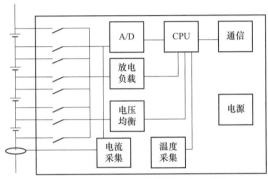

图 3-33　蓄电池采集模块原理框图

电路中采用了软硬件的滤波措施，可有效地滤除充电机纹波对内阻测试的影响，保证了蓄电池在线内阻测试的准确性、一致性和重复性。

3. 电压均衡调节充电原理

（1）对确认过充的电池，予以在线活化。当蓄电池处于长期过充电状态，将加速正极板

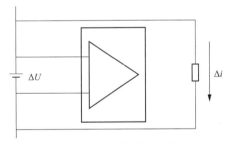

图 3-34　内阻测试原理

的腐蚀，影响蓄电池容量。过充的电池会在浮充电压中得到表现，在 BMM 中的分析程序得出过充判断后，通过在线对过充电池适当调整浮充电压（轻微的放电），和充放电维护活化，可改善过充对蓄电池造成的损害，并使蓄电池恢复到正常浮充电状态。

（2）对确认欠充的蓄电池，予以在线补充电。长期充电不足或是在放电后没有及时完全充电，将导致负极板的硫酸盐化，使原本处于欠充的负极板 $PbSO_4$ 无法得到还原，并影响蓄电池容量。欠充的蓄电池会在浮充电压中得到表现，在 BMM 中的分析程序得出欠充判断后，及时予以在线补充电，改善可能出现的硫化现象，使蓄电池恢复到正常浮充电状态。

电压均衡调节充电原理如图 3-35 所示。

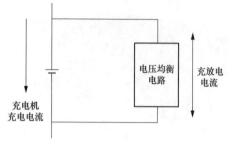

图 3-35　电压均衡调节充电原理图

4. 蓄电池性能分析数学模型

大量的蓄电池运行数据统计表明，电池电压的变化与电池性能变化有相关性。随着电池使用时间的增加，电池性能不断劣化，电池容量不断下降，而此时电池电压的离散性也会变得越来越大。基于以上经验，对大量的蓄电池组运行数据进行了长时间的跟踪分析，证明了这一规律的存在，并在此基础上建立了分析的数学模型。

蓄电池失效数学模型的判定依据有以下几点：

（1）伴随着电池性能的劣化，该电池相对于自身的电池电压离散度将逐步变大。

（2）伴随着电池性能的劣化，该电池相对于整组电池的电池电压离散度将逐步变大。

（3）伴随着电池性能的劣化，该电池相对于自身的内阻值将逐步变大。

（4）伴随着电池性能的劣化，该电池的充放电曲线电压之差相对于电池组其他电池的值将逐步变大。

采集到的电池电压数据数量庞大，很难从中理出有用的信息并通过简单的函数关系计算，快速分析不现实。

蓄电池失效分析数学模型中，采用了模糊数学和人工神经网络的诊断原理，以一种非线性处理方式，以某种拓扑结构对各种数据进行关联，并得出判断结论。其最大特点就是自适应功能，网络权值可以通过学习算法不断地调整，从而不断提高判断的精度。

上述的数学分析模型是非常复杂的，一般在网络化的蓄电池监测系统中由远程数据服务器来完成处理。在 BMM 内嵌的分析程序中，由于受到 CPU 处理能力的限制，对分析模型进行了简化，不提供容量的评估，只给出蓄电池状态趋势的分析，提供程序做出是否需要维护及如何维护，当然也会对蓄电池电压及离散性、内阻做出综合判断，给出蓄电池失效告警，较之其他单一的测试电压或内阻的方法，BMM 分析模型给出的结果将更完善、更有效、更准确。

（三）蓄电池远程放电控制盒

工作原理：蓄电池监测系统主机（DJX）的 OUT2 节点用于控制放电模块中间继电器，如图 3-36 所示，远程动态控制器包括放电模块、中间继电器。DJX 在放电启动前，输出放电模块中间继电器控制节点 OUT2，给中间继电器线圈使能。中间继电器节点 ZK1 闭合，放电模块通路连通。接着 DJX 通过通信接口下发给放电模块放电启动命令，放电模块根据接收到的参数配置放电电流，开始放电。放电结束时，DJX 通过通信接口先下发放电停止命令，放电回路没有电流后，DJX 关闭放电模块中间继电器控制节点 OUT2，放电过程结束。远程动态控制器内部原理如图 3-37 所示。

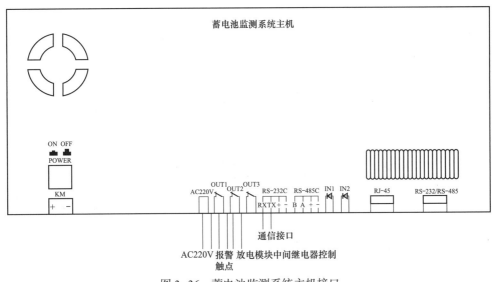

图 3-36　蓄电池监测系统主机接口

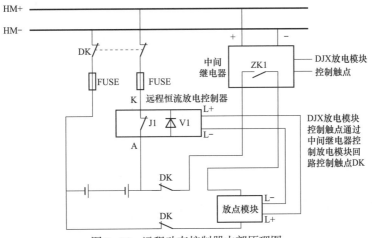

图 3-37　远程动态控制器内部原理图

（四）放电控制模块

放电模块如图 3-38 所示。放电模块可作为长时间放电负载，实现对电池容量的核对性测试及蓄电池的活化维护，解决了利用实际负荷做远程放电负载时放电电流不能恒定的问题。

除主控设备对放电模块的放电启动／停止指令外，放电模块内部还设有计时器，如放电超时，将自动切断放电回路，即使电子开关损坏，放电回路也将被切断，从而大大提高了放电模块

图 3-38　陶瓷式新型放电模块

工作的可靠性。

放电模块还设有过电流、超温等异常保护。同时，放电模块工作时还受控于交流市电，在放电时如发生交流市电失电，放电模块将自动终止放电，保证直流系统向负载供电。

三、远程充放电装置软件界面操作说明

（1）如图3-39所示为蓄电池远程控制系统登录界面，正确输入账号、密码即可登录。

图3-39　蓄电池远程控制系统登录界面

（2）登录成功后，进入图3-40所示电池组选项界面，该界面分3栏。

110kV栏显示已接入的全部110kV变电站蓄电池组，220kV栏显示已接入的全部220kV变电站蓄电池组。选中蓄电池组，在当前选择栏中会出现该组蓄电池；取消勾选，当前选择栏中会去掉该组蓄电池。

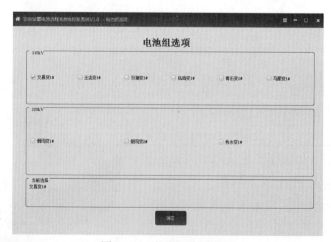

图3-40　电池组选项界面

（3）当前选择栏显示已选中的蓄电池组，最多支持同时选中12个蓄电池组进行监

控。选择完成后，单击确定按钮，进入蓄电池组列表界面，如图 3-41 所示。

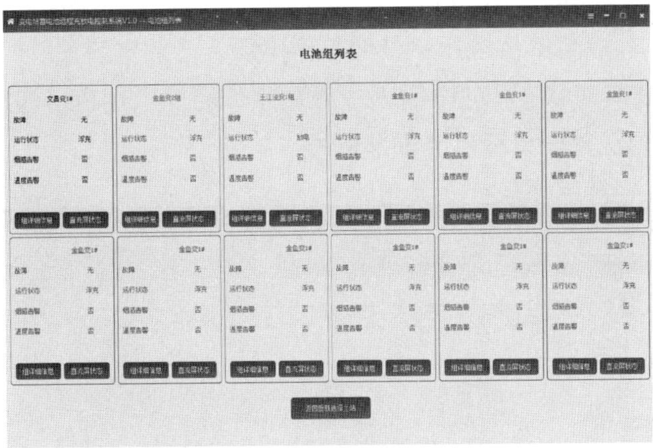

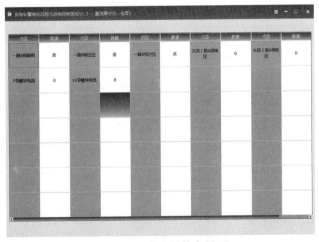

图 3-41　蓄电池组列表界面

该界面同时显示当前所勾选蓄电池组的主要状态，灰色框是未勾选蓄电池组。蓄电池组状态框支持显示通信故障、运行状态、烟感告警和温度告警。单击组详细信息进入该组蓄电池的详细运行状态。单击直流屏状态进入直流屏配置的状态量及告警量显示界面。

监控过程中可单击返回重新选择主站增加 / 删除主站的监控，例如增加勾选 220kV 的 ×× 变电站 1 号主站，单击确定（见图 3-40）电池组选项界面就增加对 ×× 变电站 1 号主站的监控（见图 3-41）。

（4）直流屏状态界面显示直流屏安装时配置选项的遥信和遥测值，如图 3-42 所示。该界面仅提供显示数据功能，不支持数据设置。

图 3-42　直流屏状态界面

注：鉴于现场直流屏厂家、型号都有不同，故在接入前需提供直流屏通信协议和需要监控的遥信遥测量，由技术人员提前进行配置。

（5）电池组详情界面如图 3-43 所示。该界面标题栏显示系统版本、界面信息、当前的蓄电池组名称。电池组详情界面上端部分，实时显示当前电池的实时状态（当前组电流、当前组电压、最高单体电压、最低单体电压、已放电容量、组温度、IED 状态、电池组状态），上述实时状态出现告警时，数值字体会显示红色（如组电压、组温度），电池组状态红色字体为放电，绿色字体为充电。

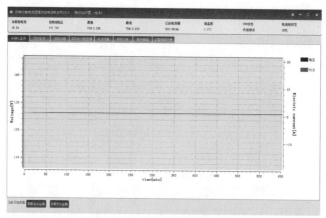

图 3-43　电池组详情界面

标题栏下面是一个标签页，分为充放电监视、实时电压、实时内阻、实时核对性容量、电池性能、放电控制、历史数据、告警阈值设置。

下端是显示告警，当系统出现告警时会显示红色字体，当前系统告警，单击查看当前告警即可获取告警信息（见图 3-44），否则显示当前无告警字样，单击查看历史告警按钮可查看所有告警信息，目前设置上限最多显示 500 条记录（见图 3-44）。

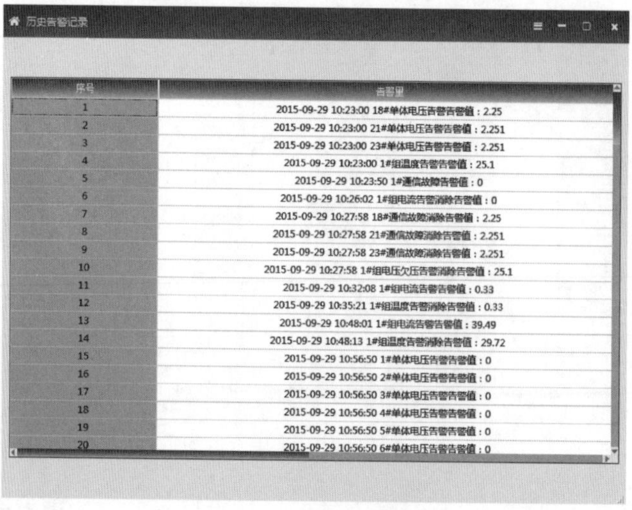

图 3-44　系统告警信息

界面左下角状态栏显示通信状态，通信中断时显示红色字体"连接服务器失败，请检查网络"，通信正常显示绿色字体"通信正常"。

（6）充放电检测界面如图 3-45 所示。

1）电池组详情第一页是充放电检测界面，当电池组状态切换成放电时，系统会自动采集采样点，频率时每分钟采集一个点，实时显示放电时组电压（深蓝色曲线）和组电流（红色曲线）的趋势曲线，放电停止就停止采集，浮充状态下界面不采集采样点。

2）电压曲线以左边坐标轴为准，电流曲线以右边坐标轴为准。

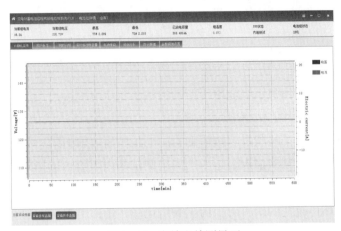

图 3-45　充放电检测界面

（7）实时电压界面如图 3-46 所示。

1）电池组详情第二页是实时电压界面，目前最多显示 108 节电池的实时单体电压。

2）最高单体电压以绿色背景显示，最低单体电压以黄色背景显示。

3）电压值无告警显示黑色字体，有告警显示红色字体，如图 3-47 所示设置阈值为 2.22，小于 2.22，字体均显示为红色。

图 3-46　实时电压界面

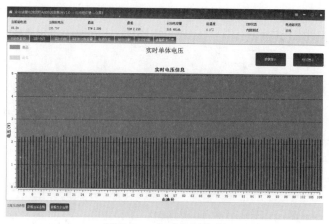

图 3-47　实时电压信息

4）单击柱状显示按钮显示当前电压值的柱状图。

（8）单体内阻界面如图 3-48 所示。

1）单体内阻界面单击柱状显示按钮和实时电压界面效果相同。

2）历史内阻查看，默认显示最近一次内阻测试的内阻值，选择组内阻下拉框选择内阻测试时间，单击查询即在表格显示当前所选时间测试的内阻值。

3）若需查看单体电池的所有历史内阻测试记录，选择电池号下拉框，单击查询（见图 3-49）。

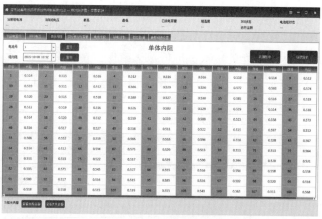

图 3-48　单体内阻界面

（9）放电控制界面如图 3-50 所示。

1）放电控制界面，提供三种放电模式：半容量、全容量和自定义模式。

2）半容量和全容量要根据现场蓄电池组的节数配置，安装时需要提供电池参数来配置完成，自定义模式可由检修人员根据实际需求自行配置放电参数（要求配置时仔细核实放电参数，与实际相符）。

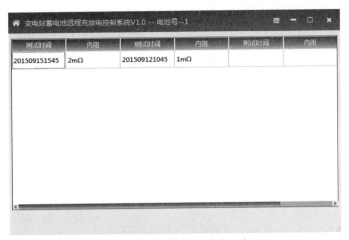

图 3-49　单体内阻测试记录

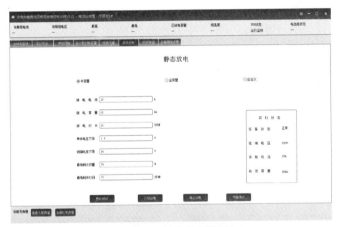

图 3-50　放电控制界面

3）单击内阻测试按钮可对蓄电池组进行内阻测试，启动成功，IED 状态会显示内阻测试，内阻测试需要等待一段时间。

4）右侧方框内的实时状态界面显示的是当前电池组实时信息。

5）内阻测试中无法下发放电命令，下发放电命令前必须进行参数的预设，否则无法下发放电命令。

6）参数下发命令，设置 4 种返回，分别为超时、成功、失败、内阻测试中，如图 3-51～图 3-54 所示。

7）确认参数设置正确后，单击开始放电命令，开始放电设置 4 种返回，分别为超时、成功、失败、内阻测试中，如图 3-55～图 3-58 所示。

8）如现场遇到特殊情况或在进行测试时需要手动强制停止放电时，可单击放电停止，下发放电停止设置 4 种返回，分别为超时、成功、失败、内阻测试中，如图 3-59～图 3-62 所示。

图 3-51　返回超时

图 3-52　参数设置成功

图 3-53　参数设置失败

图 3-54　内阻测试中

图 3-55　开始放电下发成功

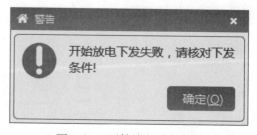

图 3-56　开始放电下发失败

图 3-57　返回超时

图 3-58　内阻测试中

图 3-59　返回超时

图 3-60　停止放电下发成功

图 3-61　停止放电下发失败

图 3-62　内阻测试中

9）如需手动启动内阻测试，单击内阻测试按钮，核对性放电中不能进行内阻测试，下发内阻测试设置 4 种返回，分别为超时、成功、失败、核对性放电中，如图 3-63～图 3-66 所示。

图 3-63　返回超时

图 3-64　内阻测试下发成功

图 3-65　内阻测试下发失败

图 3-66　核对性放电中

（10）历史数据界面如图 3-67 所示。

1）单击放电界面下拉框可选择该蓄电池组所有历史放电记录。

2）坐标轴显示当前所选组放电过程中的电压曲线，右侧放电参数显示当前所选蓄电池组放电结束时的状态。

3）单击生成报告可生成所选组的放电报告，报告生成在安装目录下。

4）单击查看结束电压可以查看所选组结束时的单体电压。

（11）告警阈值设置界面如图 3-68 所示。告警阈值设置界面，开启客户端从现场IED 获取阈值数据，单击确定即可修改阈值。

（12）实时核对性容量界面如图 3-69 所示。实时核对性容量界面仅显示现场 IED 通信上传的数据，最多显示 108 节电池的核对性容量。

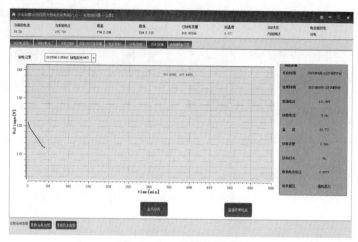

图 3-67 历史数据界面

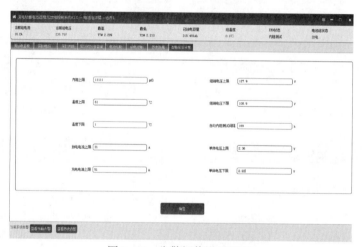

图 3-68 告警阈值设置界面

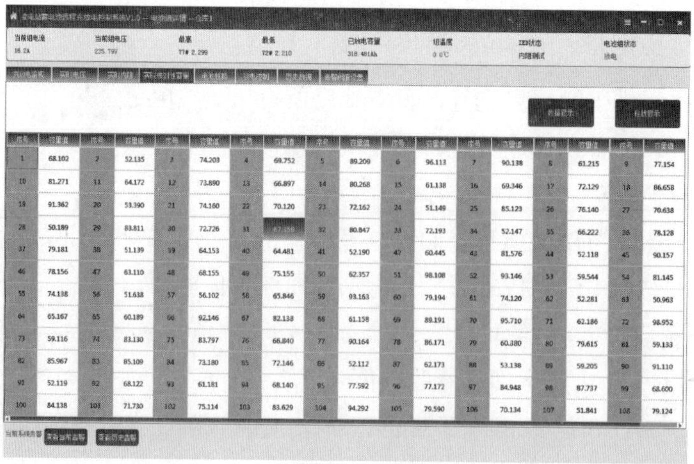

图 3-69 实时核对性容量界面

（13）电池性能界面如图 3-70 所示。

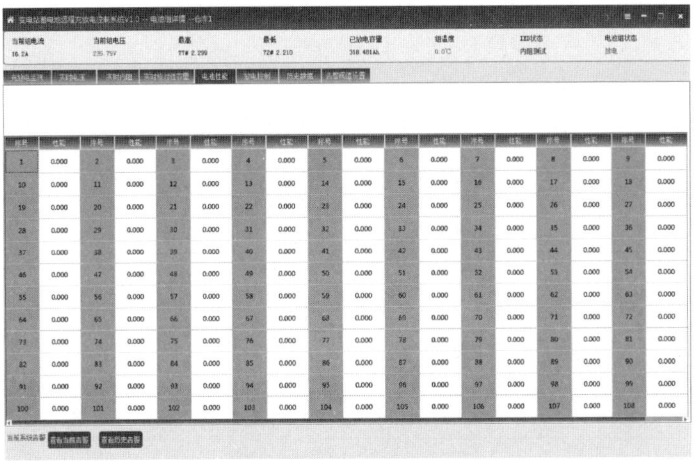

图 3-70　电池性能界面

电池性能界面仅显示现场 IED 通信上传的数据，最多显示 108 节电池的电池性能。

四、远程蓄电池动静态放电标准化

变电站远程蓄电池动静态放电步骤按变电站划分共可分为 110kV 及 220kV 两种。以下为两种方式执行操作步骤标准卡，如表 3-7、表 3-8 所示。

表 3-7　　　　　　　　　　　　110kV 单组蓄电池

执行步骤					
步骤	序号	工作内容	结果		
			√	×	○
准备工作	1	文件资料准备：包括直流系统图纸、厂家说明书			
	2	记录簿册准备：包括蓄电池普测及放电记录簿册			
	3	测量表计准备：数字万用表			
检查工作	1	放电测试前对照直流系统图核对直流系统供电方式，检查直流系统无异常			
	2	确认蓄电池监测装置无告警			
测试工作	1	在蓄电池监测装置界面读取蓄电池单体电压			
	2	抄录蓄电池单体电压			
	3	抄录蓄电池组端电压			
	4	检查确认放电空气断路器一直处于合闸位置			
	5	点击电池测试			
	6	点击静态放电			
	7	输入密码：1111；再确定			

执行步骤

步骤	序号	工作内容	结果		
			√	×	○
测试工作	8	进入参数设置界面，进行参数设置			
	9	点击脱扣测试，确认（放电空气断路器一直处于合闸位置，无实际变化）			
	10	点击开始放电，进入放电状态			
	11	时间或单体电压在设置值时，静态放电结束			
	12	点击"历史数据"，查询静态放电测试数据			
	13	抄录静态放电测试数据			
结束工作	1	填写 PMS 工作记录			
	2	如有电池放电终止电压明显偏低（指低于 1.9V/ 单元）、蓄电池动态内阻明显变化（指内阻比上次测试增大 20% 以上）等情况，应作为设备缺陷上报			
执行人			责任人（监护人）		
签发人			评价		
备注					

填写要求：

1. 执行结果："√"代表正常；"×"代表无需执行；"○"代表异常。

2. 两组蓄电池静态放电无需改变两套直流充电装置运行状态，所有操作均在蓄电池室内蓄电池监测装置上完成。

3. 蓄电池内阻测试由装置设置每间隔 720h 自动进行测试，运维人员只需在"历史数据"栏内查询内阻测试结果抄录，并对放电数据进行比较，判别电池性能是否良好，如有内阻比上次测试增大 20% 以上等情况，应作为设备缺陷上报

表 3-8 **220kV 两组蓄电池（完成直流双重化）**

站名			日期		年 月 日
内容	第___组蓄电池静态放电测试		类型		维护
危险点分析	（1）对照直流系统图核对直流系统供电方式，检查直流系统无异常；操作中核对空气断路器名称、编号，防止错拉合空气断路器，避免引起部分直流负荷供电中断。 （2）电池静态放电测试时，放电模块将产生大量的热量，测试应在室温 30℃ 以下进行，并保持室内通风良好。 （3）在进行放电测试过程中，操作人员不可离开现场，应严密监视控制母线电压是否正常、蓄电池组电压及单个蓄电池电压是否正常、蓄电池有无发热等，如有异常应立即拉开放电开关并恢复交流整流供电。放电过程中若发生直流系统故障，应立即停止放电，防止系统故障扩大。 （4）第一、二组蓄电池进行静态放电时间必须错开，不得同时进行。 （5）蓄电池室严禁烟火。 （6）两人进行，正值及以上人员担任工作负责人				

执行步骤

步骤	序号	工作内容	结果		
			√	×	○
准备工作	1	文件资料准备：包括直流系统图纸、厂家说明书			

续表

步骤	序号	工作内容	结果		
			√	×	○
准备工作	2	记录簿册准备：包括蓄电池普测及放电记录簿册			
	3	测量表计准备：数字万用表			
检查工作	1	放电测试前对照直流系统图核对直流系统供电方式，检查直流系统无异常			
	2	确认蓄电池监测装置无告警			
测试工作	1	在蓄电池监测装置界面读取蓄电池单体电压			
	2	抄录蓄电池单体电压			
	3	抄录蓄电池组端电压			
	4	检查确认放电空气断路器一直处于合闸位置			
	5	点击电池测试			
	6	点击静态放电			
	7	输入密码：1111；再确定			
	8	进入参数设置界面，进行参数设置			
	9	点击脱扣测试，确认（放电空气断路器一直处于合闸位置，无实际变化）			
	10	点击开始放电，进入放电状态			
	11	时间或单体电压在设置值时，静态放电结束			
	12	点击"历史数据"，查询静态放电测试数据			
	13	抄录静态放电测试数据			
结束工作	1	填写 PMS 工作记录			
	2	如有电池放电终止电压明显偏低（指低于 1.9V/单元）、蓄电池动态内阻明显变化（指内阻比上次测试增大 20% 以上）等情况，应作为设备缺陷上报			

执行人		责任人（监护人）	
签发人		评价	
备注			

填写要求：

1. 执行结果："√"代表正常；"×"代表无需执行；"○"代表异常。

2. 两组蓄电池静态放电无需改变两套直流充电装置运行状态，所有操作均在蓄电池室内蓄电池监测装置上完成。

3. 蓄电池内阻测试由装置设置每间隔 720h 自动进行测试，运维人员只需在"历史数据"栏内查询内阻测试结果抄录，并对放电数据进行比较，判别电池性能是否良好，如有内阻比上次测试增大 20% 以上等情况，应作为设备缺陷上报

第四节 通信电源系统

一、通信电源系统概述

通信电源是通信系统的"心脏"，电源系统一旦发生故障，将影响通信网络及设备的正常运行。随着供电方式需求的多元化，整流器技术和蓄电池技术不断发展更新，通信电源系统供电方式由集中供电向分散供电方式逐步转化，将配电屏、整流器、蓄电池等设备放在通信机房内，实现对通信设备的高效供电。通信电源系统由交流配电、整流器、直流配电、蓄电池组及监控管理单元组成，通过正极接地，为通信设备提供48V直流电压。通信设备或通信系统对电源系统的基本要求有供电可靠性、供电稳定性、供电经济性等。其中电源系统的可靠性包括不允许电源系统故障停电和瞬间断电这两方面要求。

二、通信电源系统组成

（一）概述

国家电网有限公司2009年颁布的企业标准 Q/GDW 383—2009《智能变电站技术导则》中对站用电源系统做了明确规定，全站直流、交流、逆变、UPS、通信等电源一体化设计、一体化配置、一体化监控，其运行工况和信息数据能通过一体化监控单元展示并转换为标准模型数据，以标准格式接入当地自动化系统，并上传至远方控制中心。

通信电源为电力通信各种设备提供动力，是电力通信系统的重要基础设施。通信专用电源为48V电源系统，一般由交流配电单元、整流模块、监控模块、直流配电单元、蓄电池组等组成，当通信站的通信设备需要使用较多交流电源时，还应配置独立的交流配电柜。整流模块为通信电源系统主要部分，用于完成AC/DC转换，蓄电池是直流供电系统的重要部分。通信直流供电系统的高频开关电源、直流配电屏、蓄电池组和监控单元等设备，按双重化配置，如图3-71所示。

（二）交直流配电单元

通信直流供电系统供电的交流电源应分别取自两路不同变压器出线的交流母线。两套通信直流供电系统彼此独立运行，两套直流供电系统的输出分配单元应完全隔离，并且在操作中不能互相影响。

通信直流供电系统采用并联浮充的运行方式，在交流电正常的情况下，整流器向负载供电的同时对蓄电池浮充。若发生交流中断，则由电池向负载供电，电池电压下降到设置的最低保护工作电压时，电池被保护断开。当交流恢复后，应实行带负载恒压限流对蓄电池组充电。

直流母线在正常运行和改变运行方式的操作中，严禁脱开蓄电池组。

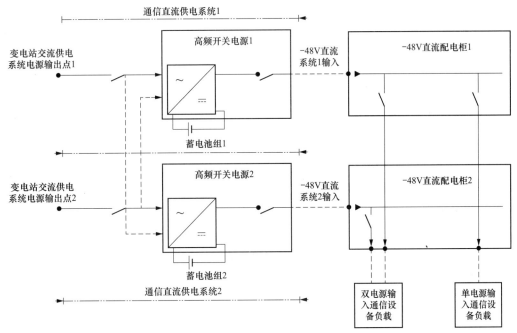

图 3-71 通信直流供电系统双重化配置示意图

（1）交流配电单元将市电接入，经过两路交流切换单元，二选一后将单路交流送给整流器。同时，交流电经分配单元分配后，可供其他交流负载使用。

（2）整流器的功能是将由交流配电单元提供的交流电变换成 48V 直流电输出到直流配电单元。

（3）直流配电单元完成直流负载的分配和蓄电池组的接入。

（4）蓄电池作为通信电源系统的备用电源，可通过放电给通信设备供电，保证设备在双交流功率损耗情况下的正常工作。

（三）高频开关电源

高频开关电源通过熔断器等过载保护装置与蓄电池组相连，每套高频开关电源配置独立的蓄电池组。双重化配置的通信直流供电系统，任一套高频开关电源故障时，另一套高频开关电源应具备承载全部负载并同时对本组电池充电的能力。

整流器是通信电源系统中技术含量最高、更新最快的模块，对系统的整体可靠性有很大的影响。随着技术的不断发展，高频整流器得到了广泛应用。高频整流器的技术标准有以下几点：

（1）每套高频开关电源应配置独立的直流配电柜，通过熔断器等过载保护装置与配电单元互联，两套通信直流供电系统的直流输出母线禁止并联运行。

（2）高频开关电源应具有智能化、人工可控的均衡充电、浮充电、均浮充转换和温度补偿等功能，适应蓄电池充电性能的要求。

（四）防雷要求

系统应设有 C（通流容量大于等于 20kA）、D（通流容量大于等于 10kA）级防雷保护装置，交流输入侧安装 C 级交流防雷模块，整流模块输入侧安装 D 级浪涌保护装置，直流输出母排侧安装直流防雷模块。

三、通信电源系统工作原理

通信电源系统主要部分为整流模块，用于完成 AC/DC 转换。蓄电池是直流供电系统的重要部分。在市电正常时，由整流模块为设备供电，而蓄电池与整流器并联运行工作，起平滑滤波作用；当市电异常或整流模块不工作时，则由蓄电池单独供电起备用作用。

（一）整流模块（AC/DC 转换）

（1）充电单元由充电和控制高频开关电源模块组成，采用"$N+1$"冗余设计，用备份的方式由充电模块向蓄电池组进行均充或浮充电，控制模块向经常性负荷（继电保护、控制设备）提供直流电源。

（2）高频开关电源的工作原理。高频开关电源模块将 50Hz 交流电源经整流滤波成为直流电源，再将直流逆变为高频交流（20～300kHz），通过高频变压器隔离，经整流和滤波后输出（直流）。

（3）高频开关电源模块的优点。输入、输出的电压范围宽，均流度好，功率密度高，实现"$N+1$"备份冗余配置，可靠性高，体积小，质量小，保护功能强（具有过、欠电压告警，温度过高报警，限流和输出短路保护等），直流输出指标好（稳压精度不超过 ±0.5%、稳流精度不超过 ±1.0%、纹波系数不超过 ±0.5%），效率高（92% 以上），功率因数高（可达 0.99 以上），并可通过智能监控接口（RS-232）实现对模块的"四遥"（遥信、遥测、遥控、遥调）控制。

（二）蓄电池组

两套通信电源系统中均应配置单向二极管，防止两套直流之间能量交互，避免在市电异常或整流模块不工作时一组蓄电池向另一组蓄电池供电，不能将蓄电池容量最大限度地供给负载。

四、通信电源监控系统

通信电源监控单元并行接口和交直流配电及配电监控系统、整流模块，对电力通信设备运行状态的实时监控，通信电源控制系统是管理的核心。人工检测方法不能及时掌握通信电源系统的运行参数，不能及时发现设备隐患，效率相对较低。电源监测系统监测设备运行状态，监控单元参数进行实时采集，采集的数据将返回后台监控中心进行分析，当运行参数超过极限值或设备报警指示范围，监控中心将及时发出警告，派遣人员定位故障处理安排，以确保稳定的通信电源系统运行。

监视的信息应包括输入三相交流电压、电流，输出端的直流电压、电流，蓄电池组在线电压等。

故障告警并发出信号。告警信号至少应包括交流缺相、交流失电、交流电压过高或过低、整流模块故障、直流输出电压过高或过低、过电流、负载／电池分断告警、过热告警等。告警信号除在设备上以告警灯的方式响应外，尚需提供与设备电气隔离的干触点输出，触点容量为 DC 250V/1A，动合或动断可选。

监控模块应具备在线投入或撤出功能，当监控模块出现异常时，应不影响系统的正常工作，输出电压在正常指标范围内。

应配置通信电源监控模块，并具有液晶汉显人机对话界面和与信息一体化平台进行信息交互功能。

通信电源监控模块应具有较强的抗干扰能力。

通信电源监控模块应能完成对系统的参数设置、工作状态监测及信息查询等功能。

通信电源监控模块故障不影响通信模块的正常工作。

具有历史告警记录存储功能，并保证掉电后不会丢失。

应配置通信电源馈线监测模块，能监测馈线回路电流及馈线断路器位置和报警触点信息，并具有与信息一体化平台进行信息交互功能。

NTP 输出不小于两路开放本地监测和远程监测接口，按需要提供 RS-232 或 RS-485 或 TCP/IP 的接口，预留不少于 8 个干触点，用于总告警、母线电压异常、交流输入异常等告警。

第五节 直流绝缘监测装置

一、直流绝缘监测装置概述

直流系统接地是一种易发生且对电力系统危害较大的故障。直流系统正极接地，可能造成继电保护误动，因为跳闸线圈接直流电源负极，系统再有一点接地或绝缘不良，可能引起保护误动；直流系统负极接地，系统再有一点接地或绝缘不良，可将跳闸回路或合闸回路短路，造成保护拒动，此时系统发生故障，保护的拒动必然导致系统事故扩大，同时还可能烧坏继电器的触点或熔断器。通过对直流系统的绝缘电阻检测，能预防和发现系统中发生或潜在的接地故障。因此，为保护变电站的安全可靠运行，防止发生两点接地可能造成的严重后果，直流系统都必须装设能够连续工作且灵敏度足够高的绝缘监测装置，必须对直流系统的支路对地绝缘电阻进行测量判断，如图 3-72 所示。

绝缘监测装置是监视直流系统绝缘情况的一种装置，可实时监测线路对地漏电阻，此数值可根据具体情况设定。当线路对地绝缘降低到设定值时，就会发生告警信号。

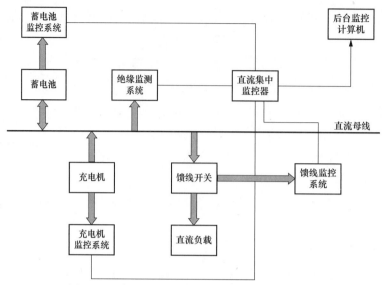

图 3-72　直流绝缘监测在直流监控系统中的位置

　　绝缘监测的设备组成有主机、TA 采集模块以及绝缘监测电流变送器，此为基本配置。对于比较大型复杂的直流系统，馈线支路数多且有直流分屏时，可配置绝缘监测分机来扩展。

　　绝缘监测设备主机采用电桥检测原理，实时监测正负直流母线的对地电压和绝缘电阻，当正负直流母线的对地绝缘电阻低于设定的报警值时，自动启动支路巡检功能。实时绝缘监测分为母线检测和支路巡检两部分。

　　广泛采用微机绝缘监测装置。微机直流系统接地监测装置适用于变电站、发电厂以及通信、煤矿、冶金等大型厂矿企业直流电源系统的绝缘监测和接地检测。此装置采用平衡桥和不平衡桥结合的原理完成直流母线的监测，不对母线产生任何交流或直流干扰信号，不会造成人为绝缘电阻下降；利用电流差原理，对因支路接地产生的对地漏电流进行在线无接触测量，可实现接地故障支路的选线定位。

　　（1）直流接地的类型。直流系统间接接地、非金属接地、环路接地、正负同时接地、正负平衡接地、多点接地、交流窜入等。

　　（2）直流系统绝缘监测装置主要功能。检测直流系统的对地绝缘状况（包括直流母线、蓄电池回路、每个电源模块和各个馈线回路绝缘状况），并自动检出故障回路。绝缘监测装置为独立的智能装置，布置在直流馈线屏（柜）上，可与成套装置中的总监控装置和变电站监控系统通信。直流系统绝缘监测装置可对母线电压和各支路对地绝缘电阻进行测量判断，超出正常范围时发出报警信号。

　　（3）直流系统绝缘监测装置通信过程。绝缘监测系统属于直流监控产品的一种，与蓄电池监测系统、充电机监测系统、馈线监测系统等同时运行。绝缘监测系统直接的监测对象为直流母线，监测数据通过数据总线传输给集中监控器，或通过继电器报警触点传送给集中监控器。集中监控器获知绝缘监测系统的信息，通过总线与后台监控计算机通信。

（4）直流系统绝缘监测装置的类型。包括绝缘监测继电器（只能进行正、负母线对地电阻和电压显示，不正常时可及时报警并显示接地类型）和微机型绝缘监测装置（具有各馈线支路绝缘状况进行自动巡检及电压超限报警功能，并能对所有支路的正对地、负对地的绝缘电阻，对地电压等一一对应显示，不正常时可对故障支路显示出支路号及故障类别和报警）。

二、绝缘监测装置工作原理和装置功能

（一）检测工作原理

直流系统绝缘电阻检测方法可分为交流法和直流法，其中直流法主要是基于电桥平衡的漏电流检测法，交流法主要包括信号注入法和变频探测法。

（1）电桥法。直流电桥法主要有平衡电桥法、不平衡电桥法等，但是，近年来，大多数的直流绝缘监测装置均采用平衡电桥与不平衡电桥相结合运行的双桥法。电桥法，就是通过设置两个电阻和直流系统正负极对地电阻组成电桥，系统正常时，电桥平衡；而系统出现某一点接地时，电桥将失去平衡，产生报警信号。

在直流母线上采用桥接电阻作为电压取样电阻网络，用欧姆定律直接计算的原理。传感器是直流漏电流传感器，传感器环绕安装在直流支路的正负出线上。从支路正端流出的电流经过支路负载，返回支路负端。当支路没有接地时，穿过传感器的电流大小相等、方向相反，产生的磁场相互抵消，传感器不反映负载电流变化；当该支路通过接地电阻接地时，穿过传感器的电流差产生磁场，传感器的输出发生变化，通过解调得到支路接地漏电流。因此，主机通过检测各支路传感器的输出是否为零，即可判断直流系统接地故障支路，并通过测量母线的正、负电压即可计算出接地电阻。使用该方法，传感器与被测支路只有磁的联系，没有电的联系，而且无需向被测支路加入任何辅助信号，如图3-73所示。

平衡电桥电阻阻值的选择：选择和确定平衡桥电阻的阻值是直流绝缘监测装置核心，在装置接于负电源一极的平衡桥发生损坏或开路时，保护出口继电器线圈所分配的电压应小于额定电压的55%。同时通过理论分析和数学模型得知，直流绝缘监测装置平衡桥电阻阻值应大于装置所在直流标称电压中所规定的绝缘电阻整定值（推荐值：220V、25kΩ；110V、15kΩ）。

（2）信号注入法。就是通过向系统直流母线注入一个低频交变信号，当某条支路发生接地故障，用钳形电流探头检测出流过故障点的电流大小，从而计算出故障支路接地电阻。

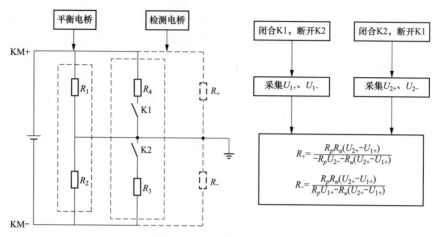

图 3-73　电桥法原理图

由于注入的为低频载波脉冲信号，会受到系统电容电流的严重干扰。假如支路中存在大电容元件或等效对地电容较大时，必须对电容电流进行补偿后才能使用该方法，而且测量精度不准，另外，注入的低频载波脉冲信号对于原系统而言相当于人为增加的外部干扰，使得系统的电压纹波变大，影响其他设备的使用。信号注入法原理如图 3-74所示。

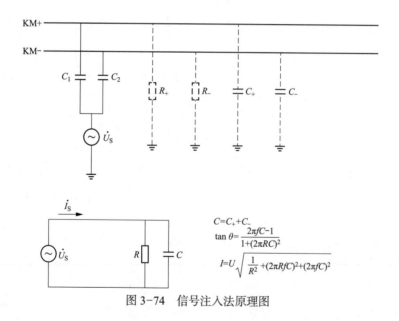

图 3-74　信号注入法原理图

（3）漏电流检测法。利用霍尔效应的直流传感器检测出每条支路的直流电流信号，根据磁平衡原理，无接地的支路传感器输出为零，而故障支路输出不为零，如图 3-75所示。

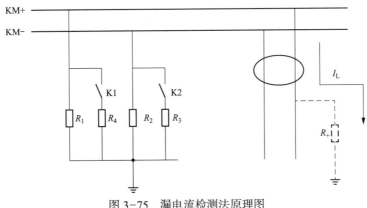

图 3-75 漏电流检测法原理图

（4）变频探测法。其基本原理是在直流母线中注入两组幅值一样而频率不同的交流信号，然后检测支路上感应出的低频信号，当系统绝缘电阻下降发生接地故障时，检测出的低频信号幅值会发生明显的变化，但是该方法和信号注入法一样，存在对地电容电流的干扰问题。

（5）微机型直流系统绝缘监测装置。变电站阀控密封铅酸蓄电池直流设备上采用的微机型直流系统绝缘监测装置就是具有自动选择、自动报警、自动显示功能的绝缘监测装置，微机型直流系统绝缘监测装置采用了附加信号源的新型检测原理和微机技术，不仅能监测直流系统的绝缘水平，还能直接读出绝缘电阻值，可掌握直流系统的绝缘状况及其变化趋势。该装置采取了较为完善的抗干扰措施，具有较强的自检和保护功能，基本原理框图如图 3-76 所示。

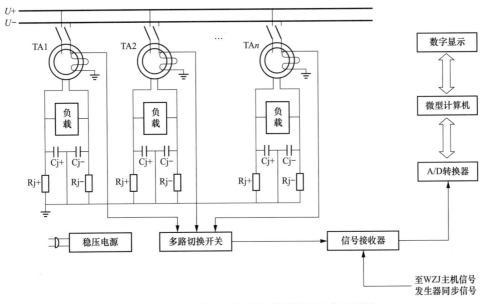

图 3-76 微机型直流系统绝缘监测装置基本原理图

装置采用了一个低频信号源作为发信部件,通过两个隔直耦合电容器 Cj+、Cj- 向直流系统正、负极母线发送低频交流信号,小电流互感器 TA 穿套在各支路的正、负极引出线上,由于穿过电流互感器的直流分量电流大小相等、相位相反,它们产生的磁场互相抵消;而交流信号是通过 Cj+、Cj- 两个隔直耦合电容器加到直流母线的正、负极上的,其正、负极母线上的交流信号电压的幅值相等、相位相同,电流互感器二次侧电流就可反映出正、负极母线对地绝缘电阻和对地等值电容状态的交流泄漏电流。正、负极对地泄漏电流的幅值不等、相位不同。每一条支路的互感器二次侧电流均反映该支路正、负极对地泄漏电流的相量和,然后用模拟乘法器和滤波器取出电阻性分量,经 A/D 转换器转换为数字量,再由微型计算机进行数据处理,显示绝缘电阻值。

(二)功能与特点

1. 绝缘监测装置必备的显示和检测功能

直流系统绝缘监测装置应能实时监测并显示直流系统母线电压、正负母线对地直流电压、正负母线对地交流电压、正负母线对地绝缘电阻及支路对地绝缘电阻等数据且符合表 3-9 和表 3-10 的规定。

表 3-9   电压检测的范围及精度

显示项目	检测范围	测量精度
母线电压 U_b	$80\%U_N \leqslant U_b \leqslant 130\%U_N$	±1.0%
母线对地直流电压 U_d	$U_d < 10\%U_N$	应显示具体数值
	$10\%U_N \leqslant U_b \leqslant 130\%U_N$	±1.0%
母线对地交流电压 U_a	$U_a < 10V$	应显示具体数值
	$10V \leqslant U_a \leqslant 242V$	±5.0%

注 U_N 为额定电压。

表 3-10   对地绝缘电阻测量精度

项目	对地绝缘电阻检测范围 R_i(kΩ)	测量精度
系统对地绝缘电阻	$R_i < 10$	应显示具体数值
	$10 \leqslant R_i \leqslant 60$	±5%
	$60 < R_i \leqslant 200$	±10%
	$R_i > 200$	应显示具体数值
支路对地绝缘电阻	$R_i < 10$	应显示具体数值
	$10 \leqslant R_i \leqslant 50$	±15%
	$50 < R_i \leqslant 100$	±25%
	$R_i > 100$	应显示具体数值

2. 常规监测（长期工作）

（1）数字显示母线电压值，当电压过高或过低时输出报警信号。

（2）数字显示正、负母线的对地绝缘电阻值，当绝缘电阻过低时输出报警信号。

（3）电压过高或过低、绝缘电阻过低的整定值均采用功能键（或拨盘）来整定，数字显示各整定值。

（4）监测范围宽、精度高。实时显示电压值（误差 1%），电阻显示范围为 $0.5k\Omega \sim 2M\Omega$（误差 10%）。

3. 支路巡查部分（短期工作）

（1）巡查时不需切断支路电源，叠加信号源（7V、15～25Hz）时，有自检和保护措施。

（2）当母线对地绝缘电阻降低时，发信号。投入信号源后，自动巡查各支路阻抗或单独查找各支路的阻抗情况。

（3）在系统中存在较大分布电容的情况下，仍能保证电阻显示精度。

（4）配套的小电流互感器型号品种多，尺寸大小只与负荷电缆粗细有关，其电参数一致，接线无方向要求，可任意安装。

（5）当需要监测直流分屏上的支路时，可配套使用直流分支绝缘监测装置。

（6）当需要故障点定位时，可配套使用直流故障点探测卡钳。

4. 微机型直流系统绝缘监测装置的特有功能

（1）当母线对地绝缘电阻值降低时，发信号，并自动投入信号源，自动巡查各支路阻抗和容抗的情况。

（2）工作人员无需操作、无需等待，就能得到故障支路号和对应的绝缘电阻值。

（3）在系统中存在较大分布电容的情况下，仍能保证电阻显示精度。

（4）含有闪光电源（选用时注明）。

（5）具有直流变送器功能（选用时注明）。

（6）备有 RS-232、RS-485 标准串行通信接口，便于无人值班。

（7）对蓄电池的电压（实时显示）、电流和温度监测、报警与显示。

（三）直流系统接地监测仪通信规约

微机直流接地巡检仪与上位机通过串口传送数据，串口配置为 RS-232、RS-422 及 RS-485。采用异步通信，半双工，每个字节传送一位起始位，八位数据位，一位或两位停止位，可设定奇偶校验。波特率可根据需要由软件设定（600～9600bit/s）。

上位机与微机直流接地巡检仪采用一对一（或一对多）的主从查询通信方式。

上位机向微机直流接地巡检仪发送数据召唤命令，微机直流接地巡检仪在收到正确的召唤命令后，按规定的通信格式向上位机传送相应的数据。其通信格式见表 3-11。

表 3-11 通 信 格 式

起始符	源站号	信息长度	命令码	信息段	校验码	结束符
4 字节	1 字节	2 字节	1 字节	…	1 字节	1 字节

（1）起始符。EB90EB90（十六进制数）。

（2）目的站号、源站号。微机直流接地巡检仪的站号可由软件设定，范围为 50H-5FH（若装置号不能设定，则一对一固定为 50H，一对多依次固定为 50H、51H 等），上位机的站号可由上位机软件任意设定为 00H～0FFH。

（3）信息长度。从命令码到校验码所含的字节数（包含命令码和校验码），十六进制数，高字节在前，低字节在后。

（4）校验码。信息段各字节的代码和（一个字节，当信息段长度为零时，校验码为零）。

（5）结束符。90EB（十六进制数）。

三、微机绝缘监测装置的原理及作用

变电站直流系统采用不接地系统，这样当直流系统发生一点接地时不会立即发生短路现象。对地绝缘的直流电源，避免了一次设备接地故障地电位升高对直流系统的冲击，保护了直流负载设备（继电保护等设备）的安全，同时保证了人身的安全。当直流电源发生一点接地时，由于不能构成回路，一般来说对保护没有影响，尽管如此，如果以后再发生一点接地，构成寄生回路，会对设备运行造成无法预计的后果，严重时将发生继电保护误动、拒动和直流电源短路。因此，直流绝缘的监测和直流接地的处理是直流电源运行的一项重要内容。

变电站的直流系统通过电缆线路与室内/外的直流电源、直流柜、保护柜、控制柜、信号触点、配电装置端子箱、操动机构相连，走线遍布变电站各个位置，在运行中易受到环境和人为因素影响、绝缘受损影响以致发生接地的机会较多，所以运行中的直流系统必须配备直流绝缘监测装置。220kV 及以上大型变电站发生直流接地，传统的方法是通过拉直流开关判明哪一回路接地，这种方法工作量较大并存在一定的风险，所以绝缘监测装置应配直流支路检测功能，保证发生直流接地时，能够告警和确定哪一支路接地。

直流电源绝缘监视装置，从早期的电桥平衡原理、电子式电桥到现在的微机绝缘监视仪，从监视总的直流系统绝缘到现在可以监测每一支路绝缘，性能日益完善。20 世纪80 年代以前，绝缘监视装置都是用高灵敏度小电流继电器直接组成平衡电桥，监测直流接地故障。从 20 世纪 80 年代开始，在平衡电桥原理的基础上，应用电子技术替代小电流继电器直接检测，提高了接地告警灵敏度。随后以微处理机为基础的绝缘监视装置，克服了平衡电桥原理结构上的缺陷，它可以准确测量直流母线正极和负极对地电阻值，

同时可对直流母线电压进行监测显示。进入 20 世纪 90 年代后，由于大型变电站直流系统馈线日趋增多，从运行的安全性考虑，希望能在直流接地时不通过拉直流负载就知道哪一直流支路接地，一些制造厂生产了带支路检测功能的绝缘监测装置，常用的支路检测有交流互感器和直流互感器两种形式。

（一）平衡桥原理绝缘监测装置

平衡桥原理（又称电桥原理）绝缘监测装置等效电路如图 3-77 所示。图中电阻 R_1、R_2 和继电器 K 组成绝缘监测的基本元件，通常 R_1 与 R_2 电阻值相等，均为 1kΩ，继电器 K 选用直流小电流继电器，动作电流为 1.5～3mA，继电器 K 的内阻为 7.5kΩ（110V 直流系统）或 15kΩ（220V 直流系统）。电阻 R_+ 和 R_- 分别是直流系统正极和负极的对地电阻。正常运行时，直流系统对地绝缘良好，R_+ 和 R_- 无穷大，正负两极通过 R_1、R_2 的中心经直流小电流继电器 K 接地，但不构成回路，继电器 K 中没有电流。

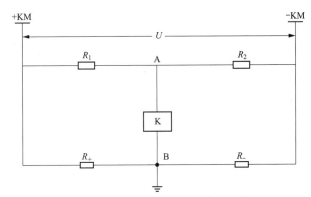

图 3-77　平衡桥原理绝缘监测装置等效电路

由绝缘监测原理结构可知，平衡电桥组成的绝缘监测装置在系统绝缘良好时，正对地电压和负对地电压的绝对值相等，均为直流母线电压的 1/2。因此，在运行中人们常常以正负两极对地电压的不相等程度来判断直流系统绝缘下降的严重性。

当运行中直流系统对地绝缘不良，R_+ 或 R_- 的电阻下降时，与 R_1、R_2 构成电桥的桥臂中就有不平衡电流流过，当直流系统正接地或负接地（R_+ 或 R_- 小于一定数值）时，流过继电器 K 的不平衡电流使得继电器 K 动作告警，报告直流系统接地。调整继电器动作电流的大小可以设定接地电阻的告警值，动作电流越小，接地告警电阻值越大。

由于绝缘监测装置中必须有一个人工接地点才能检测直流系统接地（如图 3-77 所示接地点 B），所以绝缘监测装置的对地电阻必须足够大。这样，当直流系统中任何地方发生一点接地时，形成电流通路时的电流很小，不足以引起继电器的误动。从安全性考虑 R_K 电阻大一些好，但由于受小电流直流继电器灵敏度限制：一般 220V 直流系统 R_K 为 15kΩ，110V 直流系统为 7.5kΩ，继电器动作电流 I_K 在 1.5～3mA 之间可调。这个数值的接地电阻，对于直流系统中所有继电器来讲还是很安全的，一点接地构成的回路电流远小于继电器动作电流。

当直流系统对地电阻 R_+ 和 R_- 等值下降时，由于电桥仍是平衡状态，将没有电流通过继电器 K，这是平衡桥原理绝缘监测装置的一个原理性缺陷，无法对直流系统的 R_+ 和 R_- 等值下降进行告警。实际运行中发生正、负极绝缘同时下降，大都是铅酸蓄电池酸液泄漏并遇到潮湿天气在蓄电池外壳爬酸造成的，但这种情况相对较少。

（二）微机型绝缘监测装置

平衡电桥原理组成的直流系统绝缘监测装置，在运行中存在以下三个方面的不足：

（1）直流系统正、负绝缘等值下降的情况不会发出告警。

（2）无法准确测出正极和负极接地电阻值。

（3）报警灵敏度低和报警定值整定困难。

针对上述缺陷，20 世纪 80 年代末期，开发研制出微机型绝缘监测装置。通常采用单片微机技术，通过不同的电阻接地，经对地电压采样、计算后分别显示准确的正对地电阻和负对地电阻值，实现对直流系统绝缘工作状况的监测，并能设定确切的接地电阻告警值。此外，监测装置还能对瞬时接地进行告警和记录，定时对绝缘状况自动进行记录，形成绝缘电阻的历史记录表或曲线。可以同时对两段直流母线进行绝缘监测和电压监测及告警。当直流接地电阻小于设定告警值时，除了告警并显示接地电阻值外，装置还自动进行支路巡检找出接地支路，避免运行人员进行接地试拉，降低了试拉接地过程中的风险。

微机型绝缘监测装置分为带支路检测和不带支路检测两种。不带支路检测的装置通常称为常规绝缘监测，完成对整个直流系统正负极对地电阻、母线电压监测。带有支路检测的微机型绝缘监测装置，除了完成常规绝缘监测外，还可以通过小电流互感器检测馈线支路接地，报告接地发生在哪一支路。

带接地支路的绝缘监测装置，运行工作时内部分为两部分：正常时工作在常规绝缘监测状态，与不带支路的绝缘监测装置一样，支路巡检部分不工作；当发生接地后，绝缘监测装置检测到母线绝缘下降后，会自动启动支路巡检部分投入，找出接地支路。

1. 直流系统常规绝缘监测原理

（1）电压表测对地电压。在直流系统存在接地电阻时，可以通过分别测量直流正负母线对地电压，以及母线电压，并进行计算得出准确的接地电阻，如图 3-78 所示。

其中 R_+、R_- 是直流系统正、负极对地电阻，R_V 是电压表内阻。当 R_V 已知时，通过测量控制母线电压 U、正对地电压 U_+ 和负对地电压 U_- 计算得出直流系统对地电阻的准确数值。

微机绝缘监测装置可以测得控制母线电压 U、正对地电压 U_+ 和负对地电压 U_-，进行计算得出绝缘电阻值。

实际运行中，对地电阻 R_+、R_- 的不同造成对地电压的不确定性。例如当直流系统

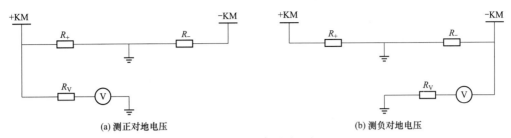

(a) 测正对地电压　　　　　　　　　　(b) 测负对地电压

图 3-78　电压表测对地电压

$R_+=100\text{k}\Omega$、$R_-=1000\text{k}\Omega$ 时，负对地的电压将高达直流母线电压的 90%，不利于设备的安全运行。为此，绝缘监测装置内部必须配置电阻，适当地平衡接地电阻，避免直流母线对地电阻不平衡造成负对地电压过高的潜在威胁，一般正对地和负对地均接 100kΩ 左右电阻（110V 直流系统）。

（2）平衡与不平衡桥测量。另一种直流系统常规绝缘监测方法是运用平衡桥和不平衡桥两种状态方式进行检测，绝缘监测装置在工作时不断在两种状态下切换，同时测量两种状态下的电压数据以供计算接地电阻。原理如图 3-79 所示。

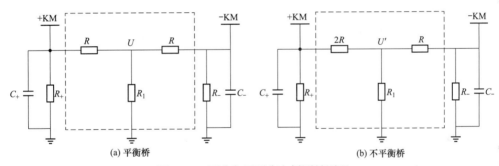

(a) 平衡桥　　　　　　　　　　(b) 不平衡桥

图 3-79　平衡与不平衡电桥测量原理

如图 3-79 所示，在绝缘监测装置内部有虚线框内的电阻组成的平衡桥和不平衡桥两种结构，图中 R_+、R_- 和 C_+、C_- 分别代表直流系统中正对地和负对地电阻及电容。绝缘监测装置工作时，第一次从平衡电桥中测得对地电压 U，改变平衡电桥电阻为 $2R$，测得对地电压 U'。

从电路基本定理分析，可以导出正对地绝缘电阻 R_+ 和负对地绝缘电阻 R_- 的有关计算公式，此公式仅与 U、U' 和母线电压值有关。微型计算机对 U、U' 进行编程计算后，将母线电压、正对地电阻和负对地电阻依次进行显示。同时，微型计算机对所显示的 3 个值与母线过欠电压整定值、绝缘报警整定值进行比较，若超过整定值发出相对应的电压过欠电压报警或接地报警。

此外，还有其他方式的采样电路，其基本方法均是人为改变一下电路状态，对改变前后的电路状态电压数据进行采样计算得出接地电阻。

2. 支路巡检原理

绝缘监测装置检测到直流系统接地后，自动转入支路巡检。直流接地支路巡检通常采用交流和直流两种方式：交流方式是通过对直流系统注入低频交流信号，由接地支路互感器检测到信号告警；直流方式是利用接地支路直流电流不平衡，检测在直流互感器中造成的磁场微弱变化原理来判断接地。

（1）交流注入式支路巡检原理。交流注入式使用交流信号源向直流控制母线（KM）输入交流信号方式，如图3-80所示。

在直流绝缘正常状态下，继电器触点K断开，此时两电容器C串联，对直流相当于滤波。当直流统发生接地时，绝缘监测装置中常规绝缘监测计算接地电阻是否小于设定值。当接地电阻小于设定值时，装置发出告警信号，同时转入支路巡检，触点K合上，低频信号通过两个耦合电容分别向正、负直流母线注入低频信号，交流信号通过接地点经K回流，形成信号电流。

由于在所有直流馈线支路均套有交流小电流互感器，任何一支路接地一定有低频交流电流流过该支路的小电流互感器。小电流互感器的工作原理类似交流钳形表测量交流电流原理，当本支路接地时低频交流电流通过小电流互感器，在互感器二次侧感应出二次电压，二次电压的大小与接地电阻成反比，从而反映该支路接地电阻，如图3-81所示。

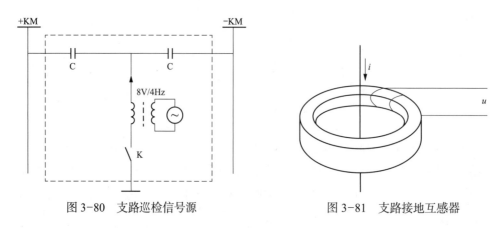

图3-80　支路巡检信号源　　　　　　　图3-81　支路接地互感器

这种电流互感器有别于一般工频交流电流互感器，由于注入直流系统的交流信号是超低频低电压信号，当发生直流接地时，通过互感器的电流很小，频率很低，通常为4~20Hz，避免使用工频信号引起继电保护设备误动及测量干扰，所以二次感应到的信号电压很小，均在毫伏级，需要经过放大处理。

交流检测在运用中碰到的最大的问题是电容电流引起的干扰。现在的直流负载继电保护设备大都是微机型设备，使用的均是DC/DC开关电源，开关电源的电磁兼容要求有EMI滤波器，滤波器内部对地均接电容，这个对地电容电流流过电流互感器形成对接地检测的干扰。为此，从两个方面消除对地电容对测量的干扰。

1）降低交流信号频率。电容电流与频率成正比，频率降低后电容电流自然就小了，也就降低了对测量接地支路的影响。但频率降低后相应的检测信号就更困难，对小信号处理要求就提高了，所以目前国内一般最低做到4Hz。

2）采用90°相位自动锁相技术。即便交流频率降低，还是存在电容电流影响测量接地电阻的准确性，尤其是在一些包括很多分支的总支路中电容电流的影响更大。自动锁相技术使用了闭环90°自动锁相电路。其工作原理为：将容性电信号加到锁相放大器的输入端，通过信号放大、相位检波产生微弱直流信号，将此直流信号放大反馈，推动相位调整电路，改变放大器的相移，使容性相位检波输出的直流为零，从而排除电容影响，使开环放大器因时漂、温漂或元件老化等因素引起的相位移都能自动得到补偿。采用超低频信号以及90°相位自动锁相技术，支路电容在10μF以下对测量没有影响，变电站支路电容大部分均小于10μF，可以较好地满足现场运行。只有在总支路下挂有很多分支路时，在支路电容大于10μF的情况下，测量支路电阻读数会有所影响，即在支路绝缘良好时仍会显示该支路有几十千欧的电阻值。但当支路接地并且接地电阻小于10kΩ时，电容电流对支路测量的影响就可忽略，仅仅影响支路测量精度，仍可以准确地找出接地支路。

（2）直流差流式支路巡检原理。直流差流式支路检测是将一个小直流电流互感器（TA）接入馈线支路中，类似于直流钳形电流表形式。直流绝缘正常时，正、负两根导线内电流值相等、方向相反，合成磁通等于零，当正或负发生一点接地时，将有电流通过接地点，直流互感器中流进和流出的电流不相等产生差流，使得TA内产生磁通，如图3-82所示。

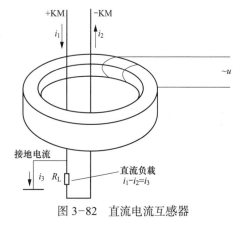

图3-82 直流电流互感器

没有接地时，电流 i_1 流经TA后通过负载 R_L 流回TA形成 i_2，正、负电流相等流过TA，对TA没有磁偏。如果直流正极接地时，流经TA的电流有一部分通过接地点回流到电源的负极，通过负载回流到TA的电流 i_2 减少，TA内的偏磁为电流 $i_1-i_2=i_3$。

直流接地后绝缘监测装置通过常规检测就能得到对地电阻的接地电阻，与设定告警值比较后决定是否进入支路查找。进入支路查找后，如果接地不完全，磁偏电流就会比较小，影响灵敏度。为提高查找支路的灵敏度和可靠性，按照一定程序调整仪器内部对地采样电阻，保证直流互感器能准确检测出接地支路，并通过计算得出支路接地电阻。

利用直流互感器原理测量支路接地的装置，其本身一定要在正、负电源上对地接一个电阻，且数值不能太大。否则，当直流系统对地绝缘电阻较大时，支路接地与装置内部电阻构成回路，使流过 TA 的电流太小而无法测量出来。

接地电阻的选取主要在于满足直流 TA 的灵敏度。目前，一般直流 TA 可以检测大于 1mA 的电流，当支路接地电阻检测灵敏度设置为 20kΩ 时，在 110V 直流系统中绝缘装置对地电阻可取 80kΩ 左右。

如图 3-83 所示，R_1、R_2 分别是绝缘监测装置内部正对地和负对地的接地电阻。

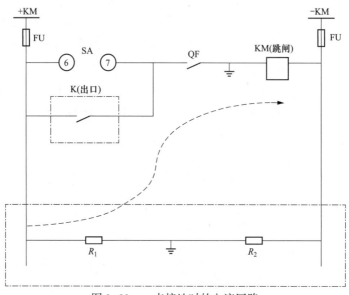

图 3-83　一点接地时的电流回路

降低绝缘装置内部接地电阻 R_1、R_2，可以增加一点接地时电流，提高检测支路电阻的灵敏度，但过低的接地电阻会造成在直流系统一点接地时接地电流过大，可能使继电器误动。一般根据直流系统使用的最高灵敏度继电器的动作电流，使在一点完全接地时的接地电流远小于最高灵敏度继电器的动作电流。

直流 TA 不使用交流信号，支路电容不管数值多大都对直流 TA 毫无影响，彻底解决了电容干扰问题，这是直流 TA 的最大优点。但如果支路正、负极同时等值接地时，通过 TA 的直流差流将为零，TA 铁芯内将无偏磁产生，也就无法判定该支路是否接地，这也是使用这种原理检测支路接地的原理性缺陷。但一般来说，直流某一支路正、负绝缘同时等值接地的可能性相当小。

直流小电流互感器检测原理目前常用的有两种：①霍尔元件组成直流小电流互感器测量元件，霍尔元件本身是一种磁电转换元件，用来测量磁场强度大小，将霍尔元件嵌入直流 TA 铁芯磁回路中，当 TA 中有直流电流流过时，根据电磁感应原理在 TA 铁芯中产生磁场，霍尔元件就有电压输出，并且此电压与磁场强度成正比，由此检测出直流电流；②利用闭合铁芯中交流线圈在通过不同直流电流时，造成铁芯偏磁、TA 电感发生变化的方式进行直流小电流的检测。

使用霍尔元件测量，由于存在零点漂移，每次使用前均要进行校零，所以一般用在直流钳形表中。利用铁芯偏磁造成的电感变化测量方式，由于在 TA 上附加交流信号，零点的长期稳定性较好，故在现行的支路直流互感器方式中普遍采用。

对各支路互感器信号的采集方式，目前有以下三种：

1）集中式。所有 TA 信号均接入一台绝缘监测装置中，每一个 TA 有 3 根线，如图 3-84 所示。

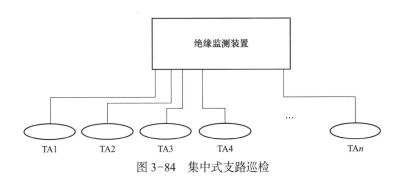

图 3-84　集中式支路巡检

2）模块式。以一定支路数为一个模块采集单元，各模块单元与主机之间采用 RS-485 通信线进行数据传输，如图 3-85 所示。这种方式的好处是：数量众多的 TA 与模块的连接线大为缩短，而模块分机和主机的连线虽然距离长但只有 3 根线（电源线 2 根和通信线 1 根），与集中式相比大大简化了接线工艺，远离主机的支路或扩展支路不受距离影响，仅受模块与主机 RS-485 通信约束，而 RS-485 的通信距离可达几百米。

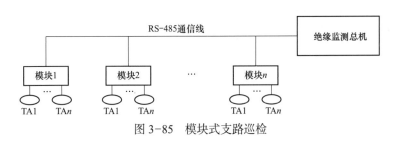

图 3-85　模块式支路巡检

3）智能 TA 式。每个 TA 内含 CPU 芯片处理器，该芯片处理器直接将 TA 被检信号转换成数字信号，由 CPU 通过串行口上传至绝缘监测装置主机，如图 3-86 所示。由于在接地时每个 TA 内部的 CPU 同时对漏电流进行检测，所以接地支路巡检大大快于集中式和模块式，同时省掉了模块这个中间环节，各 TA 之间直接用线串联（电源线 2 根和数据线 3 根），接线比模块式还要简单，与前两种方式相比，单个 TA 的价格要高一些。

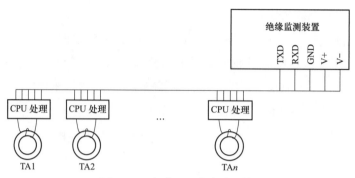

图 3-86　智能 TA 式支路巡检

四、常用排查接地绝缘监测装置的介绍

（一）交流注入法查接地的绝缘监测装置介绍

某型号绝缘监测装置具有直流母线绝缘监测和支路绝缘监测功能，其中支路接地采用模块结构，每一模块可采集 16 条支路接地信号，根据现场支路多少可灵活配置模块数，各模块与主机之间采用 RS-485 总线结构进行数据传输。这种结构模式的最大好处是系统扩展方便，主机与分机设置灵活，接线简单。在电流互感器分散采集状况下，使用模块结构进行数据采集，具有安装调试方便、运行维护简单的特点。

该微机型直流系统绝缘监测装置由一台主机控制下属若干个采集模块。一台主机可以任意扩展多个采集模块，使得馈线支路增减更加方便灵活。各采集模块接收主机指令后，同时对本模块所带的 16 个支路进行检测，并向主机报告检测结果，使支路检测速度大大提高。绝缘监测装置除了对直流绝缘监测外，还具有母线电压监测功能，可对直流母线电压异常进行监视和告警，以及测量直流系统正负母线对地电压等。

直流系统绝缘电阻测量采样电路如图 3-87 所示。

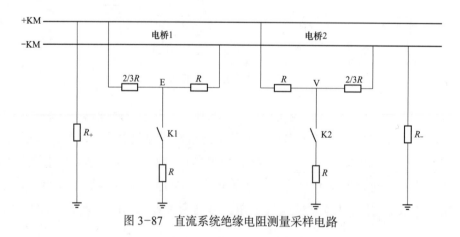

图 3-87　直流系统绝缘电阻测量采样电路

该装置的采样电桥原理如前所叙，设计了两个不平衡电桥电路。当 K1 闭合、K2 断开

时，电桥 1 工作，电桥 2 不工作，测得 E 点电压，此时可以列出电桥 1 的电回路方程式。当 K2 闭合、K1 断开时，电桥 2 工作，电桥 1 不工作，测得 V 点电压，此时可以列出电桥 2 的电回路方程式。将上述两个电回路方程式联立求解，可以求得 R_+ 与 R_- 的电阻值。

1. 结构组成

绝缘监测装置由主机、信号采集模块、传感器三部分组成，如图 3-88 所示。

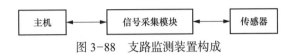

图 3-88　支路监测装置构成

（1）主机部分。主机部分设有常规检测部分来进行母线绝缘、母线电压测量。当接地电阻低于设定值时，装置内超低频信号源将 4Hz 的超低频信号通过隔直电容注入直流母线，辐射至各馈线，同时发送同步信号给各信号采集模块。液晶显示器显示接地电阻数据，监测仪对上通过串行数据通信接回（RS-232、RS-485）或触点输出接地告警，对下通过 RS-485 数据线与各模块连接，采集各支路接地电阻数据。

（2）传感器。传感器安装在直流母线的每个支路输出回路上，如图 3-89 所示。如果

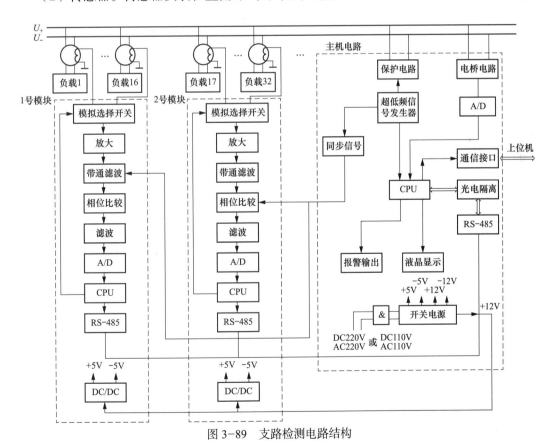

图 3-89　支路检测电路结构

馈线支路上有接地，直流母线上低频信号将通过该馈线支路，装在该支路上的传感器产生感应电流，感应电流的大小与支路接地电阻的阻值成反比。

（3）信号采集模块。信号采集模块对传感器感应电流信号进行一系列的处理，如图 3-89 虚线框内所示。

2. 工作过程

首先由电子开关逐路选择、放大、带通滤波，然后经相位比较器消除支路回路上的对地电容对测量接地电阻的影响，通过滤波回路排除母线上非同步交流信号干扰，再进行 A/D 转换，转换后的数据送 CPU 进行数据处理，得出每一路接地电阻数值，通过 RS-485 数据线上传到主机，由主机显示接地支路编号和接地电阻。

（1）主机在没有接地情况下显示内容：

1）母线电压和正、负端对地电压值。

2）母线电压上、下门限设定值。

3）母线段数及设定回路数。

4）母线正、负端对地绝缘电阻值。

5）母线绝缘门限设定值。

6）超出门限报警。

7）瞬时接地报警。

8）母线绝缘电阻发生接地变化时的时间和数值。

（2）主机在接地情况下显示内容：

1）母线正、负端对地绝缘电阻值。

2）接地支路编号及支路接地电阻。

（3）面板信号灯指示的含义：

1）电源指示灯，接通仪器工作电源时，该灯亮。

2）信号指示灯，仪器进入支路检测状态后，向直流母线发低频信号时，该灯亮且闪烁。

3）过电压报警灯，母线电压超过门限设定值时，该灯亮。

4）欠电压报警灯，母线电压低于门限设定值时，该灯亮。

5）绝缘报警灯，母线对地绝缘电阻值低于设定值时，该灯亮。

6）支路报警灯，支路检测时，接地电阻值低于门限设定值时，该灯亮。

7）瞬时接地灯，母线瞬时对地绝缘电阻值低于门限设定值时，该灯亮（当瞬时接地告警与设备误动在时间上相关时，可以判定是由接地寄生回路引起，给进一步分析保护误动原因提供了帮助）。

8）信号保护灯，当直流母线对地有较高交流电压时，信号源保护电路动作，控制信号源与直流母线断开，该灯亮。

3. 软件工作流程

仪器工作流程分为两大部分：绝缘监测与支路巡检。其中支路巡检又分为手动巡检和自动巡检。绝缘监测装置上电复位后，即进入检测工作状态，工作流程如图 3-90 所示。

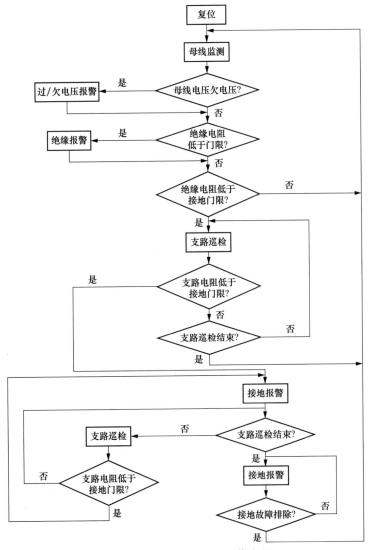

图 3-90　绝缘监测装置工作流程

在正常情况下，对直流系统母线电压变化和母线绝缘进行监测。进入主程序后，先对母线进行检测，判断电压过/欠电压。然后对绝缘进行检测，看是否超过绝缘定值。当超过绝缘定值时主机上的过/欠电压报警指示灯或绝缘指示灯亮，同时相对应报警继电器输出触点闭合。当绝缘电阻小于绝缘定值时，仪器发出绝缘报警的同时转入自动巡检状态，查找发生接地支路。仪器进入自动支路顺序巡检，液晶显示器显示已检测到的支路号与支路电阻值。当有支路接地报警时，液晶显示器显示画面分为两组：一组显示继续巡检的支路号与支路电阻值；另一组显示报警支路的支路号与接地电阻值。仪器反复巡检报警支路，如果支路接地被排除，仪器自动回到母线常规监测状态。

在自动支路巡检状态下，支路巡检完毕，没有支路接地报警，仪器自动回到母线监测状态。

为了方便使用与调试，该仪器还具有手动巡检功能。在母线监测状态下，操作"连续"或"↑""↓"等功能键，可随意查巡任一支路的接地情况。连续查巡完各支路后，仪器会自动回到母线监测状态。单步查巡支路，时间超过 5min，仪器会自动回到母线监测状态。在手动巡检中，也可以按复位键，使仪器回到母线监测状态。

当绝缘电阻在告警定值以上时，接地电阻每变化 20%，主机存储器将记录其变化的绝缘电阻值及时间。操作记忆键，液晶显示器显示所存储的绝缘电阻值及时间量。记忆显示完成后，自动进入母线监测状态。

（二）某微机绝缘监测装置介绍

该装置支路巡检采用直流差流原理，每个 TA 均使用智能 TA，将所测得的数据通过数据线上传至绝缘监测装置主机，见图 3-90。常规检测部分可以选择使用平衡桥和不平衡桥两种方式，可根据现场直流母线绝缘状况选定采用哪一种方式。直流母线绝缘电阻很高时可选平衡电桥方式，这时正、负母线的对地电压相等、和不变，避免了不平衡工作方式在两种状态下切换造成对地电压跳动而给人造成误解。当绝缘电阻在 100kΩ 以内时，选用不平衡方式可以准确测量正负对地电阻，并对绝缘状况进行监测记录，记录的数据曲线历史可供运行人员在直流接地时进行分析判断。

该绝缘监测装置实时监测直流母线电压和正、负母线的对地电阻及对地电压。当直流母线对地电阻低于设定值时，自动启动支路巡检，对每一支路的接地电阻进行测量。

该装置有以下功能特点：

（1）大屏幕汉字显示，具有操作提示信息，便于人机对话。

（2）无需在直流系统中注入任何信号，对直流系统无影响。

（3）抗直流供电系统对地大电容的影响。

（4）直流传感器抗电流冲击后的剩磁影响，保证传感器长期的稳定性。

（5）传感器与主机采用数字信号传输，传感器与主机的接线少，连接使用方便，抗干扰能力强。

（6）用于主分屏直流系统时，装置可设为主机或分机。

（7）数字显示母线电压，电压超过允许范围时发出报警信号。

（8）数字显示正负母线的对地绝缘电阻值，当绝缘电阻低于设定值时，发出报警信号；并自动巡查各支路对地绝缘电阻。

（9）汉字显示历史记录，装置掉电后信息不丢失。

（10）能监测馈出线具有环路的直流系统，并准确定位与测量环路接地。

（11）实时显示正负母线接地电阻－时间曲线，当出现接地故障时，自动锁定并存储电阻－时间曲线。

（12）能监测正、负母线和支路平衡接地，分别显示故障支路的正、负母线接地电阻值。支路巡检速度基本与支路数量无关。

第四章　交直流一体化电源系统

第一节　交直流一体化电源与站用电源的差异性

一、常规变电站站用电源现状

常规变电站站用电源分为交流系统、直流系统、UPS、通信电源系统等，各子系统采用分散设计，独立组屏，设备由不同的供应商厂家生产、安装、调试，供电系统也分配不同的专业人员进行管理。这种模式存在的主要问题如下：

（1）站用电源自动化程度不高。由不同供应商提供的各子系统通信规约一般不兼容，难以实现网络化管理，系统缺乏综合的分析平台，制约了管理的提升。

（2）经济性较差。站用电资源不能综合考虑，使一次投资显著增加。

（3）安装、服务协调较难。各个供应商由于利益的差异使安装、服务协调困难，远不如站用交直流一体化的"交钥匙工程"模式顺畅。

（4）运行维护不方便。站用电源分配不同专业人员进行管理：交流系统与直流系统由变电人员进行运行维护，UPS 由自动化人员进行维护，通信电源由通信人员维护，人力资源不能总体调配，通信电源、UPS 等也没有纳入变电严格的巡检范围，可靠性得不到保障。

二、交直流一体化电源的特点

与常规变电站交直流电源系统比较，可看出变电站一体化电源具有下列新的技术特点：

（1）共享直流电源的蓄电池组，取消传统 UPS 和通信电源的蓄电池组和充电单元，采用电力专用 UPS 和通信用 DC/DC 直接由直流母线变换取得交流不间断电源和通信电源。

（2）设置一体化电源的总监控装置，负责收集显示变电站交流电源、直流电源、UPS 电源和通信电源的有关运行信息，从而建立了统一的网络化信息管理平台，站用电系统运行实现全参数监控。

（3）一体化电源总监控装置可接收站控层的命令，实现对站用交直流电源的优化运行远程控制，如交流电源进线 ATS 工作模式、蓄电池充放电管理、照明和风机等重要负荷配电回路的远程控制。

（4）对防雷单元统一优化配置，针对 UPS 和 DC/DC 的直流输入进行特殊设计和 EMI 处理，满足 EMC 要求。

（5）实现对变电站交直流电源的通盘考虑，简化了设计，并可建立智能专家管理系统，减少人为操作，提高电源系统运行可靠性。

三、变电站交直流一体化电源的解决方案

变电站站用交直流一体化电源系统是使用系统技术，针对变电站站用交流、直流、逆变、通信电源整体，根据实际问题、发展现状提出解决方案的站用电源系统。目前有关生产研发厂家已提出三代产品。

（一）智能型站用电源交直流一体化系统

（1）建立站用电源信息共享平台。站用电源整体网络智能化：一体监控器将交流、直流、逆变、通信电源网络智能化，对外一个通信接口。

（2）设计优化。取消通信蓄电池组及充电装置，使用 DC/DC 变换器直接挂于直流母线代替；取消 UPS 蓄电池，使用逆变器直接挂于直流母线代替，对重要负荷如事故照明等采用逆变电源供电；统一进行波形处理；统一进行防雷配置；统一进行二次配电管理；站用电源设备智能管理，实现状态检修。

（二）数字化站用电源交直流一体化系统

（1）上行下达信息数字化传输（两大措施：开关智能模块化；集中功能分散化）。

（2）开放式系统：采用 IEC 61850 规约。

（三）程序化站用电源交直流一体化系统

（1）电源与负荷结合，将辅助系统（空调、风机、门禁、消防、周界等）纳入控制范围。

（2）任务化程序化执行。

第二节　110kV 变电站一体化电源典型设计

一、系统组成

110kV 变电站采用交直流一体化电源系统，如图 4-1 所示。全站直流、交流、UPS（逆变）、通信等电源采用一体化设计、一体化配置、一体化监控，其运行工况和信息数据通过一体化监控单元展示并通过 DL/T 860《电力自动化通信网络和系统》标准数据格式接入自动化系统。

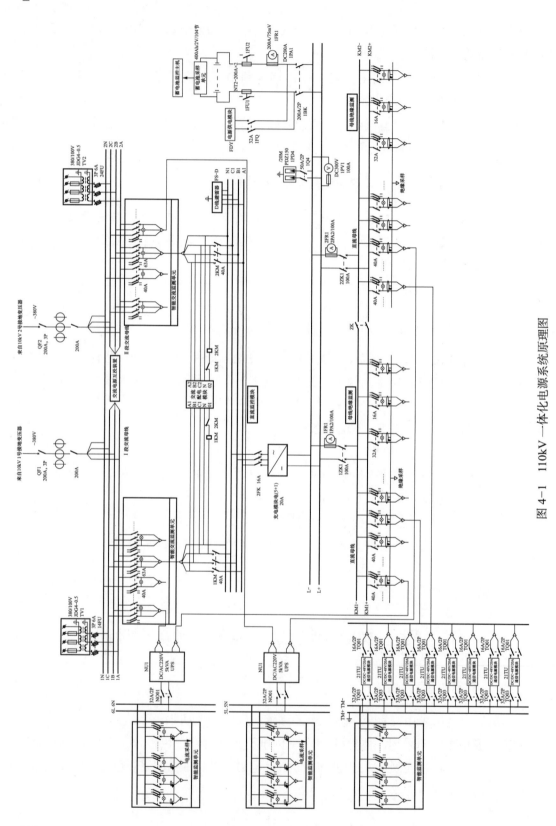

图 4-1 110kV 一体化电源系统原理图

二、系统功能

系统应符合 Q/GDW 383—2009《智能变电站技术导则》8.4 条、Q/GDW 393—2009《110（66）kV～220kV 智能变电站设计规范》6.3.4 条、Q/GDW 394—2009《330kV～750kV 智能变电站设计规范》6.3.4 条的规定，各电源应进行一体化设计、一体化配置、一体化监控，其运行工况和信息数据能够上传至远方控制中心，能够实现就地和远方控制功能，能够实现站用电源设备的系统联动。

系统中各电源通信规约应相互兼容，能够实现数据、信息共享。

系统的总监控装置应通过以太网通信接口采用 IEC 61850 规约与变电站后台设备连接，实现对一体化电源系统的远程监控维护管理。

系统应具有监视交流电源进线开关、交流电源母线分段开关、直流电源交流进线开关、充电装置输出开关、蓄电池组输出保护电器、直流母线分段开关、交流不间断电源（逆变电源）输入开关、直流变换电源输入开关等的状态的功能，上述开关宜选择智能型断路器，具备远方控制及通信功能。

系统应具有监视站用交流电源、直流电源、蓄电池组、交流不间断电源（UPS）、逆变电源（INV）、直流变换电源（DC/DC）等设备的运行参数的功能。

系统应具有控制交流电源切换、充电装置充电方式转换及开关投切等的功能。

三、直流电源

（一）直流系统主要设计原则

直流系统额定电压采用 DC220V。

直流系统装设 1 组阀控式密封铅酸蓄电池，蓄电池容量按电气负荷 2h、通信负荷 4h 事故放电时间选定。

直流系统接线采用单母线分段方式。蓄电池和高频开关电源容量均按带供电范围内全部设备负荷的要求选择。

蓄电池配置电池巡检仪。直流配电柜上装设微机绝缘监测装置，监测每一回路的接地故障并发出报警信号。

110V 直流系统的重要状态信号和告警信号通过硬接线方式接入 I/O 测控装置，同时通过串口形式接入计算机监控系统的智能设备接口，实现与计算机监控系统的通信。

（二）蓄电池选择

1. 蓄电池个数的确定

单体蓄电池的浮充电压：$U_f = 2.23$（V）；

按正常浮充电运行时保证直流母线电压为额定电压的 105% 计算，选择每组蓄电池个数：$n = 1.05 \times 220/2.23 \approx 104$（只）；

单体蓄电池均充电压：$U_c = 1.1 \times 220/104 \approx 2.33$（V）；

单体蓄电池放电末期终止电压：$U_m = 0.875 \times 220/104 = 1.85$（V）。

2. 蓄电池容量选择

直流负荷统计（按远景考虑）见表 4-1。

表 4-1　　　　　　　　　　直流负荷统计（按远景考虑）

负荷名称	负荷容量（kW）	负荷系数	计算容量	计算电流（A）	经常负荷电流（A）	事故电流（A）			
						初期 1min	1～120min	120～240min	随机 5s
监控、控制、保护装置	2.5	0.6	1.5	6.81	6.81	6.81	6.81	—	—
经常励磁继电器	0.2	0.6	0.12	0.55	0.55	0.55	0.55	—	—
事故照明逆变器	1	1	1	4.55	—	4.55	4.55	—	—
UPS 容量	4	0.6	2.4	10.9	—	10.9	10.9	—	—
110kV 断路器跳闸	1	0.6	0.6	2.73	—	2.73	—	—	—
DC/DC	0.5	0.8	0.4	1.82	1.82	1.82	1.82	1.82	—
恢复供电断路器合闸	0.5	0.5	0.5	2.27	—	—	—	—	2.27
合计	—	—	—	—	9.18	27.36	24.63	1.82	2.27

（1）按第一阶段放电计算：

$t = 1\text{min}$，$K_c = 1.24$，则

$$CC_1 = KK \times I_1/K_c = 1.4 \times 27.36/1.24 = 30.89 \text{（Ah）} \tag{4-1}$$

（2）按第二阶段放电计算：

$t_1 = 120\text{min}$，$K_{c1} = 0.344$；$t_2 = 119\text{min}$，$K_{c2} = 0.347$，则

$$
\begin{aligned}
CC_2 &= KK \times \left[I_1/K_{c1} + (I_2 - I_1)/K_{c2} \right] \\
&= 1.4 \times \left[27.36/0.344 + (24.63 - 27.36)/0.347 \right] = 100.34 \text{（Ah）}
\end{aligned} \tag{4-2}
$$

（3）按第三阶段放电计算：

$t_1 = 240\text{min}$，$K_{c1} = 0.214$；$t_2 = 239\text{min}$，$K_{c2} = 0.262$；$t_3 = 119\text{min}$，$K_{c3} = 0.347$，则

$$
\begin{aligned}
CC_2 &= KK \times \left[I_1/K_{c1} + (I_2 - I_1)/K_{c2} + (I_3 - I_2)/K_{c3} \right] \\
&= 1.4 \times \left[27.36/0.214 + (24.63 - 27.36)/0.215 + (1.82 - 24.63)/0.345 \right] = 68.64 \text{（Ah）}
\end{aligned}
$$
$$\tag{4-3}$$

（4）随机负荷：

$$CR = IR/KCR = 2.27/1.34 = 1.69 \text{（Ah）} \tag{4-4}$$

叠加后可得 $C = 100.34 + 1.69 = 102.03$（Ah）。

按标称容量，蓄电池容量选择 200Ah。

（三）充电装置选择

（1）满足浮充电要求：充电装置额定电流 $I_r = 0.01 \times 20 + 9.18 = 9.38$（A）。

（2）满足初充电要求：充电装置额定电流 $I_r = 1.25 \times 20 = 25$（A）。

（3）满足均衡充电要求：充电装置额定电流 $I_r = 1.25 \times 20 + 9.18 = 34.18$（A）。

（4）装置输出电压：$U_r = 104 \times 2.4 = 249.6$（V）。

（5）单个模块额定电流：$I_m = 20$（A）。

（6）基本模块数量 $n_1 = 34.18/20 \approx 1.7$（个）。

（7）每组高频开关充电模块：4 个。

该工程直流系统配置 1 台高频开关充电装置，模块按 $N+2$ 配置，配置 4×20A 模块，组 1 面直流充电屏。

（四）直流供电方式

采用辐射型供电方式，减少相互影响，提高供电可靠性。

该工程直流系统配置 2 面直流馈线柜，安装在二次设备室；每回馈线装设支路接地检测 TA，接入直流系统绝缘监测装置。

蓄电池安装在二次设备室内。

四、交流不停电电源系统

全站统一配置 2 套 UPS，用来为站内重要的交流用电设备供电，如计算机、监视器、打印机等。

UPS 与站 110V 直流电源系统的蓄电池系统相连，不设专用的蓄电池。

UPS 容量按供电范围内全部设备负荷的要求选择，UPS 的负荷主要包括变电站自动化系统、远动设备、通信设备、电能关口设备。

该工程配置 1 面 UPS 柜，UPS 容量按供电范围内全部设备负荷的要求选择，UPS 的容量按 5kVA 估算，备电时间为 2h。

五、直流变换电源装置

站内不独立配置通信电源，通信电源由站内直流系统通过 DC/DC 模块转换为 48V 向通信装置供电。配置 1 套 DC/DC 装置，每段 48V 直流母线分别接 1 套 DC/DC 装置，每套 DC/DC 装置的模块按 $N+1$ 冗余配置，每套配置 4×20A 模块。DC/DC 装置与其相应的 48V 馈线等设备合组 1 面柜。

六、一体化电源系统总监控装置

总监控装置为一体化电源系统（见表 4-2）的集中监控管理单元，对上通过 DL/T 860 标准与一体化监控系统综合应用服务器设备连接，实现对一体化电源系统的远程监控维护管理；对下通过总线或 DL/T 860 标准与各子电源监控单元通信，各子电源监控单元与成套装置中各监控模块通信。

七、交流电源

配置交流电源屏 2 面。

表 4-2 一 体 化 电 源 系 统

数字化表单编号：××××××

名称	参数	单位
电源系统类型	一体化电源系统	—
操作电源额定电压	220	V
通信电源额定电压	48	V
通信电源是否独立	否	—
蓄电池组数	1	—
蓄电池每组容量	200	Ah
UPS（监控）数量	2	—
UPS（监控）容量	5	kVA
电气负荷事故放电时间	2	h
通信负荷事故放电时间	4	h
高频开关充电装置数量	1	套
高频开关充电装置模块数量	4	—
高频开关充电装置单个模块容量	20	A
通信电源 DC/DC 装置数量	1	套
通信电源 DC/DC 模块数量	4	—
通信电源 DC/DC 单个模块容量	20	A

第三节 220kV 变电站一体化电源典型设计

一、系统组成

站用交直流一体化电源系统由站用交流电源、直流电源、交流不间断电源（UPS）、逆变电源（INV）、直流变换电源（DC/DC）等装置组成，并统一监视控制，共享直流电源的蓄电池组，如图 4-2 所示。

二、系统功能

系统符合 Q/GDW 383—2009《智能变电站技术导则》8.4 条、Q/GDW 393—2009《110（66）kV～220kV 智能变电站设计规范》6.3.4 条的规定，各电源进行一体化设计、一体化配置、一体化监控，其运行工况和信息数据能够上传至远方控制中心，能够实现

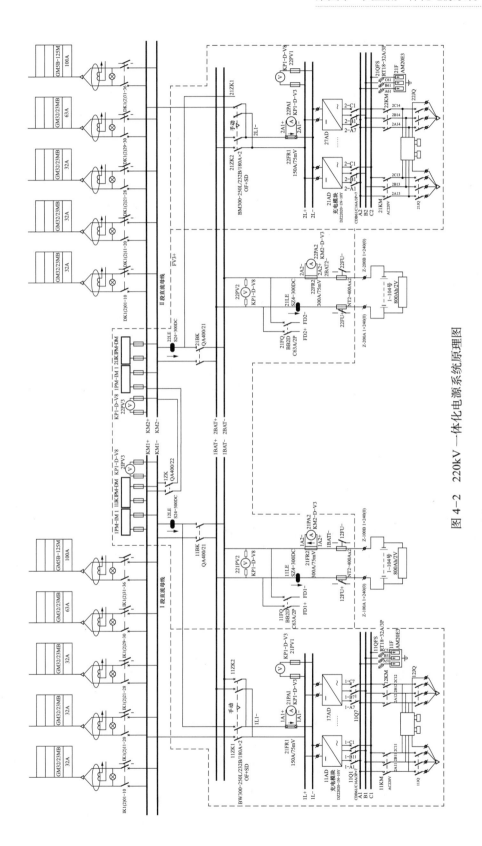

图 4-2 220kV 一体化电源系统原理图

就地和远方控制功能，能够实现站用电源设备的系统联动。

（1）系统中各电源通信规约相互兼容，能够实现数据、信息共享。

（2）系统的总监控装置通过以太网通信接口采用 IEC 61850 规约与变电站后台设备连接，实现对一体化电源系统的远程监控维护管理，其系统结构见图 4-3。

（3）系统具有监视交流电源进线开关、交流电源母联开关、直流电源交流进线开关、充电装置输出开关、蓄电池组输出保护电器、直流母联开关、交流不间断电源（逆变电源）输入开关、直流变换电源输入开关等状态的功能，上述开关选择智能型断路器，具备远方控制及通信功能。

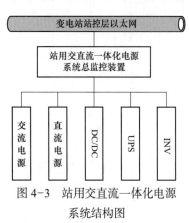

图 4-3 站用交直流一体化电源系统结构图

（4）系统具有监视站用交流电源、直流电源、蓄电池组、交流不间断电源（UPS）、逆变电源（INV）、直流变换电源（DC/DC）等设备的运行参数的功能。

（5）系统能监测交流电源馈线、直流馈线断路器脱扣总告警等信号。

（6）系统具有控制交流电源切换、充电装置充电方式转换等功能。

三、直流电源

（一）直流系统电压

变电站操作电源额定电压采用 220V，通信电源额定电压 48V。

（二）蓄电池选择

直流系统应装设 2 组阀控式密封铅酸蓄电池。

蓄电池容量宜按 2h 事故放电时间计算；对地理位置偏远的变电站，通信负荷宜按 4h 事故放电时间计算。

DC/DC 转换装置负荷系数为 0.8，合并单元、智能终端负荷系数参照保护装置。

1. 蓄电池个数的确定

单体蓄电池的浮充电压：$U_f = 2.23$（V）；

按正常浮充电运行时保证直流母线电压为额定电压的 105% 计算，选择每组蓄电池个数：$n = 1.05 \times 220/2.23 \approx 104$（只）；

单体蓄电池均充电压：$U_c = 1.1 \times 220/104 \approx 2.34$（V）；

单体蓄电池放电末期终止电压：$U_m = 0.875 \times 220/104 = 1.85$（V）。

2. 蓄电池容量选择

直流负荷统计（按远景考虑）见表 4-3。

表 4-3　　　　　　　　　　　直流负荷统计（按远景考虑）

序号	负荷名称	负荷容量（kW）	负荷系数	负荷电流（A）	经常负荷电流（A）	事故电流（A）							随机
						初期	持续						—
						1min	0～0.5h	0.5～1.0h	1.0～1.5h	1.5～2.0h	2.0～3.0h	3.0～4.0h	
1	站控层设备经常负荷	0.4	1.0	1.82	1.82	1.82	1.82	1.82	1.82	1.82	—	—	—
2	间隔层设备经常负荷	4.152	1.0	18.87	18.87	18.87	18.87	18.87	18.87	18.87	—	—	—
3	过程层设备经常负荷	2.631	1.0	11.96	11.96	11.96	11.96	11.96	11.96	11.96	—	—	—
4	网络设备经常负荷	1.61	1.0	7.32	7.32	7.32	7.32	7.32	7.32	7.32	—	—	—
5	一次设备控制信号负荷	5.91	0.6	13.5	13.5	13.5	13.5	13.5	13.5	13.5	—	—	—
6	DC/DC电源装置	3.706	0.8	350	60	60	60	60	60	60	60	60	—
7	UPS 装置	5	0.6	13.64	—	13.64	13.64	13.64	13.64	13.64	—	—	—
8	保护装置事故负荷	0.4	0.6	1.09	—	1.09	—	—	—	—	—	—	—
9	断路器集中跳闸	16.5	0.6	45	—	45	—	—	—	—	—	—	—
10	断路器合闸	—	1.0	5	—	—	—	—	—	—	—	—	5
11	电流统计		—		113.47	173.2	127.11	127.11	127.11	127.11	60	60	5

对于标称电压为 220V 的直流系统，查阅电力行业标准 DL/T 5044—2014《电力工程直流电源系统设计技术规程》及《电力工程直流系统设计手册（第二版）》的相关表格，得到如下参数：

（1）放电终止电压：1.85V；

（2）2h 放电时间的容量换算系数：$K_{c120}=0.344$；

（3）可靠系数：$K_{rel}=1.40$。

根据电流换算法的计算公式，得到蓄电池容量为

$$C_{c1}=K_{rel}C_{c1}=K_{rel}\frac{I_1}{K_{c120}}=1.4\times\frac{173.2}{0.344}=704.88(Ah) \tag{4-5}$$

按标称容量，蓄电池容量取 800Ah。

根据《国网基建部关于发布 35～750kV 变电站通用设计通信、消防部分修订成果的通知》（基建技术〔2019〕51 号）要求，该工程蓄电池容量选择 800Ah。

（三）充电装置选择

直流系统配置 2 套高频开关充电装置，模块按 $N+1$ 冗余配置。

每组模块的数量为

$$n = \frac{1.25I_{10} + I_{jc}}{I_{me}} \qquad (4\text{-}6)$$

其中，铅酸蓄电池 10h 放电率电流 $I_{10}=80\text{A}$，经常性电流 $I_{jc}=113.47\text{A}$，单个模块的额定电流 $I_{me}=30\text{A}$，代入式（4-6）中计算取整得到 $n=8$。

每组高频开关充电模块：9 个。

每组蓄电池高频开关电源模块的数量为 9，每套选用 9 个 30A 模块充电，直流充电及馈线等设备由 2 面直流充电柜、4 面直流馈线柜、4 面直流分电柜、1 面直流联络柜组成。

（四）直流系统接线方式

直流系统采用两段单母线接线，两段直流母线之间设置联络开关。每组蓄电池及其充电装置应分别接入不同母线段。

直流系统接线满足正常运行时两段母线切换时不中断供电的要求，切换过程中允许两组蓄电池短时并列运行。

每组蓄电池均设有专用的试验放电回路。试验放电设备经隔离和保护电器直接与蓄电池组出口回路并接。

对于智能组件柜，以柜为单位配置直流供电回路。当智能组件柜内仅布置有单套配置（或双重化配置中的某一套）的保护测控、合并单元智能终端、过程层交换机等装置时，配置一路公共直流电源。当智能组件柜内同时布置有双重化配置的保护测控、合并单元智能终端、过程层交换机等装置时，配置两路公共直流电源。智能组件柜内各装置共用直流电源，采用独立空气断路器分别引接。

（五）直流系统供电方式

直流系统采用主分屏两级方式，辐射型供电。

根据直流负荷分布情况，在负荷集中区设置直流分屏（柜），各单元的测控、保护、故障录波、自动装置等负荷均从直流分屏（柜）引接。直流馈线屏（柜）至每面分屏（柜）每段各引一路电源。

馈线开关选用专用直流空气断路器，分馈线开关与总开关额定电流级差保证 3 倍及以上。

四、直流系统设备布置

蓄电池采用组架安装方式布置于专用蓄电池室，两组蓄电池之间应设防火隔墙。

直流系统主馈屏（柜）和充电装置与蓄电池室临近布置，并且布置于负荷中心。

每套充电装置配置 1 套微机监控单元，根据直流系统运行状态，综合分析各种数据和信息，对整个系统实施控制和管理，并通过 DL/T 860 通信规约将信息上传至一体化电源系统的总监控装置。

每套蓄电池配置 1 套蓄电池巡检仪，检测蓄电池单体运行工况，对蓄电池充、放电进行动态管理。蓄电池巡检装置具有单只蓄电池电压和整组蓄电池电压检测功能，并通过 DL/T 860 通信规约将信息上传至一体化电源系统的总监控装置。

在直流主馈屏和分屏上装设直流绝缘监测装置，在线监视直流母线的电压，过高或过低时均发出报警信号，并通过 DL/T 860 通信规约将信息上传至一体化电源系统的总监控装置。

蓄电池出口，充电装置直流侧出口回路、直流馈线回路和蓄电池试验放电回路，装设保护电器。保护电器采用专用直流空气断路器，分馈线开关与总开关之间至少保证 3 级级差。直流分电屏装设母线电压表。

五、交流不停电电源系统

配置 1 套 UPS 电源，采用双套冗余方式，主机容量按 2 × 10kVA 考虑，每套主机和馈线等设备组 1 面柜，共组柜 2 面。

UPS 为静态整流、逆变装置。UPS 为单相输出，输出的配电屏（柜）馈线采用辐射状供电方式。

UPS 正常运行时由站用交流电源供电，当输入电源故障消失或整流器故障时，由变电站直流系统供电。

UPS 正常交流输入端、旁路交流输入端、直流输入端、逆变器的输入和输出端及 UPS 输出端装设保护电器。

六、直流变换电源装置

通信电源采用直流变换电源（DC/DC）装置供电。直流变换电源装置直流输入标称电压为 220V，直流变换电源装置直流输出标称电压为 48V。

配置两套直流变换电源装置，采用高频开关模块型，$N+1$ 冗余配置。每套选用 7 个 50A 模块。每套 DC/DC 装置与其相应的 48V 馈线等设备组 1 面柜，共配置 2 面。

七、一体化电源系统总监控装置

配置一体化电源监控柜 1 面。总监控装置作为一体化电源系统（见表 4-4）的集中监控管理单元，同时监控站用交流电源、直流电源、交流不间断电源（UPS）、逆变电源（INV）和直流变换电源（DC/DC）等设备。对上通过 DL/T 860 标准与变电站站控层设备连接，实现对一体化电源系统的远程监控维护管理。对下通过总线或 DL/T 860 标准与各子电源监控单元通信，各子电源监控单元与成套装置中各监控模块通信。

表 4-4 　　　　　　　　　　　　一 体 化 电 源 系 统

数字化表单编号：×××××

名称	参数	单位
电源系统类型	一体化电源系统	—
操作电源额定电压	220	V
通信电源额定电压	48	V
通信电源是否独立	否	—
蓄电池组数	2	—
蓄电池每组容量	800	Ah
UPS（监控）数量	1	—
UPS（监控）容量	2×10	kVA
电气负荷事故放电时间	2	h
通信负荷事故放电时间	4	h
高频开关充电装置数量	2	套
高频开关充电装置模块数量	9	—
高频开关充电装置单个模块容量	30	A
通信电源 DC/DC 装置数量	2	套
通信电源 DC/DC 模块数量	7	—
通信电源 DC/DC 单个模块容量	50	A

总监控装置的监控功能、报警功能满足 Q/GDW 576—2010《站用交直流一体化电源系统技术规范》。

八、交流电源

交流电源设置 6 面交流低压配电屏。

第五章 交直流电源验收

第一节 站用交流电源验收细则

站用交流电源系统验收包括可研初设审查、厂内验收、竣工（预）验收、启动验收等四个关键环节。

一、可研初设审查

1. 参加人员

站用交流电源系统可研初设审查由所属管辖单位运检部、变电运维室、变电检修室、省评价中心设备专责参与审查。

2. 验收要求

（1）站用交流电源系统可研初设审查验收需由站用交流电源系统专业技术人员提前对可研报告、初设资料等文件进行审查，并提出相关意见。

（2）可研和初设审查阶段主要审核站用交流电源系统站用交流电源配置、站用电接线方式、供电方式、不间断电源（UPS）配置及 400V 配电屏配置是否按照规范要求设计。

（3）审查时应审核站用交流电源系统设计是否满足电网运行、设备运维要求，应落实十八项反措等各项规定要求。

（4）审查时应按照本书附录 A1 可研初设审查验收标准卡要求执行。

二、厂内验收

1. 参加人员

站用交流电源系统出厂验收由所属管辖单位运检部、变电运维室、变电检修室、省评价中心专业技术人员参与验收。

2. 验收要求

（1）出厂验收内容包括外观检查、结构要求、元器件安装检查及出厂试验等。

（2）审核出厂试验方案，试验项目是否齐全；试验顺序和合格范围等是否正确和准确；出厂试验检查所有的出厂试验项目及试验顺序是否符合相应的试验标准和合同要求。

（3）试验应在相关的组、部件组装完毕后进行。

（4）运检部门审核出厂试验方案，检查试验项目及试验顺序是否符合相应的试验标准和合同要求。

（5）出厂验收时应按照本书附录 A2 出厂验收（400V 配电屏柜）验收标准卡、附录 A3 出厂验收（UPS）标准卡。

3. 异常处置

验收发现质量问题时，验收人员应以"出厂验收缺陷整改反馈单"的形式及时告知物资部门、生产厂家，提出整改意见，并填入"出厂验收记录"（见本书附录 A3），报送运检部门。

三、到货验收

1. 参加人员

站用交流电源系统设备到货验收由所属管辖单位运检部、变电运维室派人参与验收。

2. 验收要求

（1）到货验收应进行货物清点、运输情况检查、包装及外观检查。

（2）到货验收工作按本书附录 A4 到货验收标准卡要求执行。

3. 异常处置

验收发现质量问题时，验收人员应及时告知物资部门、生产厂家，提出整改意见，填入"到货验收记录"（见本书附录 A4），报送运检部门。

四、竣工（预）验收

1. 参加人员

站用交流电源系统竣工（预）验收由所属管辖单位运检部、变电运维室、变电检修室、省评价中心各设备专职及相关运行、检修、试验人员参与验收。

2. 验收要求

（1）项目管理单位应在交流电源系统完工后尽快安排设备运检单位进行竣工预验收，以便在投产前有时间对不合格的站用交流电源系统进行改造。

（2）竣工预验收应核查站用交流电源系统所属配电屏柜、不间断电源系统（UPS）及附件应具备安装使用说明书、出厂试验报告及合格证件等资料，是否符合验收规范、技术合同等要求。

（3）竣工预验收应对站用交流电源系统配电屏柜、不间断电源系统（UPS）安装情况及功能进行检查，是否严格按照设计图纸施工完毕，是否符合相关验收标准。

（4）竣工预验收工作按本书附录 A5 竣工（预）验收（400V 配电屏柜）标准卡、附录 A6 竣工（预）验收（UPS）标准卡、附录 A7 资料及文件验收标准卡要求执行。

3. 异常处置

验收发现质量问题时，验收人员应以"竣工（预）验收缺陷整改记录单"的形式及时告知项目管理部门、施工单位，提出整改意见，并填入"竣工（预）验收记录"（见本书附录 A5 和附录 A6），报送运检部门。

五、启动验收

1. 参加人员

站用交流电源系统启动验收由所属管辖单位运检部、变电运维室、变电检修室、省评价中心各设备专职及相关运行、检修、试验人员参与验收。

2. 验收要求

（1）竣工（预）验收组在站用交流电源系统启动验收前应提交竣工（预）验收报告。

（2）启动验收内容应包括站用交流电源系统核相、负荷检查等内容。

（3）启动验收时应按照本书附录 A8 启动验收标准卡要求执行。

3. 异常处置

验收发现质量问题时，验收人员应及时通知项目管理部门、施工单位，提出整改意见，报送运检部门。

六、站用变压器验收应检查项目

（一）新安装或大修后的油浸式站用变压器验收应检查项目

（1）油枕和充油套管的油位应正常且无渗漏油痕迹，瓷套应清洁，油色应清晰透明、无杂质或混浊现象。

（2）储油柜、冷却装置、净油器等油系统上的阀门应密封完好，均在"开"位置，气体继电器内无气体。

（3）温度计的指示和发信启动整定正确，站用变压器油温应正常。

（4）站用变压器套管、铁芯接地引出套管及本体外壳的接地应可靠（铁芯接地套管在运行中不接地时有高电压）。

（5）在大修、事故检修、换油后，在站用变压器投运前应投入全部冷却器，将油循环，使站用变压器内残存空气排入气体继电器，并对气体继电器放气。

（6）冷却器的运转情况、自动控制回路的启动、备自投回路（视现场情况配置）的切换等均应正确。

（7）套管电流互感器的备用线圈应可靠短路接地。

（8）吸湿器内的吸附剂数量充足，无变色、受潮现象，油封良好，能起到正常呼吸作用，站用变压器吸湿器内硅胶正常时为蓝色，当变为红色则说明硅胶已经失去了吸湿的作用。

（9）站用变压器保护应经调试整定，动作正确。

（二）新安装或大修后的干式站用变压器验收应检查项目

（1）站用变压器的外部表面应无积污。

（2）站用变压器温湿度控制装置显示正常（温度和湿度均在合理范围内），指示和发信启动整定正确。

（3）本体外壳的接地应可靠，电流互感器的备用线圈应可靠短路接地。

（4）站用变压器引线接头、电缆、母线应无发热迹象。

（5）站用变压器声音正常，无明显的放电声响。

（6）站用变压器环境中无明显异味。

（7）站用变压器室除湿机运行工作正常，相关温度和湿度设置在合理范围内（根据季节随时进行调节）。

（8）各控制箱和二次端子箱应关严，无受潮，封堵无损坏掉落。

（9）站用变压器本体基础没有出现明显沉降，本体无明显倾斜。

（10）站用变压器保护应经调试整定，动作正确。

（三）站用变压器自动装置验收应检查项目

在备自投装置确认工作电源断开后，备用电源才允许投入。当运行设备没有电压后，备自投装置通过保护动作先跳开工作电源开关，并确认开关已跳开后，判断工作电源的电流为零，然后投入备用电源。

为了躲过工作母线引出线故障造成的母线电压降低，备自投装置必须经延时保护功能，其延时时限应大于最长的外部故障切除时间，经延时时间后再跳开工作电源开关。

备自投装置应具有自动闭锁的功能。为了防止备自投装置将备用电源投入到故障设备，备自投装置必须配置闭锁功能，其目的防止备用电源自动投运到故障的设备上，扩大设备故障范围。如母线差动保护、设备失灵保护动作时，保护发送闭锁信号至备自投装置，中止备自投装置动作。

备自投装置应具有手动就地或者遥控操作工作电源开关的闭锁功能。将工作电源开关的合后继电保护器 KKJ 作为备自投的输入开关量，当人工操作工作电源开关时，KKJ 发信闭锁备自投装置动作。

当备自投装置检测到备用电源无电压时，其逻辑功能不会动作。

为了防止电压互感器由于二次回路断线造成备自投误动作，在工作母线无压后备自投装置通过接入电流互感器的信号，检查工作电源无电流，才能启动备自投。

在备自投装置正常充电后，只允许其动作一次。

备自投装置需要满足电力系统的同期功能要求，例如电压和频率等。

（四）站用变压器保护验收应检查项目

直流系统电压应对称稳定，无超值、无直流接地，各级熔丝配置正确，符合铭牌要求。不得随意停用直流电源（查找直流接地须经上级许可）。

检查站用变压器保护的交流电流电压回路无断线及其他异常现象。

按站用变压器保护整定值所允许的负荷电流，对电气设备的负荷进行监视，若发现异常情况，应立即汇报上级处理。

所有保护的连接片、切换片、切换开关位置应符合继电保护原理和系统运行方式要求且接触良好。保护设备、报文信号、监控光字信号应正常无误。继保装置及监控装置运行正常。

定期做故障录波器、小电流接地检测装置试验。微机故障录波器应每月定期启动检查一次，前置机、后台机、打印机及调制解调器应工作正常。

保护屏、监控屏等设备应保持清洁。清扫站用变压器保护设备时必须有人监护，严禁使用潮湿或金属的清扫工具清扫。

定期检查控制箱和二次端子箱等户外设备（油浸式站用变压器）应密封良好，无锈蚀及异物等。

七、不间断供电系统的验收

各原器件无缺陷，接线正确、紧固，标识正确清楚，符合投运条件。屏内各装置显示、指示正确，屏内清洁、无杂物。二次接线正确，连接可靠，标识齐全、清晰，绝缘符合要求。对新投入和大修后的 UPS 整流器，在投运前还应核对相序和极性。系统各开关均在"断开"位置，柜内整流器电源输入电压正常。

交流不停电电源系统报警信号按类分为：主监控系统故障，与子监控通信发生故障时的错误；直流电源故障，直流电源子监控返回的故障告警信息；交流电源故障，交流电源子监控返回的故障告警信息；通信电源故障，通信电源子监控返回的故障告警信息；逆变电源 /UPS 故障，逆变电源子监控返回的故障告警信息。按具体事故类型分为：交流失电压告警，在交流供电发生故障后，设备将自动切换到直流运行并发出断续报警声，同时交流电指示灯熄灭，交流恢复供电后，报警声停止，交流指示灯亮，同时恢复交流运行；直流过、欠电压告警，当直流欠电压、失电压、过电压时，直流指示灯熄灭，恢复正常时亮；过载告警，设备在逆变状态下严重过载时，灯亮，蜂鸣器响，直到过载消失为止；短路告警，当输出短路时，灯亮，设备自动关闭输出，蜂鸣器报警，直到短路现象消失为止。以上故障报警信号可以通过系统报警信息表进行查看，验收时加强对上述上送报警信号的验收与把控。

第二节　站用直流电源系统验收

站用直流电源系统验收包括可研初设审查、厂内验收、到货验收、竣工（预）验收四个关键环节。

一、可研初设审查

1. 参加人员

（1）站用直流电源系统可研初设审查由所属管辖单位运检部选派相关专业技术人员参与。

（2）站用直流电源系统可研初设审查参加人员应为技术专责或本专业工作满 3 年以上的人员。

2. 验收要求

（1）站用直流电源系统可研初设审查验收需由直流系统专业技术人员提前对可研报告、初设资料等文件进行审查，并提出相关意见。

（2）可研和初设审查阶段主要对直流电源系统设备的技术参数、接线方式进行审查、验收，并选择技术先进、性能稳定、可靠性高、符合环保和节能要求、型式试验合格且报告在有效期内的定型产品。

（3）审查时应审核站用直流电源系统选型是否满足电网运行、设备运维、反措等各项要求。

（4）审查时应按照本书附录 B1 要求执行。

（5）应做好评审记录（见本书附录 B1），报送运检部门。

二、厂内验收

1. 参加人员

（1）站用直流电源系统出厂验收由所属管辖单位运检部选派相关专业技术人员参与。

（2）站用直流电源系统验收人员应为技术专责，或具备班组工作负责人及以上资格，或在本专业工作满 3 年以上的人员。

2. 验收要求

（1）运检部门认为有必要时参加验收。

（2）出厂验收内容包括站用直流电源系统设备外观、出厂试验过程和结果。

（3）物资部门应提前 15 日，将出厂试验方案和计划提交运检部门。

（4）运检部门审核出厂试验方案，检查试验项目及试验顺序是否符合相应的试验标准和合同要求。

（5）设备投标技术规范书保证值高于验收标准卡要求的，按照技术规范书保证值执行。

（6）试验应在直流电源系统组屏完成后进行。

（7）出厂验收按照本书附录 B2 要求执行。

3. 异常处置

验收发现质量问题时，验收人员应及时告知物资部门、制造厂家，提出整改意见，填入"出厂验收记录"（见本书附录 B3），报送运检部门。

三、到货验收

1. 参加人员

站用直流电源系统设备到货验收由所属管辖单位运检部选派相关专业技术人员参与。

2. 验收要求

（1）运检部门认为有必要时参加验收。

（2）到货验收应进行货物清点、运输情况检查、包装及外观检查。

（3）到货验收工作按照本书附录 B3 要求执行。

3. 异常处置

验收发现质量问题时，验收人员应及时告知物资部门、制造厂家，提出整改意见，填入"到货验收记录"（见本书附录 B3），报送运检部门。

四、竣工（预）验收

1. 参加人员

（1）站用直流电源系统竣工（预）验收由所属管辖单位运检部选派相关专业技术人员参与。

（2）站用直流电源系统竣工（预）验收负责人员应为技术专责或具备班组工作负责人及以上资格的人员。

2. 验收要求

（1）竣工（预）验收应对外观、内部接线、动作、信号进行检查核对。

（2）竣工（预）验收应核查站用直流电源系统验收交接试验报告。

（3）竣工（预）验收应检查、核对站用直流电源系统相关的文件资料是否齐全，是否符合验收规范、技术合同等要求。

（4）交接试验验收要保证所有试验项目齐全、合格，并与出厂试验数值无明显差异。

（5）不同电压等级的站用直流电源系统，应按照不同的交接试验项目及标准检查安装记录、试验报告。

（6）不同电压等级的站用直流电源系统，根据不同的结构、组部件执行选用相应的验收标准。

（7）竣工（预）验收工作按照本书附录 B4、附录 B5 要求执行。

3. 异常处置

验收发现质量问题时，验收人员应及时告知项目管理单位、施工单位，提出整改意见，填入"竣工（预）验收及整改记录"（见本书附录 B4），报送运检部门。

第六章 交直流电源系统异常及处理

第一节 交流系统异常及处理

一、站用电交流系统异常及处理

1. 站用电消失

不论是站用变压器故障还是其他原因，均应优先恢复下列回路供电：主变压器油循环风冷系统电源、直流充电柜电源、变电站监控系统及远传电源、通信机房电源、变电站所有开关的交流储能电源。

2. 站用变压器本身故障

应先拉开故障站用变压器的低压开关，然后合上2台站用变压器的低压联络开关（或另1台站用变压器低压空气断路器）。

3. 站用变压器二次系统的异常和故障处理

当站用变压器保护及自动装置发生动作或异常情况时，应及时、准确地分类记入有关记录簿中，不得先复归后凭记忆再记录，同时汇报上级。当监控系统发出信号，不论能否确认复归都必须查明站用变压器保护屏的信号情况，先复归保护的信号后再复归监控中央信号。

对异常情况的检查及需停投用站用变压器保护的操作，都必须事先汇报上级征得同意后进行。无论在正常运行中的操作或处理事故时的操作，工作人员均应考虑到二次运行方式应与一次运行方式相配合。

当发生站用变压器保护动作、开关跳闸事故或异常情况时，应命令现场工作人员立即停止工作和操作，并查明事故或异常是否与当时工作操作有关，以便及时作出事故处理。

继电器元件发生下列情况时，应立即停用有关站用变压器保护或停用设备，并采取相应的措施防止扩大事故和通知检修人员：

（1）继电器出现掉轴、冒烟、触点位置不正确、指示灯指示不正确等。

（2）电压回路断线或交流失电压。

（3）保护装置误动作，接线错误。

（4）保护动作失灵或发出"装置故障"信号。

（5）负荷电流达到保护限额。

TA 二次回路开路时，在上级同意的情况下，将 TA 二次回路在屏后及端子箱的 TA 侧短接后再处理，工作时必须戴上绝缘手套和穿上绝缘靴。差动电流等回路开路时，应汇报上级立即停用相应站用变压器保护，然后短接二次回路再处理。

直流接地查找时应得到上级的许可并至少有两人一起工作。断开各分支直流电源与合上电源之间要有一定间隔时间，以防止站用变压器保护及自动装置逻辑回路紊乱而误动作，无论该分路电源是否接地，均应合上该电源后再汇报处理。取直流熔丝时，应先取下正极，后取下负极，放上直流熔丝时，顺序相反，以免寄生回路引起站用变压器保护误动。具体流程为：在直流绝缘监测装置上，根据显示屏上的告警信息，判别哪极接地。工作人员是否在直流回路上工作，如有，应立即停止其直流回路上的工作。根据直流系统运行方式、操作情况及气候条件的影响，以先照明、信号部分后保护部分，先室外后室内部分为原则，进行直流接地点的查找。在直流接地处理过程中，应注意以下几点：

（1）在切断各专用直流电源回路时，切断时间不得超过 3s。不管回路接地与否，均应立即把隔离开关合上，当发现某一专用直流回路有接地现象时，应及时找出接地点，并尽快处理。

（2）由于直流绝缘监测装置本身的反应时间较长，所以在拉直流电源回路时，需用高内阻的电压表直接测试直流母线的电压，当切断某一回路出现电压恢复时，就可判断该回路直流接地。

（3）当直流发生接地时，应禁止二次直流回路工作。

（4）处理接地故障时，不允许造成直流短路或另一点接地。

（5）检查和处理直流接地故障的工作时，必须由二人进行，一人寻找，另一人监护。

（6）用仪表检查时，站用仪表的内阻应不小于 $2000\Omega/\mathrm{V}$。

二、不间断供电系统异常及处理

（一）交流电源异常处理

当一台站用变压器失电压后，备自投未自动投入或无备自投的，应先检查站用电母线及各支路有无明显故障，如无故障则手动投入备用电源。

1、2 号站用电同时失电压时，应减少不重要的负荷，由蓄电池组暂供站内负荷。待站用电恢复送电后应检查直流充电机、UPS、断路器操动机构打压及弹簧操作储能、机构箱端子箱加热器运行情况等，应保证直流系统、站用电系统运行正常，恢复停运设备。

站用变压器高压侧断路器（开关）跳闸后，应检查保护动作情况，判断故障性质，进行外部检查，如确认是外部故障，经消除后恢复供电，在未查明原因和消除故障前，不得合闸送电。

站用电系统某馈线故障断电后，应检查并消除故障后恢复供电。如一段母线总开关跳闸后，应检查母线有无故障，若母线正常，则初步判断为馈线故障引起越级跳闸。如故障点未查出，应将该母线上所有馈线空气断路器拉开，逐条试送，查找出故障馈线后，将故障馈线隔离，恢复其余部分供电。同时迅速检查主变压器风冷装置是否正常。

当站用电系统出现电压过高或过低时，应调整站用变压器调压分接头。

当双路电源自投切交流接触器故障时，退出自投功能，注意应先调整站内交流负荷，防止主要设备失电，然后拉开故障侧交流接触器交流开关，待更换正常后恢复原方式运行。

当单路电源全站失去交流电源时，立即查找失电原因。如为低压侧开关、熔断器或电缆故障，更换后及时恢复；如为下级交流回路短路等造成的越级失电，隔离故障回路后应先恢复主电源回路供电，再处理故障点。

自动转换开关电器（ATSE）应可通过监测进线开关故障跳闸或其他辅助保护动作判断母线故障，并闭锁 ATSE 转换进线电源，避免事故扩大。

（二）直流电源异常处理

交流电源中断，蓄电池组将不间断地向直流母线供电，应及时调整控制母线电压，确保控制母线电压值的稳定。当蓄电池组放出容量超过其额定容量的 20% 及以上时，恢复交流电源供电后，应立即手动启动或自动启动充电装置，按照制造厂规定的正常充电方法对蓄电池组进行补充充电，或按恒流限压充电—恒压充电—浮充电方式对蓄电池组进行充电。

当直流充电装置内部故障跳闸时，应及时启动备用充电装置代替故障充电装置运行，并及时调整好运行参数。

直流电源系统设备发生短路、交流或直流失电压时，应迅速查明原因，消除故障，投入备用设备或采取其他措施尽快恢复直流系统正常运行。

阀控式密封铅酸蓄电池异常处理：

（1）蓄电池壳体变形，一般造成的原因有充电电流过大、充电电压超过了 $2.4V \times N$、内部有短路或局部放电、温升超标、安全阀动作失灵等造成内部压力升高。处理方法是减小充电电流，降低充电电压，检查安全阀是否堵死。

（2）如发现蓄电池极柱上有硫化现象应将其清除，必要时涂抹凡士林。如有鼓肚、裂纹应及时更换。

（3）如发现蓄电池组有落后电池，而无法恢复容量时应及时进行更换。当发现多只电池容量落后而无法恢复，且影响到直流母线电压时，应更换电池组。如到使用年限应加强对其监视，发现问题及时更换。

（4）蓄电池组熔断器熔断后，应立即检查处理，并采取相应措施，防止直流母线失电。

（5）运行中浮充电压正常，但一放电，电压很快下降到终止电压值，原因是蓄电池内部失水干涸、电解物质变质。处理方法为更换蓄电池。

（6）蓄电池组发生爆炸、开路时，应迅速将蓄电池总熔断器或空气断路器断开，投入备用设备或采取其他措施及时消除故障，恢复正常运行方式。如无备用蓄电池组，在事故处理期间只能利用充电装置带直流系统负荷运行，且充电装置不满足开关合闸容量要求时，应临时断开合闸回路电源，待事故处理后及时恢复其运行。

（7）检查和更换蓄电池时，必须注意核对极性，防止发生直流失电压、短路、接地。工作时工作人员应戴耐酸、耐碱手套，穿着必要的防护服等。

直流系统接地处理：

（1）220V 直流系统两极对地电压绝对值差超过 40V 或绝缘电阻降低到 25kΩ 以下，应视为直流系统接地。

（2）直流系统接地后，应立即查明原因，根据绝缘监测装置指示或当日工作情况、天气和直流系统绝缘状况，找出接地故障点，并尽快消除。

（3）变电站装有直流接地探测装置的，按照接地探测装置找到的范围进行查找。

（4）同一直流母线段，当出现同时两点接地时，应立即采用措施消除，避免由于直流同一母线两点接地，造成继电保护或开关误动故障。严防交流窜入直流故障现象。

（5）拉合检查应先拉合容易接地的回路，依次推拉事故照明、防误闭锁装置回路、户外合闸回路、户内合闸回路、6～10kV 控制回路、其他控制回路、主控制室信号回路、主控制室控制回路、整流装置和蓄电池回路。

（6）无直流接地探测装置的采用分路直流的方法查找。

停用分路直流的原则为：

1）事故照明。

2）信号电源。

3）合闸电源。

4）分路控制电源。

5）继电保护电源。

6）整流器、蓄电池等。

发生直流接地时，停用控制保护装置的直流电源时应遵守如下原则：

1）调控部门应通知继电保护班前往变电站准备现场处理，然后进行控制、保护回路接地范围查找。

2）拉路时须征得调度同意，并将所有可能误动的保护停用，再进行处理，待直流系统正常后，保护无异常后再投入保护。

3）使用拉路法查找直流接地时，至少应由两人进行，断开直流时间不得超过 3s。有特殊要求不允许使用拉路法查找直流接地的，应采取必要的技术措施后再进行。

（三）其他异常处理

（1）逆变器报交流输入或直流输入故障：应是相应输入电源故障，此时运维人员应尽快查找原因，设法立即恢复，如无法立即恢复，应做好防止另一电源失去的措施，并汇报分部，立即增派人手处理。不逆变是指 UPS 用市电能正常工作，但市电中断时蓄电池直流电压不能转变为 220V（或 380V）交流电压。遇到这种情况时，应首先测量蓄电池电压，控制电路检测到蓄电池电压过低信号后，就会中断逆变电路工作；其次检查辅助电源是否正常以及逆变管和驱动管有无损坏；最后检查输出保护电路。一般情况下，通过上述步骤即可检查到 UPS 的故障点，并予以排除。

（2）不充电故障：在市电不经常中断的环境里比较难发现，但它的危害很大，很可能使蓄电池因长期得不到充电而提前报废。判断此故障的方法很简单，只要断开充电电路与蓄电池的连接，通过测充电电路的空载电压即可判断。正常时，对单块 12V 的蓄电池来说此电压为 13.5V，串联的两块蓄电池是 27V，若此电压不正常，就应检查充电电路及相应的控制电路，特别是与此相关的控制电路；当市电电压过低或中断时，充电电路在控制电路的作用下会停止工作；控制电路有故障而误动作，也会使充电电路不工作。

（3）不能用市电：逆变输出正常，用市电输入时无输出。遇到此类故障时应首先检查市电检测电路，因为当市电检测电路检测出市电电压过低或过高时，就会发出相应信号给控制电路，使控制电路发出控制脉冲，切断市电输入通路，并使 UPS 处于逆变状态。当检测电路正常后，最后检查继电器转换电路。由于机型不同，其控制关系和保护电路类型也千差万别。此处同一故障现象的原因还有很多，但根据经验，其检查方法都基本相同。

（4）UPS 不能正常启动：在正常情况下，在线式 UPS 只要合上输入开关便自动工作在旁路供电方式，这时负载由市电直接提供电源。当 UPS 启动一段时间后自动由旁路供电转为逆变器供电（正常工作方式）。若不能正常启动，代表电池或逆变器有问题，检查电池或逆变器即可找出原因。UPS 不能正常启动的原因除机器内部的因素外，首先应检查输入电压是否正常，对三相输入的 UPS，还要检查是否"缺相"。因为在 UPS 内部有一个检测电路对输入电压进行实时监测，若存在"缺相"，输入电压的三相平均值必然低于正常值的下限，检测电路便发出信号封锁 UPS 的正常启动；若检查输入电压正常，UPS 仍未正常启动，则对于单相输入的 UPS 要检查输入电压的相线与中性线接线是否接反，对于三相输入的 UPS 则要检查其输入电压的相序是否正确。

（5）UPS 过载或 UPS 内部故障：此时 UPS 应工作于旁路状态，应到现场确认是过载还是 UPS 内部故障，如过载则应转移负荷；如 UPS 内部故障，则应将该 UPS 所供母线上的所有负荷转移到另外一条母线上。

（6）静态开关闭锁故障（系统切至旁路电源后，不能实现从旁路向逆变器供电的转换）：

1）按下"复归"按钮，复归信号灯亮。

2）按下逆变开关，将 UPS 退出系统，手动合上外部旁路开关。

3）检查是否由过载引起，如是过载，则应减载。

4）如非过载所致，应检查出原因并排除故障。

（7）UPS 在运行中频繁地转换到旁路供电方式：UPS 正常工作转到旁路状态通常有 3 种原因，一是 UPS 本身出现故障；二是 UPS 暂时过载；三是过热。如当 UPS 本来负载就比较重，再启动其他负载，UPS 就会因"过载"而转到旁路，等负载冲击电流过去后，UPS 又自动转换到正常工作方式。这种情况的频繁出现对 UPS 的稳定工作是不利的，应做相应处理。例如，微机在开机瞬间的负载电流比较大，随着加电时间的延长，其负载电流逐渐趋于正常值。经计算，微机在开机瞬间的负载电流约是正常工作时的 2～3 倍。这样的控制方式在加载的瞬间必然造成 UPS 过载而转换到旁路。为了避免其发生，应在 UPS 正常工作情况下逐步增加负载，分散负载同时启动的冲击电流。此外，对比环境温度及 UPS 显示屏上显示的温度，有助于判断是否因温度异常而使 UPS 频繁地转换到旁路供电方式。

（8）当市电中断时，UPS 也自动停机：当市电中断时 UPS 立即关机，是因为蓄电池不能维持对负载的供电，从而造成负载供电中断。这时，由于蓄电池失效或性能严重变坏，以致当市电中断时蓄电池没有足够的能量来维持对负载的供电，此时只要更换不良蓄电池就可恢复正常。在检查蓄电池时，不能以测量蓄电池空载时端电压的高低来衡量其好坏，而应让蓄电池稍带负载，视其端电压变化情况而定。当蓄电池失效或性能严重变坏时，其空载端电压虽然基本正常，但只要放电，其端电压就会大幅度下降，下降幅度往往超出蓄电池的允许范围。检查蓄电池时，蓄电池带的负载值与蓄电池容量有关，推荐以蓄电池额定容量的 70% 作为放电电流值。

三、典型故障和异常处理

1. 灯具、照明箱损坏

（1）在拆除损坏灯具、照明箱回路前，核实并断开灯具、照明箱回路电源。

（2）确认无电压后拆除灯具、照明箱回路接线，并做好标记。

（3）更换灯具、照明箱后，按照标记恢复接线，投入回路电源，检查工作正常。

2. 照明开关、电源开关损坏

（1）在拆除照明开关、电源开关损坏回路前，核实并断开照明箱回路上级电源。

（2）确认无电压后拆除照明开关、电源开关回路接线，并做好标记。

（3）更换照明开关、电源开关后，按照标记恢复接线，投入回路电源，检查工作正常。

第二节　直流系统异常及处理

一、充电装置异常及处理

（一）直流母线电压异常缺陷

1. 直流母线过电压故障

（1）故障现象。合闸母线过电压故障告警如图 6-1 所示。

1）直流过电压告警。

2）现场检查发现母线电压超出过电压告警值。

3）检查充电模块输出电压和电流，发现某一模块输出电流大。

（2）处理方法。

1）直流系统过电压由监控单元或充电模块故障造成。

2）先将监控单元退出后，充电模块进入自主工作状态，此时电压正常说明充电装置监控单元故障；若电压还是高，则说明是由充电模块故障造成，将充电装置监控单元投入运行。

3）检查各充电模块的告警信号和模块的输出电压、电流状态，如某一充电模块输出电流、电压异常，立即将此故障充电模块退出运行，如直流系统电压恢复正常，则证明是由该充电模块故障造成，应通知检修人员处理。

2. 直流母线电压过低故障

（1）故障现象。控制母线欠电压故障告警如图 6-2 所示。

1）直流低电压告警。

2）现场检查发现母线电压低于欠电压告警值。

3）检查充电模块输出电压是否低于电压告警值。

（2）处理方法。

1）用万用表测量母线电压，综合判断直流母线电压是否异常低。

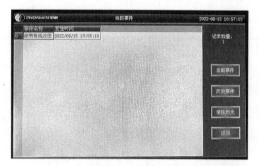

图 6-1　合闸母线过电压故障告警

图 6-2　控制母线欠电压故障告警

2）检查直流系统低电压是否由监控单元或充电模块故障造成。

3）如直流母线电压低是由监控单元参数设置错误造成，将监控单元参数设置正确使直流母线电压和浮充电流恢复正常。

4）若直流母线电压低是由充电装置故障引起，应停用该充电装置，倒换为备用充电装置运行，通知检修人员处理。

（二）电压调整装置自动调压挡失灵缺陷

（1）故障现象。控制母线电压上下波动频繁，如图 6-3 所示。

（2）处理方法。将电压调整装置自动挡改为手动挡，并调整到设定的控制母线电压值（挡位开关有自动挡切换至合格的手动挡，一般在 1~7 挡之间的挡位，每挡间差值 3V

图 6-3　硅链故障（控制母线电压与合闸母线电压接近）

左右），使控制母线电压恢复正常，通知检修人员尽快处理。

（三）充电模块输出电流不一致

（1）故障现象。充电模块输出电流不一致，各模块输出电流差别过大，均流超标。

（2）处理方法。

1）分别将各充电模块输出电压精确调整到浮充电压值。

2）如果还是达不到各充电模块输出电流一致，应是充电模块内部均流问题。

3）可将最大或最小的模块退出再一次将各充电模块输出电压精确调整到浮充电压值，如果输出电流一致，则是退出的充电模块均流有故障，通知检修人员处理。

（四）模块内部短路故障（各模块带交流断路器）

（1）故障现象。监控系统发出交流电源故障等告警信号。运行中发生充电装置某一模块交流断路器跳闸（各模块带交流断路器），该充电模块运行指示灯不亮、电压和电流无指示。

（2）处理方法。

1）检查充电装置该模块和交流回路有无短路、有无烧黑或烧糊痕迹、有无异常情况。

2）检查如该模块无明显故障，可试送一次，手动合上后即跳用，通知检修人员处理。

3）如发现其模块有明显故障，将故障模块交、直流电源断开，通知检修人员处理。

（五）模块内部短路故障（各模块不带交流断路器）

（1）故障现象。直流模块故障告警如图 6-4 所示，直流模块故障灯亮如图 6-5 所示。

1）监控系统发出交流电源故障等告警信号。

2）运行中发生充电装置交流断路器跳闸（各模块不带交流断路器）。

图 6-4　直流模块故障告警

图 6-5　直流模块故障灯亮

3）充电装置直流输出电流为零。

4）蓄电池带直流负荷。

（2）处理方法。

1）拉开充电装置直流输出开关。

2）检查充电装置各模块和交流回路有无短路、有无烧黑或烧糊痕迹、有无异常情况。

3）检查发现如有某一模块有故障，将故障模块交、直流电源断开。

4）合上充电装置交流电源开关，检查充电装置运行正常。

5）合上充电装置直流输出开关，通知检修人员处理故障的模块。

（六）充电装置交流电源故障

图 6-6　交流故障告警

（1）故障现象。交流故障告警如图 6-6 所示。

1）监控系统发出交流电源故障等告警信号。

2）充电装置直流输出电流为零。

3）蓄电池带直流负荷。

（2）处理方法。

1）当一路交流开关跳闸时，检查备自投装置及另一路交流电源是否正常。低压交流屏的两路充电机电源是否正常。

2）当充电装置报交流故障时，应检查充电装置交流电源开关是否正常合闸，进出两侧电压是否正常，不正常时应向电源侧逐级检查并处理。当交流电源开关进出两侧电压正常，交流接触器可靠动作、触点接触良好，而装置仍报交流故障，则通知检修人员检查处理。

3）当交流电源故障较长时间不能恢复时，应尽可能减少直流负载输出（如事故照明 UPS、在线监测装置等非一次系统保护电源），并尽可能采取措施恢复交流电源及充电装置的正常运行，联系检修人员尽快处理。

4）当交流电源故障较长时间不能恢复时，应调整直流系统运行方式，用另一合充电装置带直流负荷。

5）当交流电源故障较长时间不能恢复，使蓄电池组放出容量超过其额定容量20%及以上时，在恢复交流电源供电后，应立即手动或自动启动充电装置，按照制造厂或按恒流限压充电—恒压充电—浮充电方式对蓄电池组进行补充充电。

（七）监控器无显示缺陷

（1）故障现象。监控器无显示，无法判断监控器是否工作。

（2）处理方法。

1）检查监控器装置的电源是否正常，电源开关是否在开位，熔断器是否熔断，并应逐级向电源侧检查。

2）检查液晶屏的电源是否正常，若电源正常可判断为液晶屏损坏，通知检修人员处理。在此期间应加强对直流电源系统的巡视检查或投入备用充电装置运行。

（八）监控器显示值与实测值不一致缺陷

（1）故障现象。监控器显示值与合格的数字万用表实测值不一致。

（2）处理方法。

1）经对比用合格的数字万用表实测值与监控器显示值不一致，确认监控器显示值误差大。

2）通知检修人员处理，通过调校监控装置内部各测量值的电位器或调整无效后更换相关部件。

（九）监控器死机缺陷

（1）故障现象。操作监控器任何按键或触摸屏菜单，显示器均无变化。

（2）处理方法。

1）按复位键重启或拉开监控器电源后再等待几秒后开启电源开关，恢复正常后要检查各参数是否正确。

2）若按复位键或重新开机仍显示异常，应通知检修人员处理。在此期间加强对直流电源系统的巡视检查或投入备用充电装置运行。

（十）充电监控装置与后台监控系统（上位机）通信失败缺陷

（1）故障现象。后台监控系统（上位机）监测不到直流数据、信息。

（2）处理方法。

1）检查充电装置数据采集电缆和接线是否正常、充电监控装置显示是否正常。

2）若后台监控系统（上位机）还是监测不到直流数据、信息，通知检修人员处理。在此期间应加强对直流电源系统的巡视检查或投入备用充电装置运行。

（十一）电压、电流表计故障

（1）故障现象。直流屏内电压、电流表计显示不准或无显示，如图6-7所示。

（2）处理方法。

1）电压、电流表计本身故障，更换电压、电流表计。

2）回路故障：

a）熔断器熔断或直流开关跳闸时，应查明原因后更换或试送。

b）检查回路接线是否完好，发现接线松动或断线应紧固或处理。

（十二）直流屏屏内开关故障

（1）故障现象。直流馈电开关故障告警如图 6-8 所示。

图 6-7　电压、电流表计故障无显示

图 6-8　直流馈电开关故障告警

1）直流屏内某一支路负载开关跳闸，其运行灯灭、现场监控装置和后台监控装置发出直流回路故障跳闸信号，或其报警辅助开关误报警。

2）直流屏内某一支路负载开关运行灯灭，其开关在合位。

（2）处理方法。

1）开关故障。

a）触点接触不良应进行检查处理，无法处理时应更换。

b）直流开关跳闸时，应查明原因后试送或更换。

c）报警辅助触点动作失灵或接触不良，无法修复时应更换。

d）若低压断路器不能正确脱扣，无法起到保护作用，应更换。

2）接线松动或断线。发现接线松动或断线应紧固或处理。

（十三）直流屏屏内某一运行灯不亮缺陷

图 6-9　空气断路器指示灯故障

（1）故障现象。直流屏屏内某一运行中的灯不亮，其直流开关在运行中。空气断路器指示灯故障如图 6-9 所示。

（2）处理方法。

1）灯具损坏。

a）用万用表测量负载侧电压正常。

b）用万用表测量灯具两侧电压正常，判断为灯具损坏（现灯具和灯泡均为一体化节能灯具）。

c）灯具损坏无法修复时应更换。

2）接线松动或断线。检查发现灯具接线松动或断线时，应紧固或处理。

（十四）直流电源系统失电压故障

（1）故障现象。

1）直流电压消失伴随有直流电源指示灯灭，发出"直流电源消失""控制回路断保护直流电源消失"或"保护装置异常"等告警信息。

2）直流负载部分或全部失电，保护装置或测控装置部分或全部出现异常并失去功能。

（2）处理方法。

1）直流部分消失。应检查直流消失设备的熔断器熔丝是否熔断（低压断路器是否跳闸），接触是否良好。如果熔丝熔断，则更换满足要求的合格熔断器（熔丝）。如果更换熔断器后熔丝仍然熔断，应在该熔断器供电范围内查找有无短路、接地和绝缘击穿的情况。查找前应做好防止保护误动和断路器误跳的措施，保护回路检查应联系调度停用保护出口连接片，断路器跳闸回路禁止引入正电或造成短路。

2）直流屏低压断路器跳闸。应对该回路进行检查，在未发现明显故障现象或故障点的情况下，允许合低压断路器送一次，试送不成功则不得再强送。处理前应做好防止保护误动和断路器误跳的措施，保护回路检查应联系调度停用保护出口连接片。

3）直流母线失电压。首先检查该母线上蓄电池总熔断器是否熔断（低压断路器是否跳闸），充电装置低压断路器是否跳闸。再重点检查直流母线上分支设备，找出故障点，设法隔离，采取措施及时恢复对直流负载的供电，并通知检修人员处理。

4）由于站用电失去造成充电装置交流电源消失，应采取措施尽快恢复充电装置供电。

5）如因充电装置或蓄电池本身故障造成直流一段母线失电压，应将充电装置或蓄电池退出。确认失电压直流母线无故障后，方可合上直流联络开关，由另一套直流系统供电。或由非故障的充电装置或蓄电池供电，并尽快恢复正常运行方式。

（十五）直流电源系统全停故障

（1）故障现象。

1）监控系统发出直流电源消失告警信息。

2）直流负载部分或全部失电，保护装置或测控装置部分或全部出现异常并失去功能。

（2）处理方法。

1）直流部分消失。应检查直流消失设备的低压断路器是否跳闸，接触是否良好。跳闸低压断路器试送。

2）直流屏低压断路器跳闸。应对该回路进行检查，在未发现明显故障现象或故障点情况下，允许合闸送一次，试送不成功则不得再强送。

3）直流母线失电压。首先检查该母线上蓄电池总熔断器是否熔断，充电装置低压断路器是否跳闸；再重点检查直流母线上设备，找出故障点，并设法消除。更换熔丝，如再次熔断，应联系检修人员来处理。

4）全站直流消失。应首先检查直流母线有无短路、直流馈电支路有无越级跳闸。如果母线未发现故障，应检查各馈电直流是否有低压断路器拒跳或熔断器熔丝过大的情况。

5）各馈线支路低压断路器拒动越级跳闸，造成直流母线失电压。应拉开该支路低压断路器，恢复直流母线和其他直流支路的供电，然后再查找、处理故障支路故障点。

6）充电装置或蓄电池本身故障造成直流一段母线失电压。应将故障的充电装置或蓄电池退出，并确认失电压直流母线无故障后，用无故障的充电装置或蓄电池试送，正常后对无蓄电池运行的直流母线，合上直流母联断路器，由另一段母线供电。

7）直流母线绝缘监测良好，直流馈电支路没有越级跳闸的情况，蓄电池低压断路器没有跳闸（熔丝熔断）而充电装置跳闸或失电。应检查蓄电池接线有无短路，测量蓄电池无电压输出，断开蓄电池低压断路器，合上直流母联断路器，由另一段母线供电。

二、阀控式蓄电池常见故障及处理

阀控式蓄电池是近年来大量使用的新型蓄电池，其故障率较铅酸蓄电池有所下降。但电压偏低、电池漏液、电热失控还是蓄电池常见的故障。要对故障及时进行处理，以确保变电站直流电源正常运行。

（一）蓄电池浮充电时单体电压偏低

（1）故障现象。运行中的通过蓄电池在线监测仪发现部分蓄电池单个电池电压低于浮充电电压值，或通过数字万用表校对测量发现部分蓄电池单个电池电压低于浮充电电压值。

（2）原因分析。蓄电池浮充电时单体电压偏低的原因主要有 3 个方面：①内阻变化；②负载变化；③极板质量。密封式蓄电池产生这种情况的可能原因是两个阴极过充电反应，即质子还原成氢气和氧气，还原成水。蓄电池的负极由于 O_2 的作用而硫化，因此在充电的后期电压要随着再化合速度的提高而降低，又因为整组蓄电池的充电电压是以单体电池充电电压乘以单体只数来确定的一个恒定电压值，所以再化合速度低的单体电池，其充电电压必然要升高。这样将导致蓄电池充电后期（EOC）电流增加，继而导致更高的 H_2O 分解速度。这一过程将使胶体产生裂隙，使较高充电电压的蓄电池形成更高的 O_2 再化合速度。

密封式蓄电池初始阶段的单体间电压偏差大约可达到 150mV，此后随使用时间的延长变得更加均匀，而充电电流由于 O_2 的阴极还原所需要的能量低，由开始的约 1mA/Ah增加至 7～10mA/Ah。

（3）处理方法。

1）当运行中的蓄电池出现下列情况之一者应及时进行均衡充电：①被确定为欠充的蓄电池组；②蓄电池放电后未能及时充电的蓄电池组；③交流电源中断或充电装置发生

故障使蓄电池组放出近一半容量且未及时充电的蓄电池组；④运行中因故停运时间长达两个月及以上的蓄电池组；⑤单体电池端电压偏差超过允许值的电池数量达总电池数量3%～5%的蓄电池组。

2）对整组蓄电池进行均衡充电或对单只电池进行充放电。

（二）阀控式蓄电池壳体鼓胀

（1）故障现象。阀控式密封铅酸蓄电池如果使用维护不当，在恒压充电期间会出现一种临界状态，此时蓄电池的电流及温度发生一种积累性的相互增强作用，轻者会使电池槽变形"鼓肚子"（在允许范围内除外），缩短电池寿命，并逐渐导致电池失效，重者还会危害整个直流电源系统。胶体蓄电池的导热性好，一般不会出现热失控现象。

（2）原因分析。

1）充电末期由正极产生的 O_2 与负极反应，即

$$Pb + O_2 \longrightarrow PbO_2 + Q_1 \ (Q_1 = 219.2kJ/mol) \tag{6-1}$$

$$PbO + H_2SO_4 \longrightarrow PbSO_4 + H_2O + Q_2 \ (Q_2 = 172.8kJ/mol) \tag{6-2}$$

上述反应为放热反应，总放热量高达392kJ/mol。

2）O_2 再化合使浮充电流增加：

a）由于放热反应引起蓄电池温度升高，如不及时调整浮充电电压，则浮充电电流就会增大，浮充电电流增大又能引起蓄电池温度继续升高。如此反复积累的结果将会导致蓄电池出现热失控。

b）蓄电池充电末期，电压会恢速上升，此时充电电能绝大部分转化为热能，从而引起蓄电池温升加剧。

c）电池局部短路，这是电池寿命后期常会出现的现象，它会导致电池温度升高。

d）电池周围环境温度升高，在夏天或野外气温会超过35℃以上。温度每升高1℃，电池电压下降近3mV/只，浮充电电流相应增大，这会促进电池温度进一步升高。

（3）处理方法。

1）正确选择浮充电电压，使最大浮充电电流不大于2mA/Ah。浮充电电压取2.23～2.27V。各个电池厂也规定了不同的浮充电电压值，其范围也基本上处于2.23～2.30V。实际操作时，浮充电电压值应随温度而变化。另外，浮充电电压数值也要随电池的新旧程度不同做适当调整，新电池可以高一些，旧电池则要低一些。如负荷变化频繁且幅度较大，则可适当提高浮充电电压0.02V。

2）单体电池间留有间隙，电池之间应留有15mm左右的间隙，以便通风降温，并避免个别坏电池的连锁效应。

3）尽可能使环境温度保持在（25±5）℃，这样既可以减小电池出现热失控的可能性，又有利于延长电池寿命。如果电池室有空调设施当然更好，如果没有，则必须保证通风良好，尤其是夏天，千万不要紧闭门窗。

a）整组电池壳体鼓胀：①由于蓄电池环境温度过高、电池过充电（充电电压过高、充电电流过大或高电压、大电流充电时间过长）、开关电源故障、参数设置错误造成的，同时也是由于阀控电池安全阀开启失灵造成的阀控蓄电池壳体鼓胀（热失控）；②减小充电电流，降低充电电压，检查安全阀是否堵死，严格控制蓄电池运行；③针对蓄电池壳体鼓胀情况，通知检修人员尽快更换整组蓄电池。

b）个别电池鼓壳：①由于蓄电池环境温度过高、电池过充电（充电电压过高、充电电流过大或高电压、大电流充电时间过长）、开关电源故障、参数设置错误造成的，同时也是由于阀控电池安全阀开启失灵造成的阀控蓄电池壳体鼓胀（热失控）；②减小充电电流，降低充电电压，检查安全阀是否堵死，严格控制蓄电池运行参数；③针对蓄电池壳体鼓胀情况，通知检修人员尽快更换该蓄电池或更换该蓄电池的安全阀。

（三）蓄电池漏液

（1）故障现象。

1）极柱四周有白色结晶体、有酸雾溢出，其中酸雾溢出（爬酸）、蓄电池漏液会造成绝缘下降，严重的会造成电池报废。

2）安全间周围有电解液溢出（爬酸）。

3）电池间有电解液溢出（爬酸）。

（2）原因分析。

1）蓄电池密封不好。由于受外力损伤，如碰撞、安装不规范造成密封结构被破坏。

2）气阀质量问题引起气阀处漏酸。

3）焊接工艺问题引起极柱处漏酸。

4）人为造成电池的开裂引起漏酸。

5）蓄电池自身原因，比如密封材料老化、密封不好、寿命终止。

6）制造原因，如焊接缺陷造成密封性能不好。

7）环境潮湿。

（3）处理方法。

1）将蓄电池置于干燥的环境中使用，有蓄电池漏液（爬酸）时，将其擦拭干净并涂以凡士林进行处理。

2）对蓄电池漏液的，采用防酸密封胶进行封堵。

3）如经处理后还是漏液（爬酸）则应予以更换。

4）对电池开裂的应予以更换。

（四）连接柄腐蚀与隔离物损坏

（1）故障现象。连接柄受酸腐蚀后，将生成导电不良的氧化层，使接触电阻增大，故在充电放电时连接柄会发热、有火花甚至融化。

（2）原因分析。隔离物的损坏，往往是由于正极板硫化、活性物质膨胀、负极板上的绒状铅形成苔状等造成极板弯曲变形引起的，或者是由于电解液密度和温度过高从而对隔离物腐蚀过强造成的。隔离物损坏的后果是易于引起极板短路。

（3）处理方法。蓄电池在运行当中，应经常用蜡烛试验连接柄是否发热，如有发热现象，应从回路中把它撤出，刮去氧化层，并在铅螺母内外及连接柄上薄薄地涂一层凡士林油，然后再接入回路中并紧固好铅螺栓。可用调整电解液密度，使其达到规定值，降低电解液的温度，并给予均衡充电的方法来预防隔离物的损坏。

（五）充电后容量不足与容量减小

（1）故障现象。运行中浮充电压正常，但一放电，电压很快下降，甚至很快下降到终止电压值，虽给予足够的充电，一经放电，容量很快减小，始终达不到足够的容量。

（2）原因分析。极板上的活性物质脱落过多，充电时的电压和电解液的密度都高于正常值，并过早地产生气泡。使用年限过久，质量不良，电解液中含有有害杂质。

（3）处理方法。

1）不带充电装置情况下，蓄电池放电时，电压很快下降，甚至很快下降到终止电压值。一般原因是充电电流过大、温度过高等造成蓄电池内部失水干涸、电解物质变质，用反复充放电方法恢复容量。

2）若连续3次充放电循环后，仍达不到额定容量的80%，应更换蓄电池。

（六）放电时电压下降过早

（1）故障现象。放电时电压下降过早。

（2）原因分析。放电时个别单电池的电压低于相邻的单电池电压。电解液的密度和温度低于正常值、电解液不足、极板硫化及隔离物的内阻大等，都能使电压降低、容量减小。

（3）处理方法。

1）调整电解液的密度，补充液面至正常规定的范围。

2）换用密度相同的电解液浸泡隔离物，使隔离物中的酸液浓度与电解液的浓度相同，以减小隔离物的内电阻。

3）确保蓄电池室的温度为25℃。

4）检查极板是否由于硫化而产生电压降（因为极板硫化时细孔被堵塞，电解液渗透困难，温度低时电解液变稠反应滞缓，两者都能使电压降低）。如极板硫化，则采用消除极板硫化的方法迅速进行处理，以免损坏极板。

（七）电解液密度低于或高于正常值

（1）故障现象。电解液密度低于正常的规定值，容量减小，电解液的温度高于其他单电池，电压无论是在充电或放电时也同样比正常的电压低。

（2）原因分析。加水过多造成密度降低，电池内部短路。

（3）处理方法。加水过多造成密度降低时，可用密度为 1.400g/mL 的稀硫酸调整电解液密度至规定值（1.215g/mL±0.005g/mL），然后再充电，一直到冒气泡为止。如此反复调整两三次即可达到规定值。如果发现电解液密度继续下降，且电解液的温度高于其他单电池，说明该电池内部短路，应立即予以排除。

蓄电池容量下降是蓄电池故障中最为常见的一种，蓄电池自放电、极板故障、极性颠倒、充电不足等都是造成容量下降的原因。

（八）内部自然放电

（1）故障现象。内部自然放电的蓄电池具有容量小、电解液密度低、负极板在不充电时也产生气泡的特点。此外，当电解液中含有害的金属杂质时，在充电过程中将出现紫红色，如含有铁杂质将出现浅红色。

（2）原因分析。蓄电池内部放电，是由于电解液中含有害的金属杂质沉积过多，或附着于极板上与活性物质构成小电池而引起的放电（一般发生在负极板上）；也有的是由于正极板中所含有的金属杂质溶解于电解液中或经过电解液集附于负极板上，从而形成小电池而引起放电。

如果电解液中含有氯、铁等杂质，它们便会和正极板上的二氧化铅直接发生化学反应，这样就会失去一部分或全部的活性物质。如果没有这种情形，正极板上的自然放电很轻微。负极板遇到氧化剂时，也会发生直接的化学反应。最易引起严重后果的金属是铂和铜，如果含有0.003%的铂和0.05%的铜，就会造成正、负极板的严重自然放电。

（3）处理方法。对自然放电蓄电池的电解液应进行化验分析，不符合电解液技术条件时，则应更换电解液，并给予足够的充电；若符合技术条件，则应将蓄电池拆开检查有无短路情况，如果是因短路引起的自然放电，则应立即将短路原因消除。

（九）正、负极板的故障

（1）故障现象。良好的正极板形状是一致的，在充电后呈深褐色，并有柔软感。当电解液内混入硝酸、盐酸、醋酸等不纯物质时，它们与活性物质发生强烈的化学反应后，会使极板弯曲、伸长和裂开。

负极板应呈纯灰色，活性物质紧紧地涂填在板栅的小格中，看起来有柔软感。当充电不足、极板硫化或长时间没有进行放电时，活性物质失去活动性能，此时活性物质（绒状铅）凝结硬化，体积增大，并出现白色颗粒状结晶体。

（2）原因分析。

1）当蓄电池内混入盐酸时，在充电过程中析出氯气，除此之外，极板颜色变浅，隔离物变得暗淡无光或呈微黄色。

2）当电解液中含有铁质时，极板变硬，颜色变为浅红色；当电解液中含有锰质时则呈现紫色。

3）此外，长期充电不足，极板硫化产生的气泡不够强烈，容器下部的电解液未能趁气泡沸腾的时机和全部电解液混合均匀，下部密度过高，电流易于集中，使极板下部边缘受到侵蚀以致损坏。

4）当负极板充电电流过大或过负荷时，极板上部活性物质膨胀成苔形浮渣，下部活性物质脱落露出板栅。

（3）处理方法。发生上述故障时，应对电解液进行化验分析，如混有不纯物质，则须更换电解液。由于极板弯曲、变形或开裂造成的短路或失去的容量又无法恢复时，则须更换极板。负极板上有轻微的前述现象时，可进行全容量的充电、半容量的放电，然后再进行充电和均衡充电；严重时，应更换极板。

（十）极性颠倒

（1）故障现象。蓄电池在放电后应立即充电，充电电流应从正极流入，从负极流出，否则蓄电池将继续放电，并被反方向充电，从而导致负极板上生成二氧化铅，正极板上生成少量的绒状铅，这种现象称为极性颠倒，也叫转极。

转极的蓄电池组电压会突然下降，其中个别单电池的电压可降到零。此时正极板由正常的深褐色变为铁青色，极板上看不出有活性物质存在，几乎和铁相似；负极板由正常的纯灰色变为粉红色，极板上也看不出有线状铅的存在，几乎与正极板的颜色相似，并失去全部容量。

用较精密的直流电压表（刻度为 $-3\sim0\sim+3V$）测量发生转极的单电池时，当电压表的"+"接到正极上的时候，则指针将指向反方向或不指示；当电压表的"-"接到正极上的时候，则指针将有微小的正向指示；当电压表的"+"接到负极上时，指针将有微小的正向指示。

（2）原因分析。

1）充电时把正、负极接错，即反向充电。

2）由于极板硫化、短路等降低了容量的单电池在放电时，过早地放完电。在蓄电池整组放电过程中，良好的电池对过早放完电的单电池进行反向充电。

3）在蓄电池组中，抽出部分单电池担负额外的负荷。这些被抽出的电池容量降低到一定程度时，在蓄电池组放电过程中，其余放电较少的电池将对这些减少容量的单电池进行反向充电。

4）在大容量的蓄电池组中，有几个小容量的单电池，在连续充电运行时共同承担一定的负荷。当充电停止时，小容量的单电池将提早放完电，此时，大容量蓄电池继续向小容量单电池反向充电。

（3）处理方法。当发现蓄电池的电压和容量急剧降低时，应停止放电，并检查个别电池内部是否发生短路、接线是否错误。当确认是某只电池发生转极时，可将转极的单电池由蓄电池组中撤出，并对它进行充电，使活性物质恢复原状。此外，要改善运行方式，在蓄电池组中不可有部分电池承担额外负荷的现象。

对个别经过充电处理后仍接入蓄电池组中参加运行的单电池，在以后的放电过程中，仍需加以观察。

（十一）蓄电池单个电池内阻异常缺陷

（1）故障现象。测量蓄电池组，发现单个蓄电池内阻与制造厂提供的内阻基准值偏差大。

（2）处理方法。

1）单个蓄电池内阻与制造厂提供的内阻基准值偏差超过 10% 及以上的蓄电池应加强关注。

2）对于内阻偏差值达到 20%～50% 的蓄电池，应通知检修人员进行活化修复。

3）对于内阻偏差值超过 50% 及以上的蓄电池，则应立即退出或更换这个蓄电池。

4）如超标电池的数量达到总组的 20% 以上时，应更换整组蓄电池。

5）如蓄电池组中发现个别落后电池时，不允许长时间保留在蓄电池组内运行，应联系检修人员进行个别蓄电池活化或更换处理。

（十二）阀控蓄电池绝缘下降缺陷

（1）故障现象。

1）监控系统发出直流接地告警信号。

2）绝缘监测装置显示接地极对地电压下降，另一极对地电压上升。

（2）处理方法。

1）检查各直流馈电屏和分电屏绝缘监测装置各支路无接地报警且其各支路正负极泄漏电流和绝缘电阻均正常。

2）检查蓄电池组发现部分电池有电解液溢出（漏液），可确定绝缘下降主要由蓄电池电解液溢出、室内通风不良、潮湿等原因造成。

3）应对蓄电池漏液的外壳和支架用酒精轻擦。

4）改善蓄电池的通风条件，降低湿度。

5）通知检修人员处理。

（十三）蓄电池组熔断器熔断或直流断路器跳闸故障

（1）故障现象。

1）监控系统发出蓄电池组熔断器熔断或蓄电池组断路器跳闸故障告警信号。

2）现场充电装置监控单元发出蓄电池熔断器熔断或蓄电池组断路器跳闸故障告警信号。

（2）处理方法。

1）现场检查蓄电池组熔断器、辅助信号熔断器或蓄电池组断路器未跳闸（直流断路器事故跳闸同正常合闸位置略有明显区别，一定要确认清楚）均正常，则为误报，通知检修人员处理。

2）现场检查蓄电池组熔断器正常、辅助信号熔断器熔断，则更换辅助信号熔断器。

3）现场检查蓄电池组熔断器熔断或蓄电池组断路器跳闸时，应检查蓄电池组、直流母线及相应元器件有无短路现象，更换同型号、同容量熔断器，如再次熔断或合上直流断路器再次跳闸，需进一步查明原因，并及时联系检修人员处理。

4）迅速采取措施将直流负载投入运行或由另一组直流电源带全部直流负载。

5）注意更换熔断器时做好相应安全措施。

（十四）蓄电池组自燃或爆炸、开路故障

（1）故障现象。需及时发现单个蓄电池内部有严重异响或爆炸、整组蓄电池电压异常。

（2）处理方法。

1）应迅速将蓄电池总熔断器或低压断路器断开，投入备用设备或采取其他措施及时消除故障，恢复正常运行方式。两组蓄电池系统可将联络断路器或隔离开关合上，单组蓄电池和充电装置带全部直流负荷。

2）如无备用蓄电池组，在事故处理期间只能利用充电装置带直流系统负荷运行且充电装置不满足断路器合闸容量要求时，应临时断开合闸回路电源，待事故处理后及时恢复其运行。

3）通知检修人员处理，更换同型号、同容量蓄电池。检查和更换蓄电池时，必须注意核对极性，防止发生直流失电压、短路、接地。

（十五）蓄电池其他故障原因与处理

连接柄腐蚀与隔离物损坏、充电后容量不足与容量减少、放电时电压下降过早等也是众多故障中的几种，如何及时排除阀控式蓄电池的故障是直流维护工作的一个重点。

三、远程充放电异常及处理

（一）故障一：主机显示故障一（黑屏、蓝屏）

主机显示故障一（黑屏、蓝屏）见表6-1。

表6-1　　　　　　　　　　主机显示故障一（黑屏、蓝屏）

故障简述	主机显示故障一（黑屏、蓝屏）			
设备型号	DJX	硬件版本	V6.0	软件版本	通用

故障现象：
（1）主机背后开关灯不亮，屏幕无显示。
（2）主机背后开关灯亮，但屏幕无显示。
（3）开机后显示屏背光不亮，但仔细能看到显示。
原因分析及处理方法：
（1）主机背后开关灯不亮。
原因：主机开关按钮坏，可能在运输过程中损坏，无法锁住。

处理方法：现场更换主机或更换主机开关。

（2）主机背后开关灯亮，但屏幕无显示。

原因：电源部分虚焊；或 12V 工作电源由于长期运行损坏，该电源的使用寿命为 4 年左右，碰到出厂 4 年左右的设备出现该现象的概率很大。

处理方法：对虚焊部位进行焊接或更换开关电源。

（3）开机后显示屏背光不亮，但仔细看能看到显示。

原因：主机部分的背光部分有问题，插件松动（元器件标号和图片）或液晶屏坏。

处理方法：更换松动部分或液晶屏

（二）故障二：主机显示故障二（显示偏红或偏蓝）

主机显示故障二（显示偏红或偏蓝）见表 6-2。

表 6-2　　　　　　　　　　　**主机显示故障二（显示偏红或偏蓝）**

故障简述	主机显示故障二（显示偏红或偏蓝）				
设备型号	DJX	硬件版本	V6.0	软件版本	通用

故障现象：

开机后或正常运行一段时间后，显示屏的底色偏红或偏蓝

原因分析：

液晶屏背光对环境的温度比较敏感，当温度升高时显示屏底色会偏红，当温度偏低时显示屏底色会偏蓝

处理方法：

（1）将主机后盖打开，用小一字螺钉旋具调解背后电位器（如图），偏红时请将电位往逆时针方向调整，偏蓝时请将电位器往顺时针方向调整。

（2）如果调整后未能解决，可能是该电位器管脚虚焊或电位器故障，需要对虚焊点进行重新焊接或更换该电位器

（三）故障三：设备通信故障告警

设备通信故障告警见表 6-3。

表 6-3	设 备 通 信 故 障 告 警			
故障简述	DC 采集模块无法通信上时，界面提示设备序列号以及故障设备的序号			
设备型号	DJX	硬件版本	V6.0	软件版本	通用

故障现象：当出错编号为 1 时，代表主机与 1 号采集模块通信不上；编号为 2 时，代表主机与 2 号采集模块通信不上，依此类推

系统发生故障，请复位或
与本公司联系：

TEL&FAX：0571-88911186

出错编号：

本机序列号：

原因分析：

（1）主程序版本设计缺陷。

（2）采集通信线路不通。

（3）采集模块通信故障。

（4）出现"告警编号为 001"时，比较特殊可能是 0 号采集模块故障，也可能是主机或其他采集模块故障。

（5）通信线的连接方式为星形，需要改成串行

处理方法：

（1）主程序版本设计缺陷。版本为 6.4.0 的主程序，在静态放电时，会出现"01"通信出错，但在运行监测的时候正常。

（2）采集通信线路不通。检测主机与模块之间的 A、B 线是否连通，先用万用表测量第一个至最后一个模块是否连通，如果连通，再用小一字螺钉旋具或镊子去挑拨单根通信线，检测接线的可靠性；如果是 DC 模块，还需要检查工作电源是否大于 10.5V；如果是采集线中断，通过这些处理可以检测出来。

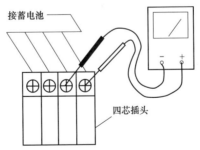

接蓄电池

四芯插头

（3）采集模块故障。根据出错编号，确定采集模块的拨码是否正确（1 号告警对应 0 号站值采集模块，每个采集模块的左下角都有一个类似 09090909-01 的编号，其中 01 为编号）。

如果拨码正确请更换采集模块。

1）请先确定异常电池对应的采集模块，在输入端测量确定电压是否正常，如果输入电压异常，请重新检查采集线，可能是由于采集线接触不好引起的。

2）采集模块底部的拨码需要重新设定，拨码号需要和模块号进行对应，下面是具体的使用说明。

续表

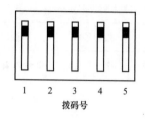

拨码号	模块号											
	0	1	2	3	4	5	6	7	8	9	10	11
1	1	0	1	0	1	0	1	0	1	0	1	0
2	0	1	1	0	0	1	1	0	0	1	1	0
3	0	0	0	1	1	1	1	0	0	0	0	1
4	0	0	0	0	0	0	0	1	1	1	1	1
5	0	0	0	0	0	0	0	0	0	0	0	0

3）也可以参照原故障模块的拨码，将待更换的模块和故障模块的拨码保持一致即可，在更换带电流的模块（每组第一个）时必须将配套的电流传感器一起更换，否则电流的检测精度会发生偏差。

（4）出现"告警编号为001"时比较特殊，可能是0号采集模块故障，也可能是主机或其他采集模块。

1）按照上述步骤更换0号采集模块后还没消失，说明0号模块正常。

2）将主机与采集模块断开，测量A、B之间的电压正常应该在2～5V间跳变，如果异常，说明主机故障；如果正常，可能是其他采集模块异常，发出错误信号对整个通信回路产生干扰，一般采用排除法，先接上站值为1的模块，设备会告警02号，再接上站值为2的模块，设备会告警03号，当挂上某个模块，设备告警变01时，说明是该采集模块故障，更换后一般能正常。

3）如果故障还没有消失，检查RS-485布线是否互为双绞（因为RS-485通信采用差模通信原理，双绞的抗干扰性最好），多设备布线时要求手拉手方式的总线结构，坚决杜绝星形连接和分叉连接；如遇现场采用星形布线，则必须改正，通信线可以从主机先到放电模块，再到1组采集，再到2组采集。

（5）其他通信不畅解决方案。

1）共地法：用1条线或者屏蔽线将所有RS-485设备的GND地连接起来，这样可以避免所有设备之间存在影响通信的电动势差。

2）终端电阻法：在最后一台RS-485设备的485+和485-上并接120Ω的终端电阻来改善通信质量。

3）中间分段断开法：通过从中间断开来检查是否是设备负载过多，通信距离过长，某台设备损害对整个通信线路的影响等。

4）单独拉线法：单独简易暂时拉一条线到设备，这样可以用来排除是否是布线引起通信故障

（四）故障四：静态放电过程中交流失电告警

静态放电过程中交流失电告警见表6-4。

表6-4　　　　　　　　　静态放电过程中交流失电告警

故障简述	静态放电过程中交流失电告警				
设备型号	DJX	硬件版本	V6.0	软件版本	通用

故障现象：

静态放电过程中，如果监测到交流失电，则提示：

交流失电报警!

原因分析：

蓄电池作为备用电源在系统中起着极其重要的作用，平时蓄电池处于浮充电备用状态，由交流市电经整流设备变换成直流向负荷供电，而在交流电失电或其他事故状态下，蓄电池是负荷的唯一能源供给者，一旦出现问题，供电系统将面临瘫痪，造成设备停运及其他重大运行事故。

从上述原因考虑，系统在静态放电时增加了交流检测功能，在放电测试过程中如果交流失电，装置会自动停止放电，保存蓄电池的容量给真正的负荷供电

处理方法:

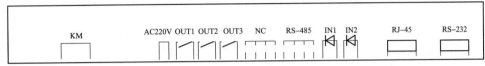

监控主机背面端口图

KM——工作电源输入端口,四芯插头1、4分别接控制母线正、负,1、2连通;3、4连通;AC220V——交流市电检测输入端口,接市电。

检测AC220V输入是否有交流,如果有交流输入说明设备故障;如果没有,则检查交流线路。

如现场有2组电池,同时用户不需要交流检测功能,可以直接从KM上并接110~220V电压,类似于取消交流检测功能,但必须征得用户的同意

(五)故障五:静态放电蓄电池组没接上

静态放电蓄电池组没接上故障见表6-5。

表6-5   静态放电蓄电池组没接上

故障简述	静态放电刚开始出现:蓄电池组没接上,请检查转换开关				
设备型号	DJX	硬件版本	V6.0	软件版本	通用

故障现象:

在静态放电刚刚启动的时候,如果长时间没有监测到有效的放电电流,则提示:

> 蓄电池组没接上,
> 请检查转换开关!

原因分析:

(1)电池组没有退出充电回路。

(2)电流传感器方向串反。

(3)程序有问题,程序版本为V6.3.1,电流传感器为100A时。

(4)放电模块故障

处理方法:

(1)电池组没有退出充电回路,用户充电机没有关,放电电流和充电电流抵消,电流传感器检测不到电流,也就是蓄电池组边充边放,蓄电池放的是充电机输出的电。

处理:在刚启动放电模块时,查看充电机上的充电电流表,确定将蓄电池退出充电回路。①将充电机和电池之间的开关或熔丝断开;②将充电机内充电模块的输出关掉;③将充电机或充电模块的交流输入关掉。

(2)电流传感器方向串反。

处理:检查电流传感器的方向,正确的电流传感器的方向是从电池组的正极指向电池组的负极。

(3)主程序有问题,程序版本为V6.3.1,电流传感器为100A时,会有这个问题出现。

处理:更换主程序。

(4)放电模块坏故障。

处理:

1)合上放电空气断路器,如果是FD-A能够听到风机转动的声音,如果是FD-B或FD-C,能够看到电源灯亮,并听到"滴"的声响。如有问题依次如下操作:①测量放电开关的输入输出是否有电压;②检查放电模块的输入端是否有电压,极性是否正确;③打开放电模块盖板检查设备熔丝是否正常;④放电模块故障,返厂维修。

2）合上放电空气断路器，如果正常，依次如下操作：①检查放电模块上的 A、B 线和主机是否连通，极性是否接反；②打开盖板，检查连线是否有虚焊或脱落；③放电模块故障，返厂维修。

3）将电流传感器和采集模块之间的连线拔掉，运行监测会显示负的电流传感器的最大量程，按正常的放电步骤做静态放电测试，系统会出现静态放电界面，但电流显示的是电流传感器的最大量程，而不是实际电流，在这过程中注意听放电模块有没有继电器吸合的声音，用手去试放电模块有没有热风出来，正常情况下有继电器吸合的声音，放电模块会有热风出来；反之说明放电模块故障

（六）故障六：动态放电不在浮充状态

动态放电不在浮充状态故障见表 6-6。

表 6-6　　　　　　　　　　动态放电不在浮充状态

故障简述	动态放电时提示"不在浮充状态，建议稍后再测试。是否强制放电？"				
设备型号	DJX	硬件版本	V6.0	软件版本	通用

故障现象：

现场手动动态放，如果系统监测到蓄电池组目前不处于浮充，则会提示：

不在浮充状态，建议稍后再测试。是否强制放电？

如果按下"确定"键，则系统强行进入动态放电

原因分析：

内阻测试只有在浮充状态（单体电压平局值在 2.2～2.3V）下才能测内阻；当电压低时，电池处于欠充状态，测得的内阻会偏大；当电压偏高时，测得的内阻会偏小，影响内阻的一次性比较，所以必须在浮充状态下测量。

浮充判定条件：平均电压 = 该台 BMM 采集的组端电压值 ÷ 该台 BMM 配置的电池节数，该平均电压在 2.2～2.3V，同时电流值大于 −0.01× 电流传感器量程，且小于 0.01C

处理方法：

在电池满足浮充条件下测量或强制测试。同时，在进行测试时，如果蓄电池组状态从浮充转为非浮充，DJX 主机会停止内阻测试，等到符合浮充条件后，再继续剩下的内阻测试

（七）故障七：静态放电蓄电池组对外放电

静态放电蓄电池组对外放电见表 6-7。

表 6-7　　　　　　　　　　静态放电蓄电池组对外放电

故障简述	静态放电开始时出现：所选蓄电池组正在对外放电，是否继续？				
设备型号	DJX	硬件版本	V6.0	软件版本	通用

故障现象：

手动启动静态放电，如果之前系统已经检测到蓄电池对外放电，则会提示：

所选蓄电池组正在对外放电，是否继续？

原因分析：

（1）现场有实际的用户负载挂在蓄电池组上，导致蓄电池组处于放电状态。

（2）电流传感器零点漂移或故障，导致系统误判有放电电流

处理方法：

（1）现场有实际的用户负载挂在蓄电池组上，导致电池组处于放电状态。

处理方法：该情况为正常现象，特别是现场只有1组电池的时候，此时如果按下"确定"按键，继续进行静态放电测试，但采集到的电流为放电模块电流和用户负载电流两者之和。

（2）电流传感器零点漂移或故障，导致系统误判有放电电流。

处理方法：将电流传感器从电池组中退出，检查电流传感器上V0和GND0之间的电压，通过调整电流模块上的电位器，将电压调整为零点基准电压2.5V（当电压大于2.5V时，系统显示充电电流；小于2.5V时，系统显示放电电流），再将电流传感器穿到电池组回路中。

如果无法通过调整电位器来调整零点基准电压，为电流传感器故障，需要返厂维护

（八）故障八：放电模块空气断路器不能自动分断

放电模块空气断路器不能自动分断见表6-8。

表6-8　　　　　　　　　放电模块空气断路器不能自动分断

故障简述	在空气断路器测试或动静态放电达到放电终止条件，但放电空气断路器不能自动分断				
设备型号	DJX	硬件版本	V6.0	软件版本	通用

故障现象：

系统在空气断路器测试或动静态放电过程中，达到放电终止条件，但放电空气断路器不能自动分断

原因分析：

当达到空气断路器分断条件后，主机会发放电命令给放电模块，放电模块输出DC24V给放电空气断路器的线圈，使放电空气断路器分断，如主要原因是接线错误、放电模块故障或空气断路器故障

处理方法：

（1）检查主机到放电模块的A、B线，放电模块到空气断路器的KK线是否连通，如不正确，请重新接线。注意：当现场有2个放电模块时，KK线只能接一个放电模块，严禁同时接到2个放电模块上。

（2）检查空气断路器上的KK线是否有DC24V，如果有DC24V说明放电模块输出正常，是空气断路器故障；如果没有DC24V，说明放电模块故障

（九）故障九：系统上显示电压与实测不符

系统上显示电压与实测不符见表6-9。

表6-9　　　　　　　　　电　压　与　实　测　不　符

故障简述	系统上显示电压与实测不符，存在误差				
设备型号	DJX	硬件版本	通用	软件版本	V6.0

故障现象：

系统上显示电压与实测不符，存在误差，当数值超过上下限时，会导致系统发出声光告警

原因分析：

（1）电池本身异常。

（2）采集线断、采集模块故障或接触不良。

（3）运行监测数据准确，静态放电时有误差

处理方法：

（1）电池本身异常。

处理：检测对应蓄电池的实际电压，确定是不是电池本身异常。

（2）采集线断、采集模块故障或接触不良。

处理：找到对应蓄电池所在的采集模块，检查接触是否完好，检查输入端电池电压值和直接从蓄电池端测得的电压值是否一致，如不一致，请检查连线。

模块查找方法：找到模块左下角为××××××××-08的采集模块，其中前面8位代表设备序列号，后面一个为模块站值，0号采集1～10号电池，1号采集11～20号电池，依此类推，如果输入端电压正常，是模块故障，需要返回公司维修。

（3）运行监测数据准确，静态放电时有误差，放电时测量起始端电池正极和结束端电池负极，看电压是否和检测到的一样，若是一样，再看电池连接线是否过长，若过长可以判定是连接线内阻过大导致压降过大，使测量不准确，可配合甲方人员把电池连接线剪短后再测量

（十）故障十：后台无蓄电池数据

后台无蓄电池数据故障见表6-10。

表6-10　　　　　　　　　　　后台无蓄电池数据

故障简述	系统后台软件上无蓄电池数据				
设备型号	DJX	硬件版本	通用	软件版本	V6.0

故障现象：

系统后台软件上无蓄电池数据

原因分析：

（1）用ping命令无法找到主机。

（2）服务器上设备序列号设置错误。

（3）IP地址和其他设备冲突

处理方法：

（1）用ping命令无法找到主机。检查IP地址等网络参数设置是否正确，如果正确，用现场的网线直接和调试计算机连接，如果正常，确定主机正常，可能是用户网络原因，和用户网络人员联系，有些用户需要绑定MAC地址（E000+8位序列号，共10位）。如果DJX主机直接和HUB联系，必须做成对拷线（交叉线）；如果是和交换机连接，则平行线和交叉线都可以。

（2）服务器上设备序列号设置错误。服务器上的设备序列号必须和现场DJX主机保持一致。

（3）IP地址和其他设备冲突。如果用ping命令可以找到设备，但还是没有数据，将DJX主机关机后，如果还能ping通，说明还有其他设备在占有相同IP地址，向用户反馈，一个IP只能供一个设备使用，也可将用户分配IP设置到调试计算机上，接入用户网络，如有IP冲突，调试计算机上会有IP冲突的提示

（十一）故障十一（DJX-110124）：主机显示不正常

主机显示不正常故障见表6-11。

表6-11　　　　　　　　　　　主机显示不正常

故障简述	主机显示不正常，缺字或者显示乱				
设备型号	DJX	硬件版本	通用	软件版本	V6.0

故障现象：
主机显示不正常，缺字或者显示乱

原因分析及处理方法：
（1）主机上 FLASH 没有烧录好，或者 FLASH 芯片有问题。
处理方法：确认 FLASH 正常，重新烧录 FLASH。
（2）主程序版本与 FLASH 版本不匹配。
处理方法：确认主程序版本与 FLASH 版本一致

（十二）故障十二：放电时充电屏有电流显示

充电屏有电流显示故障见表 6-12。

表 6-12　　　　　　　　　　充 电 屏 有 电 流 显 示

故障简述	远程动态放电盒子放电时，充电主机显示有 30A 电流			
设备型号	DJX	硬件版本	通用	软件版本	V8.0

故障现象：
2 组电池，进行远程静态态放电盒子放电时，充电屏有电流显示

原因分析：现场 2 组电池的远程控制盒和充电机没有对应

处理方法：远程动态放电盒子 1、2 是否对应电池组，如果不对应，将放电模块上的 L1+/L1- 端子和 L2+/L2- 反一下

（十三）故障十三：DJX 主机上电后电流显示满量程

DJX 主机上电后电流显示满程见表 6-13。

表 6-13　　　　　　　　　DJX 主机上电后电流显示满量程

故障简述	DJX 主机上电后电流显示满量程			
设备型号	DJX	硬件版本	通用	软件版本	V8.0/V6.0

故障现象：
打开 DJX 主机，在没放电的时候屏上显示电流很大（大于电流传感器的量程电流，如电流传感器量程为 100A，屏上显示电流 120A 左右）

原因分析及处理方法：
（1）电流传感器损坏。
原因分析：测量电流采集盒正负 15V 电压正常，0V 和 GND 两端电压调不到 2.5V；电流传感器上的两个旋钮可能被调过，正常旋钮上打胶固定，不能轻易转动。
处理方法：更换电流传感器及 DC02-D 模块（因为电流传感器误差系数是存在 DC02-D 模块中，所以模块与传感器一起换）。
（2）DC02-D 模块到电流传感器采集盒之间的连线插头松动。
原因分析：插头拔掉观察插针是否太短或插头螺栓松动，导致插头接触不良。
处理方法：更换四芯插座，将插头螺丝拧紧，用万用表测量电流采集盒插头和 DC02-D 模块插头正负 15V 电压是否正常，0V 和 GND 两端电压 2.5V 是否正常

四、直流绝缘监测装置异常及处理

（一）绝缘监测装置发故障告警信号

（1）故障现象。绝缘监测装置发出故障告警信号。

（2）原因分析。绝缘监测装置本身故障，从运行统计来看电源模块发生的故障率最高。绝缘监测装置内部的电源如果是采用交流注入法的，通常有两个独立的电源模块：一个是供监视母线绝缘电阻的电源模块，另一个是供交流信号发生器的电源。当供母线绝缘监测的电源发生故障时，绝缘监测装置将停止工作，面板的显示屏、工作状态指示灯均熄灭。当供交流信号发生器的电源故障时，绝缘监测装置显示正常，直流系统发生绝缘下降时照常报警，但无法查找到接地支路。

（3）处理方法。检查绝缘监测装置工作电源是否正常，用万用表测量电源工作电压，如果没有工作电源，需要检查供电熔断器（或开关）是否熔断（或断开），并试进行恢复供电。恢复供电后装置面板显示正常，应从菜单中调用故障信息判定故障。如果接地电阻测量正常而告警故障依然存在，则信号电源故障可能性较大，可以更换电源模块一试。

（二）绝缘监测装置遭受交流入侵

（1）故障现象。绝缘监测装置冒烟，接地信号变压器烧毁。

（2）原因分析。绝缘监测装置采用交流注入法，其交流信号是通过低频隔离变压器和电容器耦合接到直流母线上，信号隔离变压器烧毁一般是遭受外部交流侵入，当直流系统侵入交流电时，通过耦合电容和变压器接地构成接地电流回路。

交流电源的平均直流分量为零，当直流系统中由于各种原因串入220V交流电源时，相当于直流接地，直流母线对地电压为零，绝缘监测装置判断直流接地后，投入接地信号源构成交流对地通道形成大电流，烧毁变压器。

（3）处理方法。首先要将侵入的交流电源排除，这样就消除了烧毁变压器的根源，同时直流接地也将消除。然后更换低频信号隔离变压器和耦合电容器，并进行直流接地精度的调试。比较快捷的判别方法是分路拉合站用电交流的输出开关，当拉到某一交流开关接地消失时，即可判断该路交流输出与直流相混。拉的过程中要注意对接地一极用直流电压表监视，电压恢复正常说明接地消失。

（三）直流绝缘监测装置缺陷

（1）故障现象。绝缘监测装置开机无显示或装置显示异常或显示值与实测不一致。

（2）处理方法。

1）针对绝缘监测装置开机无显示，应检查装置的电源是否正常，若不正常应逐级向电源侧检查。检查液晶屏的电源是否正常，若电源正常可判断为液晶屏损坏，应通知检修人员进行更换处理。

2）针对显示值与用合格的万用表实测不一致，通知检修人员处理。通过调校监控装置内部各测量值的电位器，若调整无效应重新开机后再校对。

3）针对装置显示异常，按复位键或重新开启电源开关，若按复位键或重新开机仍显示异常，应进一步进行内部检查处理，无法修复时应通知检修人员处理。

（四）直流绝缘监测装置误报直流接地缺陷处理流程

（1）故障现象。

1）监控系统发出直流接地告警信号，如图 6-10 所示。

2）绝缘监测装置发出直流接地告警信号，并显示 1 个支路或 2 个接地支路。

（2）处理方法。

1）绝缘监测装置告警值：对于 220V 直流系统两极对地电压绝对值差超过 40V 或绝缘电阻降低到 25kΩ 以下、110V 直流系统两极对地电压绝对值差超过 20V 或绝缘电阻降低到 15kΩ 以下、48V 直流系统任一极对地电压有明显变化或绝缘电阻降低到 1.7kΩ 时。

2）检查绝缘监测装置显示的支路泄漏电流和对地绝缘电阻。

3）用万用表测量正、负对地电压偏差不满足电压差报警值时，应检查装置的相关部件。

4）对于显示一个支路的告警信号，检查绝缘监测装置该支路的泄漏电流和对地绝缘电阻的变化。当测量其正、负对地电压偏差不满足电压差报警值时，判断是该支路的零序 TA 故障误发报警，通知检修人员处理。

5）对于显示两个支路的告警信号，对应检查绝缘监测装置该两个支路的泄漏电流和对地绝缘电阻的变化。当测量其正、负对地电压偏差不满足电压差报警值时，判断是该两个直流支路造成环路运行，使其零序 TA 误发报警。应将该两个直流支路开环运行（辐射状供电），直流接地告警信号即可消失。

6）若是绝缘监测装置中各支路参数设置不正确，应由检修人员重新设定。

（五）交流窜入直流缺陷处理流程

（1）故障现象。

1）监控系统发出直流系统接地、交流窜入直流告警信息，如图 6-11 所示。

图 6-10　直流接地故障告警

图 6-11　交流窜入故障告警

2）绝缘监测装置发出直流系统接地、交流窜入直流告警信息。

3）不具备交流窜入直流监控功能的变电站发出直流系统接地告警信息。

（2）处理方法。

1）应立即检查交流窜入直流时间，支路、各母线对地电压和绝缘电阻等信息。

2）发生交流窜入直流时，若正在进行倒闸操作或检修工作，则应暂停操作或工作，并汇报调控人员。

3）根据选线装置指示或当日工作情况、天气和直流系统绝缘状况，找出交流窜入的支路。

4）确认具体的支路后，停用窜入支路的交流电源，联系检修人员处理。

（六）直流系统接地缺陷

（1）故障现象。

1）监控系统发出直流接地告警信号。

2）绝缘监测装置发出直流接地告警信号并显示接地支路。

3）绝缘监测装置显示接地极对地电压下降、另一极对地电压上升。

（2）处理方法。

1）绝缘监测装置告警值：对于220V直流系统两极对地电压绝对值差超过40V或绝缘电阻降低到25kΩ以下，110V直流系统两极对地电压绝对值差超过20V或绝缘电阻降低到15kΩ以下，48V直流系统任一极对地电压有明显变化或绝缘电阻降低到1.7kΩ时。

2）直流系统接地后，运维人员应记录时间、接地极、绝缘监测装置提示的支路号、绝缘电阻和正负极对地电压等信息。用万用表测量直流母线正对地、负对地电压，与绝缘监测装置核对。

3）当采用短时停电法拉开接地支路时，如接地信号消失（不能只靠接地信号消失为准），并且绝缘监测装置显示正负极对地电压恢复正常，则说明接地点在该回路上。

4）对于直流接地现场无直流电压表计可观察情况下，可用内阻不应低于2000Ω/V的电压表检查。将电压表的一根引线接地，另一根接于接地的一极（即对地电压降低的极），然后采用短时停电法拉开接地支路时，如拉开后电压表指示恢复（正或负极）对地电压正常，则说明接地点在该回路上。

5）对于不允许短时停电的重要直流负荷，可采用转移负荷法查找接地点。

6）采用短时停电法拉开直流支路电源时，应密切监视该支路的电气设备一、二次运行情况。

7）出现直流系统接地故障时应及时消除，同一直流母线段，当出现两点接地时应立即采取措施消除，避免造成继电保护或开关误动故障。

8）直流接地查找方法及步骤如下：①发生直流接地后，应分析是否天气原因或二次回路上有工作，如二次回路上有检修试验工作，应立即拉开直流试验电源看是否为检修工作所引起。②比较潮湿的天气，应首先重点对端子箱和机构箱直流端子排做一次检查，对凝露端子排用干抹布擦干或用电吹风烘干，并将驱潮加热器投入。③对于非控制及保护回路可使用拉路法进行直流接地查找。按事故照明、防误锁装置回路、户外合用（储能）回路、户内合用（储能）回路的顺序进行。其他回路的查找，应在检修人员到现场后，配合进行查找并处理。④保护及控制回路宜采用便携式仪器带电查找的方式进行，如需采用拉路的方法应汇报调控人员，申请退出可能误动的保护。⑤无论回路有无接地，断开直流的时间不得超过 3s。如有回路接地，也应先合上，再设法处理。⑥用拉路法检查未找出直流接地回路，应联系检修人员处理。⑦用拉路法检查未找出直流接地回路，则接地故障点可能出现在母线、充电装置蓄电池等回路上，也可认为是两点以上多点接地或一点接地通过寄生回路引起的多个回路接地，此时可用转移负荷法进行查找。将所有直流负荷转移至一套充电屏，用另一套充电屏单供某一回路，检查其是否接地，所有回路均做完试验检查后，则可检查发现发生接地故障的回路。⑧查找直流接地注意事项：查找接地点禁止使用灯泡寻找的方法。用仪表检查时，所用仪表的内阻不应低于 2000Ω/V。当直流发生接地时，禁止在二次回路上工作。处理时不得造成直流短路和另一点接地。查找和处理必须由二人进行。拉路前应采取必要措施防止直流失电可能引起保护自动装置误动。

第七章 交直流事故案例

第一节 交流系统事故案例

案例一：220kV 变电站开关机构加热器故障

1. 故障概况

2019 年 8 月 4 日上午 10 时 13 分，某 220kV 变电站 YT2R01、YH2P56 开关机构加热器故障频繁动作、复归。

2. 故障情况检查

YT2R01、YH2P56 开关机构加热器电源空气断路器合闸位置，加热器工作正常，箱内无渗水、受潮、积水现象，检查结果汇报当值人员和监控中心。11 时 37 分，现场多次分合加热器电源空气断路器后，监控后台加热器故障仍然频繁动作、复归。

3. 故障原因分析及处理

监控后台显示，YT2R01、YH2P56 开关机构加热器故障光字常亮，报文显示于 13 时 43 分停止刷屏。开关机构箱内检查，加热器电源空气断路器 F3 合闸位置，部分加热器已不再发热。查阅图纸，"加热器故障"信号由加热器工作监视继电器 K38 触点触发，不受加热器电源空气断路器 F3 控制，如图 7-1 所示。

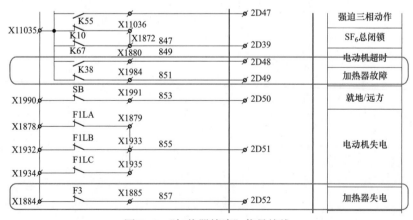

图 7-1 "加热器故障"信号接线

现场检查发现，加热器工作监视继电器 K38 指示灯均熄灭，电源消失。

测量发现开关机构箱内交流电源 A 相失电、储能电源 A 相失电，如图 7-2 所示。进

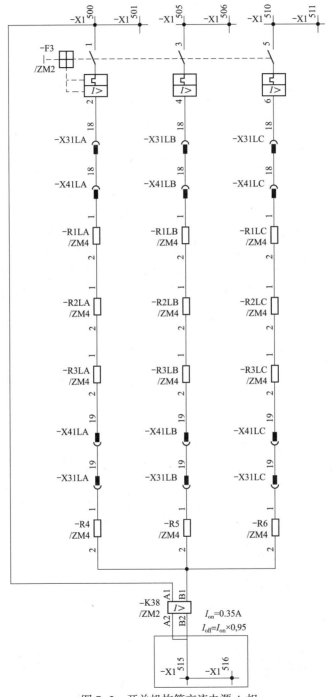

图 7-2 开关机构箱交流电源 A 相

一步检查 YT2R01、YH2P56 开关端子箱内交流电源总开关也存在 A 相失电的现象。确定导致加热器故障的原因为交流电源缺相故障，直接导致的储能电源缺相故障危害性更大，需要立即处理消缺。

查阅该变电站交流系统图，显示 220kV Ⅱ段交流电源从站用电屏出来存在两级控制开关，分别是站用电屏抽屉开关和 YH2P55 开关端子箱内的 220kV Ⅱ段交流电源总开关 2K，测量站用电屏抽屉开关合闸位置、输出电压正常。220kV Ⅱ段交流电源总开关 2K 合闸位置、输入端电压正常、输出端 A 相无电，拆除下盖板后，发现熔丝未熔断但下桩头有烧蚀痕迹，如图 7-3 所示。

图 7-3 220kV Ⅱ段交流电源接线

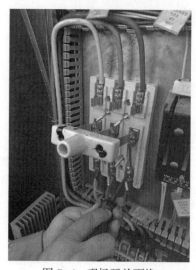

图 7-4 现场开关更换

告知监控，拉开站用电屏 220kV Ⅱ段交流电源开关，隔离电源后，进一步检查，发现 2K 开关内 A 相熔丝下桩头固定螺栓松动并且因底座螺纹磨平已无法坚固。立即汇报技术组，申请采购新开关进行更换。

19 时 50 分，更换完毕，如图 7-4 所示。合闸送电后，加热器故障消失，YT2R01、YH2P56 间隔信号均恢复正常。

4. 故障防范措施

（1）造成此次故障的原因是交流电源开关熔丝与底座虚接断路。怀疑是安装该开关熔丝时用力过大，底座螺纹受损，长时间烧蚀后最终形成断路。仔细排查发现 220kV Ⅰ段交流电源总开关 1K 也存在烧蚀痕迹，但输出电压正常。建议批量更换该类型开关，或者更换为空气断路器。

（2）此次交流失电，造成 YT2R01、YH2P56 开关机构箱内加热器工作监视继电器失电，以"加热器故障"的形式上报到监控系统，更大的隐患"储能电源缺相"却没有直接反映出来。如果没有配备加热器工作监视继电器，或者"加热器故障"没有受到足够的重视，将导致储能电源长期缺相，无法建压，将可能造成"储能超时""开关分、合闸闭锁"等更严重的故障。建议考虑加装储能电源"相序监视继电器"，并将相应的信号上传监控系统。

案例二：220kV 变电站电抗器室风机无法启动故障

1. 故障概况

220kV 某变电站巡视人员进入配电楼，感受到楼内温度异常升高，10kV 1、2 号电抗器室内电抗器运行声音很大，开门检查时感受到大门明显发烫，进入后检查发现风机未启动，室内温度高达 72℃。

2. 故障情况检查

1、2 号电抗器室电抗器运行，风机未启动，室内温度降至 65℃。风机控制箱电源指示灯微亮，温度正常显示，风机启动指示灯不亮，2 只变频器显示已经在工作，变频启动接触器未吸合。切换至工频手动启动风机不成功。手动触发接触器，发现工频运行接触器触头正常，变频运行接触器触头已卡死。测量中性线电压 180V 左右，怀疑中性线断路。进一步检查，确认控制箱内接线正常。

到上一级风机启动箱检查发现，该电抗器室风机电源空气断路器已由 4P 换成 3P，进线侧中性线拆开并用绝缘胶布包裹悬空放置，出线侧中性线已接在零线排上，4 号电抗器室风机电源空气断路器也一样，如图 7-5 所示。

怀疑该箱体内中性线断线的可能性很大，进一步梳理发现，电抗器室、电容器室风机电源空气断路器均换成了一种 3P 的智能空气断路器，自带中性线接至中性线排，存在多

图 7-5 电抗室风机电源空气断路器

线绕接现象。检查到总中性线时，发现在本应接至总空气断路器的总中性线实际也是拆开用绝缘胶布包裹悬空放置，并隐藏在空气断路器背后。

3. 故障原因分析及处理

事件原因：总中性线断开，接触器线圈、除湿机、散热风扇等单相电负荷与智能空气断路器电压监视单元串联承受 380V 电压，导致用电设备实际承受电压升高烧毁。

确认无误后，拆除多余的中性线，并恢复总中性线，如图7-6所示。17时左右，手动恢复1、2号电抗器室风机运行。

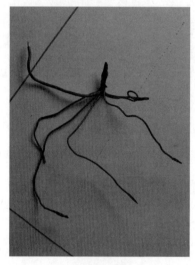
(a) 中性线拆除

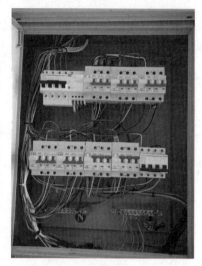
(b) 手动恢复运行

图7-6　电抗器风机故障处理

4. 故障防范措施

（1）存在问题：

1）施工工艺不高，工作责任心不强。

2）改造后可能未全面测试，未发现电抗器室风机不能启动的故障。

3）施工人员可能存在认知不足。

（2）整改建议：

1）约谈施工人员，详细讨论工作内容和方案，看看还有没有存在其他隐患。

2）对此次事件担负相应的责任。

3）现场详细踏勘改造过的项目，认真检查，发现的问题立即处理。

4）部分新更换智能空气断路器已故障，需要全面检查维修。

案例三：110kV变电站站用交流ATS故障

1. 故障概况

2021年7月25日，某110kV变电站报"直流系统交流输入故障"，现场检查发现2号站用电380V侧Ⅱ段开关跳闸，站用电备自投装置二未切换（元器件型号为WATSND-250/250-3CBR-F），造成站用电380V Ⅱ段母线失电。

2. 故障情况检查

运维人员到达现场后，将"站用电备自投装置二"切换到手动模式后，合闸恢复站用电 380VⅡ段母线供电；后经排查、验证，排除控制器问题，初步判断为"站用电备自投装置二"本体故障，内部切换电动机未正常工作导致其无法自动切换。

3. 故障原因分析及处理

此"站用电备自投装置二"于 2011 年 6 月投运，运行时间已达 10 年，与厂家沟通后，确认该装置本体内部切换电动机寿命已达年限，需更换。结合本次故障处理，举一反三，对目前在运 WATSND 双电源切换装置，以及同类型、同型号产品开展排查。

梳理及隐患排查过程中发现，某 110kV 4 座变电站站用交流 ATS 装置均存在无法自动切换问题。该 4 座变电站站用交流 ATS 存在两种不同接线方式，如图 7-7 所示：1、2 号站用 380V 交流进线直接进 ATS 装置；1、2 号站用 380V 交流进线经开关后进 ATS 装置。

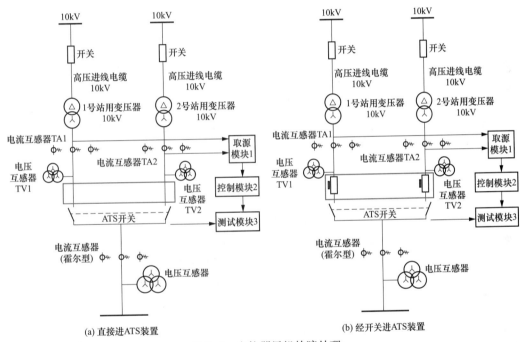

(a) 直接进ATS装置　　　　　　　　(b) 经开关进ATS装置

图 7-7 电抗器风机故障处理

（1）处置方式一：有前置开关。

1）办理二种票，电源车到变电站，接入转接箱，并确认相序，转接箱 1 路出线电缆引出到馈线屏，保障馈线供电。

2）拉开 1、2 号站用电 380V 开关。

3）确认 ATS 进线侧输出侧无电后，维修 ATS。

4）使用继保仪加压检验 ATS 切换正常。

5）工作结束后拆除临时电源，恢复原电缆接线。

（2）处置方式二：无前置开关。

1）办理二种票，电源车到变电站，接入转接箱，并确认相序，转接箱 1 路出线电缆引出到馈线屏，保障馈线供电。

2）办理一种票，1、2 号站用变压器停电。

3）确认 1、2 号站用变压器 380V 电缆无电后，拆除 ATS 输出到馈电母排的交流电缆（拆除前做好三相记录）。拆下的电缆头用绝缘胶布包裹固定好。将转接箱中的 1 路交流临时电源接入站用电屏馈电母排，负载恢复供电。

4）维修 ATS 后，继保仪加压检验 ATS 切换正常。

5）工作结束后拆除临时电源，恢复原电缆接线。

该 4 座问题变电站站用交流 ATS 装置内部电动机已全部更换，自动切换功能正常。

4. 故障防范措施

（1）运维人员应每季度对备自投或 ATS 进行切换试验，切换试验前应告知监控部门。

（2）运维人员应每月对站用交流电源系统进行红外测温，包括对交流电源屏、交流不间断电源屏等装置内部件进行测温，重点检测屏内各进线开关、联络开关、馈线支路低压断路器、熔断器、引线接头及电缆终端。

案例四：110kV 变电站站用变压器全停和远动监控通信中断事故

1. 故障概况

事故发生前，该变电站正进行户外电缆盖板及电缆支架更换工作，施工工作范围涉及 1 号站用变压器低压电缆沟，从安全角度考虑，将 1 号站用变压器停用。故当时站用电运行方式为：1 号站用变压器处于停用状态，2 号站用变压器带站用电 I、II 段供全所负荷，站用电分段开关在合闸位置，如图 7-8 所示，1 号主变压器检修电源箱接站用电 I 段，UPS 装置交流电源接站用电 II 段，如图 7-9 所示，直流电源由自带蓄电池供电。

2. 故障情况检查

6 月 5 日 14 时 24 分，集控站监控人员发现该变电站测控装置通信中断，立即汇报当值值长和集控站所办人员，并当即派值班员会同所办人员到现场检查核实。14 时 50 分左右值班员到达现场后，了解到施工单位在移动施工电焊机过程中由于电焊机电源线搭壳（该电焊机电源接于 1 号主变压器检修电源箱中的空气断路器下桩头），造成 1 号主变压器检修电源箱中的空气断路器（型号：DZ20Y-200，额定电流：200A）和 2 号站用变压器低压保护开关（型号：SACEPR122/P-LSIG，额定电流：630A，S/N：XAME14096）同时跳闸，同时查明由于 UPS 在交流电源失去后，未能自动切换到直流逆变电源，致使 UPS 所带的所有的交流负荷全部失电，其中网络交换机的失电，造成测控装置与后台机之间通信中断，监控信号无法上送到调度，但所内通信电源正常，所有保护装置通信均正常。对站用电设备进行检查后未发现其他异常。15 时，合上 2 号站用

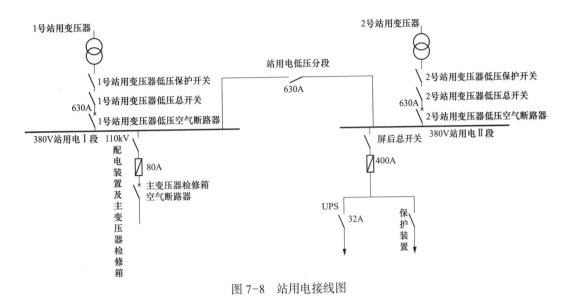

图 7-8　站用电接线图

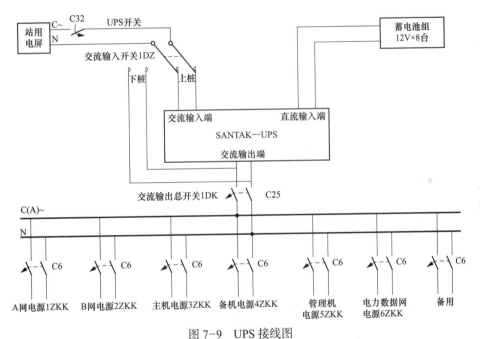

图 7-9　UPS 接线图

变压器低压保护开关，恢复站用电供电，各测控装置与后台机及调度之间的通信随即恢复正常。在上述处理过程中，省调、区调来电询问监控信号中断原因，值班员即将上述情况详细汇报省调及区调。

3. 故障原因分析及处理

施工单位在未切断电源的情况下移动电焊机，引起电焊机 C 相电源接地（接地电流为 $I_c = 348$A），超过检修箱中空气断路器跳闸电流，该空气断路器为老旧设备，动作时间相对较慢，而站用电低压侧总开关装有零序保护（整定电流值为 $0.2I_N = 126A$，动作时间整定为 0.4s），现场实际零序故障电流为 310A，该零序保护具有反时限动作特性，故障电流较大，动作时间比较短，所以引起 1 号站用变压器低压保护开关与检修箱中空气断路器同时跳闸，导致全站站用电短时失去。

UPS 设备在交流输入失电的情况下无逆变输出，影响后台监控主机等设备的正常供电，引起监控信号通信中断。经修试工区自动化人员到现场对 UPS 设备进行检查，发现 UPS 主机面板指示灯指示均正确，无告警指示，测试 UPS 自配的 8 只蓄电池电压均正常，在做好各种安全措施后（先将重要负荷如交换机工作电源回路改造为直流回路），对 UPS 主机进行了切换试验，发现 UPS 不能正常工作，但面板也无任何指示，经过拆机检查和测试，初步判定原因是 UPS 主机内部的逆变控制电路故障引起（蓄电池电压不能输入到逆变电路）。

4. 故障防范措施

（1）加强对施工单位现场管理，特别是要加强对现场施工器具管理，严禁使用不合格的施工器具。施工作业中需要用到变电站电源时必须经过运行人员的同意。

（2）工程主管部门应加强对施工方安全交底及作业现场的管控，对施工作业中的危险点做好分析及预控措施。

（3）提高监控系统电源的可靠性，网络屏上的 5 只交换机的交流电源均改为直流电源供电，同时将屏内的 6 只交流空气断路器更换为直流空气断路器。更改的目的是进一步提高整个监控系统采集通信的运行可靠性，更改后即使 UPS 主机故障停机及站用电交流失电均不影响信息的正常传输。待逆变器主机相应的安装辅助配件加工完毕后，直接将 UPS 主机换成逆变器，退出原 UPS 的自带蓄电池，直接采用变电站内部的直流电源，确保后台监控主机及其他监控设备的供电可靠性。

（4）站用电低压侧装有保护开关的变电站，应适当考虑延长保护的动作时限。

（5）加强检修电源管理，完善检修电源的保护，必要时可以采用专用检修电源箱。

（6）单台站用变压器运行时，原则上运行的站用变压器低压侧禁止外接施工电源，如确因工作需要接入，应检查工器具良好并按规定使用，必要时考虑使用应急电源车。

案例五：某变电站继保室交流电源失电

1. 故障概况

2021 年 6 月 18 日 15 时 2 分，某变电站 2 号补偿站用变压器保护动作，站用变压器高压开关跳闸，站用电Ⅱ段交流失去，因继保室站用分屏 2 台 ATS 未能自动切换至交流Ⅰ段电源，导致继保室交流电源失去，两组蓄电池充电机失去交流输入电源。15 时 34 分，运行人员到后手动将 ATS 切至交流Ⅰ段电源，继保室交流电源恢复。

2. 故障情况检查

6 月 18 日 15 时 4 分，值班人员接到监控中心电话，得知该变电站 2 号补偿站用变压器开关跳闸，直流充电装置告警。班组立刻派人前往处理，当班值长通过视频监控查看一次设备无明显异常。

15时34分，班组管理人员与值班人员到达现场，在后台确认2号补偿站用变压器保护动作，2号补偿站用变压器开关分位，直流充电装置告警信号并初步汇报后，分别去开关室、站用变压器室、继保室检查设备情况。

现场检查发现：15时2分，2号补偿站用变压器保护过电流Ⅱ段动作，故障相为B相，故障电流为4.62A（变比2000A/5A），2号补偿站用变压器开关分位。在继保室的两组直流充电装置均失电，一次设备正常。

现场处理人员第一时间检查继保室站用电分屏后的ATS装置，发现ATS在自动状态，但没有自动切换至交流Ⅰ段电源，经检查屏后交流母排无明显异常后，立即手动将其切换至Ⅰ段，继保室交流电源恢复，两组充电装置恢复正常运行，通信设施充电正常，相关信号恢复。

继保室交直流负荷恢复供电后，现场人员立即赶至站用变压器室，手动分开2号补偿站用变压器低压侧开关，合上站用电低压分段开关，恢复2号站用电馈线屏所供的其他负荷。

站用电恢复正常后，现场人员将详细检查结果及处理结果汇报至调度和指挥中心后，调度发令将2号补偿站用变压器由热备用改为站用变压器及开关检修，将故障点进行隔离。

6月19日，为验证ATS自动切换功能情况，在告知并经得调度、信通调度、监控等相关单位同意，并做好预案后，运维、检修人员联合开展ATS功能验证试验，试验表明保室两台ATS均没有自动切换功能，具体情况如下：

试验初始方式为ATS1、ATS2分别接在继保室交流Ⅰ段、Ⅱ段进线：

（1）在拉开站用电屏交流Ⅰ段空气断路器后，ATS1没有自动切换，继保室交流Ⅰ段电源失去，如图7-10所示。

（2）在拉开站用电屏交流Ⅱ段空气断路器后，ATS2没有自动切换，继保室交流Ⅱ段电源失去，如图7-11所示。

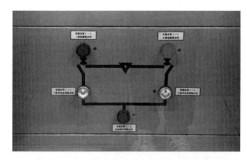 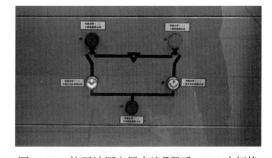

图7-10 拉开站用电屏交流Ⅰ段后 ATS1 未切换　　图7-11 拉开站用电屏交流Ⅱ段后 ATS2 未切换

7月5日，经检修人员再次检查验证，2台ATS自动控制器完好，但是电动机均无法运转，无法实现自动切换功能。

3. 故障原因分析及处理

经查缺陷系统，2019 年发现并上报 2 号站用电分屏进线电源 ATS2 存在不能自动切换的缺陷，并于 2020 年完成消缺处理，消缺原因"原因不明"，验收"情况正常"。

根据 DL/T 5155—2016《220kV～1000kV 变电站站用电设计技术规程》规定，220kV～500kV 变电站继保室宜设置分电屏，分电屏宜采用单母线接线，且应双电源供电，双回路之间宜设置自动切换装置。继保室交流供电运行方式满足规范要求，且 2 台 ATS 已设置为"自动"模式，但没有自动切换是本次继保室交流失电的异常原因。2020 年某变电站 ATS2 消缺完成后，可以说明两台 ATS 自动切换功能正常，两台 ATS 均接在Ⅱ段电源进线上也符合上述规程的运行要求。

4. 故障防范措施

（1）全面开展隐患排查。开展站用电系统针对性排查，排查站用电系统运行方式，包括各小室的交流系统运行方式，排查 ATS 设备类型、操作工具是否齐全，操作方式是否明晰等，协同检修人员共同检查验证 ATS 自动切换功能是否完备。

（2）合理制定站用电运行策略。根据摸排的站用电系统运行方式、ATS 设备情况等，制定合理的站用电包括继保室分屏运行方式，制定针对性的隐患整改计划，加强新设备交直流电源接入的管控，全面提升站用电系统运维能力。

（3）优化通信设施供电。目前 220kV 变电站通信设施电源已接入省调监控系统，且通信设施较为重要，但通信电源由继保室分屏供电，与其高可靠性要求相比不匹配，且通信专业与站用电系统的相关规定不一致（通信电源要求取自可靠的两路电源），建议通信电源由站用电屏直接取电，以提高通信电源的可靠性。

第二节　直流系统充电装置事故案例

案例一：保护配置不合理导致误闭锁

1. 故障概况

（1）故障设备基本情况。某 220kV 变电站共有 2 套直流充电装置、2 组蓄电池。Ⅰ组直流系统为 2015 年新投运，微机监控装置型号为 PSM-3，绝缘监测装置型号为 AJK-01，充电模块型号 GML-10220A2-3，蓄电池为 GMF2-300YR 型蓄电池组；Ⅱ组直流系统为 2016 年新投运，微机监控装置型号为 LARM-SA10，绝缘监测功能集成在微机监控装置中，充电模块型号为 TR48-3000，蓄电池为 GFM-300 型蓄电池组。

（2）故障前运行方式。Ⅰ、Ⅱ组直流电源系统母联开关在分位。Ⅰ组直流充电装置带Ⅰ段直流负载，Ⅱ组直流充电装置带Ⅱ段直流负载独立运行。

（3）故障过程描述。2016 年 7 月 28 日，变电站更换新屏，施工前工作人员先合上母联断路器，退出Ⅰ组蓄电池及Ⅰ组直流充电装置，Ⅱ组直流充电装置带Ⅱ组蓄电池及全站直流负载。Ⅰ组直流充电装置模块型号 GML-10220A2-3。

在Ⅰ组直流充电屏原屏位处安装新屏柜。屏柜固定就位，完成柜内、外部配线，Ⅰ组蓄电池暂未接入新直流系统母线。工作人员给新工组直流充电装置试送电检测其性能。按照先交流后直流的送电原则，合上 2 路交流进线小型断路器，5 个充电模块正常工作。

此时，Ⅰ组直流充电装置输出开关未合，Ⅰ组直流母线上未接入蓄电池组，PSM-3 主监控装置、AJK-01 绝缘监测装置等屏内元件无工作电源，充电模块处于不受控状态，在自主直流充电装置模块模式下工作。Ⅰ组直流充电装置输出端接放电负载仪（放电仪工作电源为交流 220V，放电电流设为 5A），检验充电模块的性能。合上充电装置输出开关，合上放电仪放电开关，主监控装置显示屏闪烁一下随即黑屏，5 个充电模块保护示警灯均点亮，直流母线电压为零，约 3s 后保护灯熄灭，充电装置恢复正常，输出 220V 直流电压，屏内配置元器件带电工作。

为排除放电仪故障的可能性，工作人员拉开Ⅰ组直流充电装置输出开关，退出放电负载仪，此时所带负载仅为屏柜内自带 PSM-3 主监控装置、AJK-01 绝缘监测装置及各馈线支路 TA。待充电模块工作稳定后，合上Ⅰ组直流充电装置输出开关，上述现象重现。

2. 故障情况检查

（1）外观检查情况。Ⅰ组直流电源系统 5 个充电模块保护动作，告警红灯亮，模块电压显示为零，母线失电压。

（2）试验检测情况。咨询设备厂技术人员可知，充电模块在使用过程中因冲击电流而出现误保护。

图 7-12 所示为充电模块与负载的系统示意图。在模块内部包含有输出电容 C_1、C_2，其间以输出电流采样电阻进行连接。在输出电容 C_2 后接负载空气断路器后，接入客户负载。客户负载内部包含有或大或小的电容。充电模块开机后，模块输出电压较高（最高到 220V）；由于负载空气断路器处于断开状态，负载电容上电压为 0V。当负载空气断路器闭合时，内部电容直接接入到负载电容上，从而导致冲击电流 I_2 很大，同时由于电流采样电阻阻值很小，I_1 也很大，从而触发了模块内部的输出短路误保护。

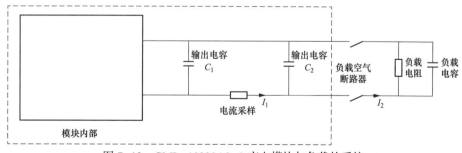

图 7-12　GML-10220A2-3 充电模块与负载的系统

鉴于以上分析，可通过如下两个方法解决：

1）在模块输出端子并联较大的电解电容，减小负载空气断路器闭合瞬间通过的瞬间冲击电流，从硬件上消除冲击电流引起误保护的可能性。负载空气断路器接通瞬间，外加电容 C_3、C_4 给负载电容较大的瞬间冲击电流，冲击电流 I_1 较平缓。外加电解电容后的系统如图 7-13 所示。

2）更改程序，对采集到的电流信号进行时间积分，当冲击电流与时间的累加和值大于一定情况时，方可作为输出短路的判据，从软件上消除了因冲击电流而触发误保护的可能。

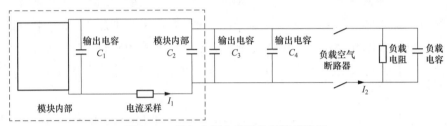

图 7-13　外加电解电容后的系统示意图

在充电模块输出端加装 400V、680μF 的电容后，充电模块正常工作。

3. 故障原因分析

（1）故障原因分析。模块在使用过程中就是因容性电流冲击，保护被误触发而引起模块停止供电，属于充电模块保护过于灵敏，误动作。充电模块带负荷工作时，负荷电流中的容性电流引起充电模块自保护断电，无直流输出，影响直流负载正常工作。

（2）相关规程规范。GB/T 19826—2014《电力工程直流电源设备通用技术条件及安全要求》5.2.1.8 规定，充电装置应具有软启动特性，软启动时间可根据用户要求设定，一般设定为 3～10s。

4. 故障处理及防范措施

（1）对于存在相同问题的产品，可采用合理调整充电模块保护定值、充电模块输出端加装电容器的方式，暂时解决设备运行难题，躲过直流空气断路器合闸时的正常冲击电流，后续应对产品及时升级，结合运维部门对直流系统设备强化巡视。

（2）建议从源头把控，引进产品优良、服务优质的厂商，强化对小厂商产品的各个环节验收，加强对新投运直流装置的定值整定、精度采样、控制程序试验及遥测、遥信等功能检查及试验，在投产前及时发现隐患、缺陷，并责令整改。

（3）对该产品同批次产品加强监管。

案例二：直流母线倒闸操作错误导致直流电源失电

1. 故障概况

（1）故障设备基本情况。某 220kV 变电站直流充电装置 2004 年投运。

（2）故障前运行方式。该 220kV 变电站直流电源系统为 3 台充电装置、2 组蓄电池组的供电方式。每组蓄电池和充电装置、分别按于一段直流母线上，第 3 台充电装置为备用装置，可在两段母线之间切换，任一工作充电装置退出运行时，需手动投入第 3 台充电装置。3 台充电装置分别置于 3 块充电屏上，每块充电屏均有两路分别来自 1、2 号站用变压器的交流输入电源，可自动切换。正常运行时两电三充直流系统接线方式如图 7-14 所示。

（3）故障过程描述。变电站站用变压器进行停电检修时，运行人员在对其两电三充接线方式下的直流电源系统进行倒闸操作时，因操作错误，将馈线屏把手打至停止位置，而未切至另一段电源，导致直流充电屏的两路交流电源切换过程中直流母线短暂失电压，该直流母线段所带保护装置失电重启。

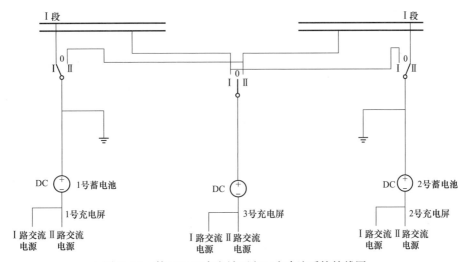

图 7-14　某 220kV 变电站两电三充直流系统接线图

2. 故障情况检查

直流电源系统装置、元器件正常。

3. 故障原因分析

1 号站用变压器停电检修，运维人员认为 1 号站用电停电将造成 1 号充电屏失电压，所以将 1 号馈线屏负荷切至由 3 号充电屏供电。

在操作过程中运维人员先将 3 号充电屏把手由 0 处切至 I 段直流母线，后将 1 号充电屏把手由 I 段直流母线切至 0 处。按此方式切换后直流 I 段母线上所带负荷仅由 3 号充电屏供电，脱离了两组蓄电池。

当 1 号站用变压器停电检修时，3 号充电屏的交流输入电源自动切换至 2 号站用变压器，切换过程中短暂失电，导致 3 号充电屏直流输出短时中断，直流母线 I 段短暂失电压，从而造成该段母线上的负荷如保护装置等失电，故障时刻接线方式如图 7-15 所示。

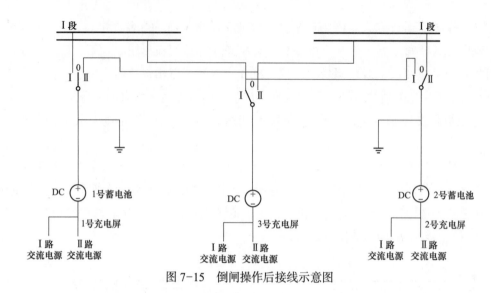

图 7-15 倒闸操作后接线示意图

实际直流电源系统存在交流失电压自动切换回路，且此变电站分别从 1、2 号站用变压器提供两路独立交流电源，I路站用电源停电直流充电模块会自动切至II路交流电源供电，所以对直流充电屏并无影响，不需进行此倒闸操作。

4. 故障处理及防范措施

（1）两电三充接线方式下，某一台站用变压器退出运行或检修时，由于充电屏均有两路来自不同站用变压器的交流输入电源相互切换，所以不需要进行直流母线倒闸操作。

（2）若运行时在运某段直流充电装置存在异常需要倒母线操作时，以I段直流倒至II段为例，步骤如下：①将 3 号充电屏切换把手置I处（此时 1 号馈线屏同时由 1、3 充电屏供电）；②将 1 号馈线屏切换把手由I处切至II处（此时 2 号馈线屏由 2 号充电屏供电及 3 号充电屏供电）；③将 3 号充电屏切换把手由I切换至 0 处，操作完毕。

恢复正常方式操作步骤：①将 3 号充电屏切换把手由 0 切换至I处；②将 1 号馈线屏切换把手由II切换至I处；③将 3 号充电屏切换把手由I切换至 0 处，操作完毕。

（3）因为备用充电装置所在的充电屏无蓄电池并接，若长期由单独备用充电装置供电，当交流系统发生异常时容易导致该段直流失电压，所以备用充电装置不宜长期投入。

案例三：通信模块通信故障消缺报告

1. 故障概况

某 220kV 变电站监控后台频发 2 号直流系统故障，第 2 组充电机 1 号充电模块通信中断故障。现场检查是第 4 组充电机 1 号充电模块通信中断故障（实际是 2 号通信充电屏 1 号模块通信中断）。信号一直在动作复归频繁动作，设备型号为 DJKQ-5100。

2. 故障情况检查

检查 1 号模块（通信模块）运行指示灯亮，保护告警灯不亮，带负荷正常。监控器参数设置正确，直流系统无其他告警信号，电压、电流各数据都正常。

3. 故障原因分析

拔出 1 号模块，分别把 2、3、4 号安装到 1 号位置，正确设置地址码，还是报 1 号充电模块通信中断故障。重新启动 2 号直流监控器、一体化电源装置，信号没有复归。

关闭 1 号模块，拔出 1 号模块的通信线，让 2、3、4 号模块通信通过 2 号输出口上传，分别设置这三个模块的地址为 0000、0001、0010，监控器中更改模块数量为 3。监控器后台报警依旧，不管怎么设置，怎么调换模块位置，始终报 1 号充电模块通信中断。

判断故障到底是在 2 号通信电源屏，还是 RS-485 通信线，或者是 2 号监控器上。让 2 号通信充电屏信号传输 1 号的通信线路，1 号的监控器接线完成后，监控器无告警信号，系统运行正常，分别关闭 1、2 号模块，1、2 号模块通信正常。把 1、2 号通信电源屏输出的 RS-485 线分别互换接到监控器，此时 1 号监控器没有告警，2 号监控器报 1 号充电模块通信中断，还原接线。此时可以确定 2 号通信充电屏的 RS-485 通信线是没问题的，问题出在 2 号监控器上。一直查到 2 号监控器的 A4、B4 端口，接收的是 2 号通信电源屏（通信屏表计、馈线、模块）与绝缘监测装置、馈线过来的合并信号，并接负载多会导致通信不稳定。把绝缘监测装置信号改到 A6、B6 端口，同时把通信电源屏的馈线改到 A6、B6 端口，告警信号复归，故障消除。故障处置情况如图 7-16 所示。

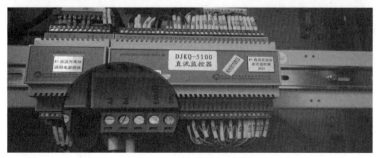

图 7-16　故障处置情况

4. 故障处理及防范措施

作为专业的直流检修人员，要熟悉设备，对设备每一个端子的定义、每一个值的设定、每一个接线都做到心中有数，这样在故障出现的时候，可以做到精准处理，合理分配每个通信端口的负载。

第三节 直流系统蓄电池事故案例

阀控式铅酸蓄电池的故障种类很多，原因也较复杂，很多故障都不是短时间内形成的，且发展过程中从外观上很难看出。蓄电池一旦发生较大的故障，一般都不容易修复，本节着重叙述常见的几种故障及其处理方法。

案例一：110kV 变电站单个蓄电池开路造成直流失电

1. 故障概况

（1）故障设备基本情况。直流装置于 2003 年投运，蓄电池组于 2008 年投运，蓄电池容量 200Ah，发生事故前一年曾对蓄电池组进行核对性充放电，5h 放出一半容量，最低电压 1.980V，普遍 2V 以上。

（2）故障前运行方式。事故 110kV 变电站为单套直流充电装置，系统电压 110V，带降压硅链，5 个 10A 充电模块，配一组 54 节蓄电池，其直流系统结构如图 7-17 所示。

（3）故障过程描述。2015 年 2 月 12 日 9 时 40 分，检修人员对事故变电站蓄电池进行核对性充放电，放电前检查直流系统运行正常，蓄电池浮充电压最高 2.274V，最低 2.238V。检查正常后，检修人员开启蓄电池监测装置放电功能，后又将 5 个合闸充电模块全部关闭，蓄电池放电负荷电流 27A 左右，蓄电池电压正常。9 时 56 分，直流装置突然失电，所有直流负荷指示灯灭，蓄电池监测装置失电。

2. 故障情况检查

（1）外观检查情况。故障蓄电池外观检查正常。

（2）试验检测情况。事后测量开路电池内阻，达 1000Ω。

3. 故障原因分析

蓄电池放电过程中，为防放电模块只放充电模块输出而不放蓄电池电能。通常将直流充电模块全部关闭，直流馈电负荷及放电模块均由蓄电池供电。事故变电站蓄电池运行年限较长，内部极柱硫化情况难以通过外观检查、电压测量及放电检测出来。如此时进行蓄电池放电维护工作，会发生直流中断事件。

4. 故障处理及防范措施

（1）故障处理情况。

1）立即对事故变电站整组蓄电池进行更换。

2）对其他变电站同型号、投产时间接近的蓄电池进行内阻测试检查，如发现内阻偏大的情况，立即整组更换。

（2）防范措施。蓄电池是站用电源最后一道保障，蓄电池开路将直接关系到直流系统可靠运行。吸取事故变电站教训，检修人员提出对现有蓄电池监测装置改进思路，分

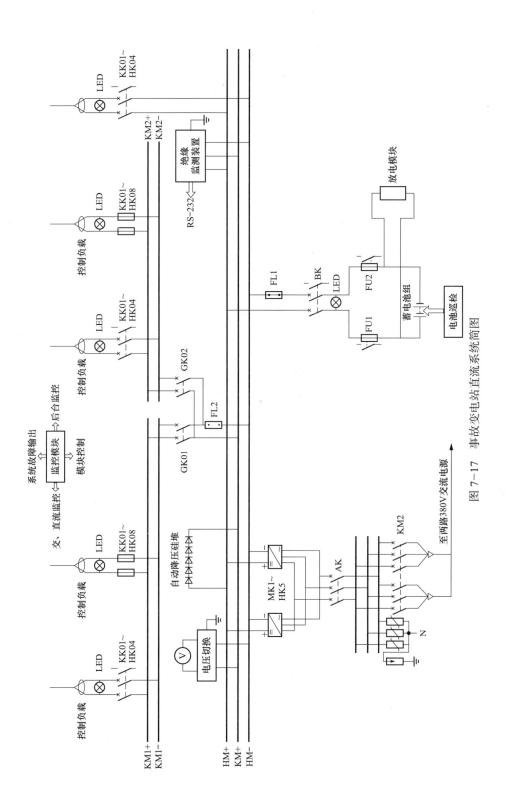

图 7-17 事故变电站直流系统简图

析及实践如下。

电力系统阀控式铅酸蓄电池管理规程要求每月对变电站阀控式铅酸蓄电池组进行一次活化动态放电（100A，2s），每三个月对阀控式铅酸蓄电池组进行一次活化静态放电（$C_{0.5}$，I_{10}），每二年对阀控式铅酸蓄电池组进行一次全容量考核（C_{10}，I_{10}）或50%的容量（C_5，I_{10}）考核充放电，以维持蓄电池容量。

由于目前静态放电的方法是将充电模块（GK）停止工作，蓄电池组不退出运行，仅依赖蓄电池组对直流负载供电，同时蓄电池组对放电负载供电，此时如有单个蓄电池开路，整个蓄电池将会断路，其直接后果是直流母线失电压，如图7-18所示。

现有不管是独立的蓄电池监测装置还是集成在充电装置的蓄电池监测模块，其设计重点在于监测功能的实现，未考虑系统对直流系统安全运行的影响。

（3）提高放电安全的要求有三点：

1）蓄电池放电过程中不必关闭充电模块，使充电模块继续工作，可防止蓄电池开路对直流断供的危险，同时也要求能对蓄电池放电，而不是由充电模块对放电模块供电。

2）蓄电池放电过程中，当发生系统性故障，交流中断，充电模块停止工作时，蓄电池放电应马上终结，并对直流系统供电。

3）发生异常情况，监测装置及后台输出告警，告知运行及检修人员及时采取措施。

设计考虑在直流蓄电池充电回路中并联大功率二极管，在充电回路中加一对触点，通过程序控制自动控制此触点的动作情况。正常充电情况下，直流充电模块对蓄电池组充电，同时对直流负载供电。当需要定期静态放电时，通过设定好的程序将此触点导通，切换至加装了大功率二极管的放电回路。此时，由于大功率二极管的反向截止特性，充电模块对蓄电池组的充电截止，所以放电时不需要关闭充电模块。而且此时当交流失电，根据大功率二极管的正向导通特性，蓄电池仍可对直流母线供电。并且在放电过程中遇有蓄电池开路，这时充电模块对直流母线供电，也不会因蓄电池开路引起直流系统失电，这样蓄电池放电的安全性就得到了保障。设备接线如图7-19所示。

检修人员对某型蓄电池监测装置进行了改造，在原蓄电池监测装置中增加了一套智能蓄电池放电控制器，修改主机和放电模块内程序，增加了动作反馈信号，增加放电控制检测和检测无动作取消放电的命令区启动放电控制器和停止放电的命令，实现了智能控制放电模块在异常情况下停止放电，并且显示告警信息。装置接线如图7-20所示。

（4）装置控制逻辑如下：

1）充电状态。蓄电池充电时，放电控制器中直流接触器的主触头动断（常闭），状态指示灯灭。充电机通过直流接触器的动断主触头为蓄电池组充电。

2）放电状态。闭合放电模块的空气断路器，主机通过RS-485给放电模块发放电命令，放电模块L1+、L1-端输出24V，放电控制器24V继电器闭合（动作时间在7ms左右），直流接触器动作，使得动断主触头断开，两组动合辅助触头闭合，状态指示灯点

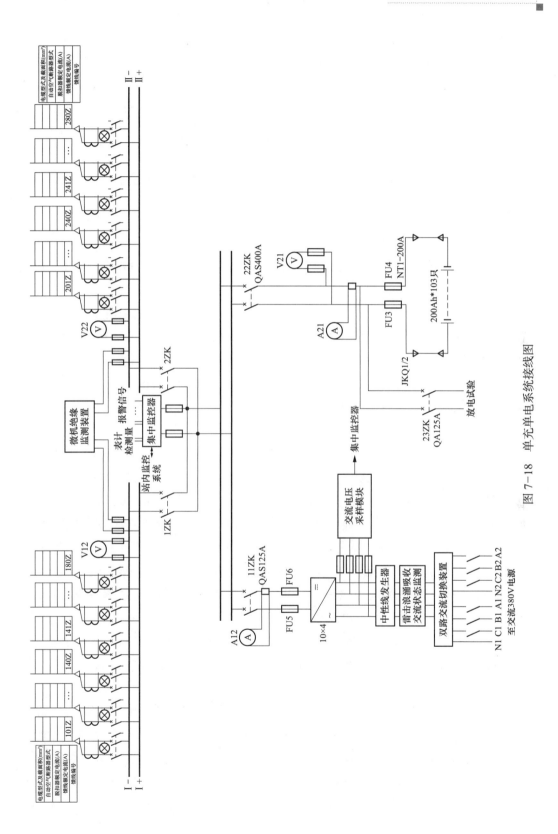

图 7-18 单元单电系统接线图

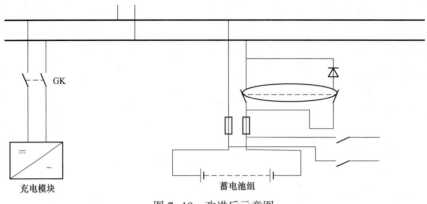

充电模块   蓄电池组

图 7-19　改进后示意图

亮，反馈信号 FB 输出，主机接收到反馈信号 FB，进入放电；如没收到反馈信号 FB，则退出放电并告警。

当进入放电状态后，由于直流接触器动断主触头断开，充电机对电池充电回路被切断，电池处于脱机状态。但直流接触器的动断主触头两端反向并联了一个二极管模块，保证放电过程中一旦直流充电装置无法供电，可由蓄电池组经二极管供电。

放电结束后，放电负载停止输出 L1+、L1- 信号，同时输出 KK 信号使放电空气断路器断开，切断放电控制器中的直流按触器电源，使得直流接触器复位，其动断主触头闭合，状态指示灯灭。

1）放电过程中直流充电装置交流失电。在放电过程中，动断主触头打开，二极管模块反向截止。当市电失电，主机在 AC220V 端检测到失电情况后，告警提示，并立即对放电模块发送停止放电命令，放电负载输出 KK 信号使放电空气断路器断开，切断放电控制器中的直流接触器电源，使得直流接触器复位，其动断主触头闭合，状态指示灯熄灭。

2）放电过程中未检测到放电电流。在放电过程中，动断主触头打开，二极管模块反向截止。主机若未检测到放电电流，告警提示，并立即对放电模块发送停止放电命令，放电负载输出 KK 信号使放电空气断路器断开，切断放电控制器中的直流接触器电源，使得直流接触器复位，其动断主触头闭合，状态指示灯熄灭。

3）放电过程中电池组出现断开、短路区火灾。在放电过程中，动断主触头打开，二极管模块反向截止。放电过程中若电池组断路，放电模块突然失去供电，停止工作，没有输出下 KK 信号线，所以放电空气断路器不动作断开。虽然放电模块的 L+、L- 信号失去，但是放电控制器中动合辅助触头闭合维持了直流接触器的供电，直流接触器动断主触头继续保持断开，电池充电回路依然断开，装置有效阻隔直流充电回路与蓄电池回路，保证系统仍能安全运行。装置内部接线如图 7-21 所示。

此项改进实现了智能控制放电模块，在单个或多个蓄电池开路及其他异常情况时自动停止蓄电池放电，防止因单个或多个蓄电池开路而引起的直流母线失电压的安全隐患。

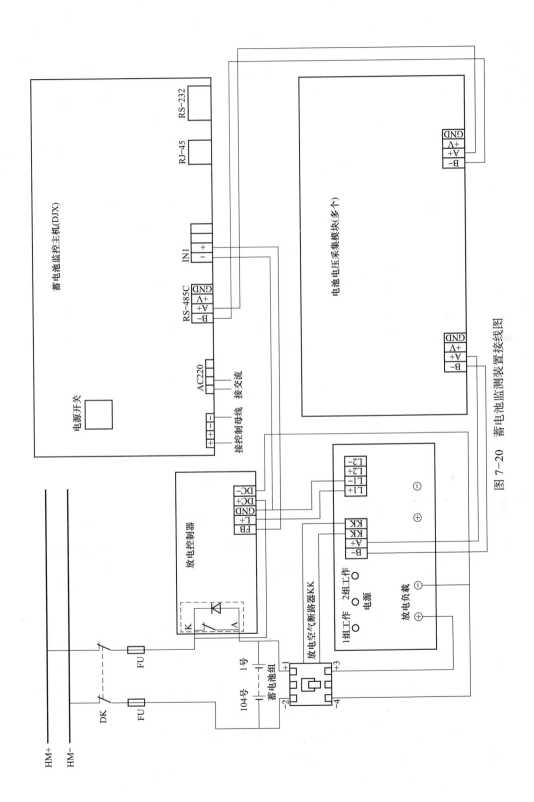

图 7-20 蓄电池监测装置接线图

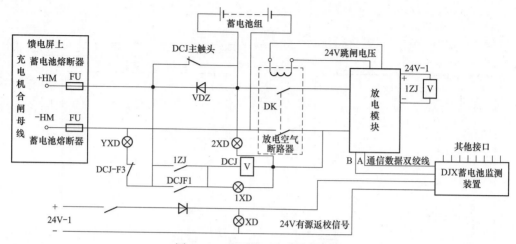

图 7-21 监测装置内部控制逻辑

虽然在蓄电池监测装置中增加了一套智能蓄电池放电控制器，但对放电步骤并未增加，而且减少了关闭合闸母线模块的步骤，防止了误操作。220kV 变电站运行人员每月对蓄电池进行容量考核时，采用此套装置放电，可以不切换电源，直接进行放电操作，减少操作过程。该智能蓄电池放电控制器适用范围广，对 35、110、220、500kV 变电站直流系统均能适用，有效保证了直流系统的安全运行，确保了电网的稳定运行。

案例二：220kV 变电站蓄电池爆炸起火

1. 故障概况

（1）故障设备基本情况。某 220kV 变电站直流系统为两电两充配置，型号为 WHB3000-220，监控装置为 SIMATICS7-200。

（2）故障前运行方式。故障前两段直流母线分列运行。

（3）故障过程描述。2013 年 1 月 26 日 10 时 43 分，变电站蓄电池室发出两声爆炸声，蓄电池室浓烟滚滚，当时正在站内的运维人员紧急拉开了两组蓄电池组总熔断器，避免了事故的进一步发展。

2. 故障情况检查

（1）外观检查情况。现场检查 1 号蓄电池组起火爆炸，并引起同处一室的 2 号蓄电池组高温受热鼓肚变形。

1 号蓄电池组中上部 16 节（编号为 36～44，59～67）左右电池烧毁，其中编号为 36～44 的 9 节最为严重，且烧损程度相差不大，现场难以分清哪节是爆炸的电池。

1）控制模块设置。现场调取 TD-200 控制器，查看设置如下：

均充电压：240V；均充定时：3h；

浮充电压：230V；浮充定时：90 天；

电池限流：23A；电池欠压：198V；

控制母线电压：232V。

对照厂家说明书，设置正确。

由于 TD-200 控制器中无事故记录，所以无法直接获取故障发生时刻的直流系统状况，如果故障由直流系统短路引起，直流电压下降会导致继电保护及操作箱告警及发出异常信号，所以可以排除直流系统短路情况。

2）调度自动化系统数据分析。从调度自动化系统调取 1 号充电装置 2012 年至 2013 年 1 月 30 日的充电状态转换期间的日历史数据，以表格的形式列出，如表 7-1 所示。

表 7-1　　　　　　　　　　　　1 号充电装置历史数据

日期	时段	充电机输出电流	直流母线电压	充电状态分析
2.13	00:00—08:15	6.5A 左右	228V	浮充
	08:30—11:00	15A 左右	240V	均充
	11:15—23:45	6.5A 左右	228V	浮充
5.13	00:00—11:15	5A 左右	232V	浮充
	11:30—14:15	15A 左右	242V	均充
	14:30—23:45	5A 左右	232V	浮充
8.11	00:00—14:30	7A 左右	232V	浮充
	14:45—23:45	15A 左右	245V	均充
8.12	00:30	—	—	浮充
11.1	00:00—00:15	12A 左右	230V	浮充
	00:30—10:30	21A 左右	237V	均充
	10:45—23:45	2~11A	228V	浮充
1.30	00:00—10:30	10A 左右	230V	浮充状态，电池异常
	10:45	7.56A 左右	207V	故障时刻
	11:00	21.97A 左右	227V	故障时刻
	11:05—23:45	15A 左右	227V	带全站直流负荷

从数据分析：

①充电装置能按正常的周期和逻辑对蓄电池充电，但充电电压略高于设定的均充电压值 240V，最大达 245V，分析是由于测量系统误差较大所致，均充充电电流只有 10A 左右（没有达到生产厂家说明书中预置的 30A），是由于充电模块出力下降所致，后面的试验中均充电流也只是 13A 左右。

②故障时刻充电装置电流突增，但充电电压却有所下降，说明充电装置没有处于"均充"状态（"均充"状态电压应上升），电流突增应是蓄电池故障所致。

现场检查蓄电池室缺少温控装置，夏季温度高时室内温度可能会升至 35℃以上，影响电池寿命。

（2）试验检测情况。

试验条件：由新 1 号充电屏带新 1 号蓄电池组，站内直流负荷全部导致 1 号段直流母线，由旧 1 号充电屏带新 2 号蓄电池组进行试验。设置：均充电压 220V，均充定时 0.1h（6min），浮充电压 210V，浮充定时 0.1 天，置"自动"充电状态。

试验结果如下：

1）按生产厂家说明书逻辑将交流电源拉开 10min 再合上后，装置自动转为"均充"运行，充电屏上"均充"灯亮，蓄电池充电电流达 13.8A 并维持不变，即恒流充电。

2）当直流电压达 220V，并维持不变，充电电流逐渐下降，即恒压充电。

3）当充电电流至 3A 以下，过 6min，自动转为浮充状态，充电屏上"浮充"灯亮，充电电压为 210V 左右，充电电流逐步下降至 0.5A 左右。

试验结论：从上述试验结果看，充电装置本身基本正常。

3. 故障原因分析

（1）更换后的电池放在电池组的尾端（即从 103 号往前），而烧毁的电池编号为 36～44、59～67，说明烧毁的电池是未更换过的电池。

（2）阀控式蓄电池运行最佳温度范围为 15～25℃，25℃下的使用寿命为 10 年，当温度升至 35℃，使用寿命缩短一半。该站蓄电池组已运行近 10 年，且室内无控温装置，部分电池性能可能出现较为严重的老化。

（3）由现场发生的两声爆鸣声可推断至少有两个蓄电池单体发生了"氢爆"。而蓄电池发生"氢爆"一般是氢气达到爆炸极限所致。查阅该变电站蓄电池性能例行测试报告可知，电池电压个体差异较大，一些电池充电电压较高，而充电机由于测量误差导致充电电压达 245V，蓄电池过充可能导致电池内部的氧复合过程受到影响，发生电解水反应，氢气持续放出，导致电池干水，加剧电池的恶化。另外，部分电池的自动排气阀可能存在排气不畅，导致氢气未能及时快速排出，积蓄在电池壳内，达到了氢气的爆炸极限。

4. 故障处理及防范措施

（1）按 DL/T 5044—2014《电力工程直流电源系统设计技术规程》要求，变电站配备 2 组蓄电池时宜布置在独立的蓄电池室，对于无法实现分室布置的建议中间装设砖质隔墙的方式。

（2）改善蓄电池室的运行环境：阀控蓄电池运行温度应控制在 15～30℃，应有防止阳光直射室内的措施，室内应装设防爆空调。

（3）加强运行年限超过 6 年蓄电池组的运行巡视，适当调低充电电压，特别注意电池本体的异常现象，在均充阶段加强监视，防止由于较大的充电电流导致蓄电池出现异常。

（4）新旧电池混用更易导致整组蓄电池寿命缩短，建议严格按状态评价要求，当不合格电池数超过 20% 时整体更换蓄电池组。

案例三：110kV 变电站蓄电池起火案例

1. 故障概况

（1）故障设备基本情况。某 110kV 变电站蓄电池型号为 GFM-200，蓄电池投运时间为 2010 年 8 月，蓄电池柜与二次屏柜在控制室共室安装。

（2）故障前运行方式。

1）110kV ZYA 线带 3 号变压器，ZYB 线带 2 号变压器，母联 500 断路器热备用。

2）2 号变压器带 10kV Ⅱ母，3 号变压器带 10kV Ⅲ母，母联 300 断路器热备用。

3）10kV 出线共 22 条，其中 19 条运行，3 条冷备用。10kV Ⅱ母共 10 条出线，联络线 6 条，专线 2 条（充电备用），单供线路 2 条；10kV Ⅲ母共 12 条出线，联络线 10 条，单供线路 2 条，站内一次接线示意图如图 7-22 所示。

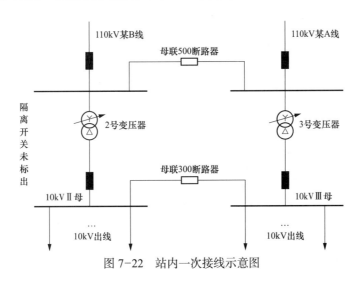

图 7-22 站内一次接线示意图

（3）故障过程描述。2014 年 5 月 3 日 6 时 14 分，监控发现该变电站远动信号全部中断；6 时 45 分变电站内值守人员发现保护室内起火；6 时 48 分拉开 ZYA 线、ZYB 线对侧断路器。

2. 故障情况检查

现场发现保护室内蓄电池屏烧毁最为严重，基本确认为蓄电池起火导致保护室火灾。后于事故当晚连夜恢复了站内监控视频，从视频中确认是蓄电池组Ⅲ屏最上一层（每个蓄电池屏共分三层，蓄电池组Ⅰ、Ⅱ、Ⅲ同层之间直接连通，无隔断）在 5 月 3 日 6 时 8 分 40 秒左右先有两次电弧闪烁，随即起火，火势逐渐蔓延至蓄电池组Ⅰ屏、蓄电池组Ⅱ屏、充电屏及其他屏柜，最终导致保护室内二次设备基本损毁。蓄电池组及充电屏排列位置示意图如图 7-23 所示。

图 7-23 蓄电池组及充电屏排列位置示意图

在调控中心调取了事件告警记录，从 5 月 2 日下午 15 时 47 分起，告警信息主要有三类：

（1）公用测控蓄电池总熔断器熔断（调控中心共收到 12 次）。

（2）公用测控直流屏通信告警（调控中心共收到 21 次）。

（3）公用测控直流屏母线告警（调控中心共收到 1 次）。

对火灾后现场的熔断器进行了检查（在最底层，未烧毁），直流熔断器顶针确未触发。说明熔断器熔断信号并未发给直流监控装置，但公用测控和后台确实收到了熔断器熔断信号，只可能是直流监控装置误发信号。告警信息传输路径示意图如图 7-24 所示。

图 7-24 告警信息传输路径示意图

查阅蓄电池内阻测试报告，核对性放电试验记录及每月的端压测试记录，记录显示蓄电池整体性能良好，未见危急缺陷。

3. 故障原因分析

事故前，直流监控装置已频繁误发告警信息，基本可判定其内部已经存在故障，且其告警与控制功能共一块 CPU，极有可能使得装置的限流、恒压等控制功能丧失，进而使得蓄电池过充电，导致蓄电池鼓包、漏液引起蓄电池短路起火，火势蔓延最终致使保护室内二次设备烧毁。

4. 故障处理及防范措施

（1）对直流监控装置所发的告警信息即使确认某条信息为误发信息，也不要轻易屏蔽所有告警，防止因一个误发告警而屏蔽一些重要的正确告警，应在加强监视的同时，通过联系厂家等手段尽快消缺。

（2）直流监控装置应具备自检功能，当内部故障时应及时告警，防止因监控装置失控而损坏蓄电池等设备。

（3）蓄电池组与监控、保护等二次设备共室的设计存在安全隐患，蓄电池组起火时会损坏共室的其他二次设备，故有条件的地方应逐步将蓄电池组移出保护室，存放于独立的蓄电池室内。

（4）对于熔断器熔断等一些重要的硬接点信号可直接接至公用测控屏，减少中间环节，降低误告警的概率。

案例四：220kV 变电站蓄电池开路导致保护误动

1. 故障概况

（1）故障设备基本情况。某 220kV 变电站于 2002 年投运，蓄电池型号为 DJ400，2002 年投运。

（2）故障前运行方式。两台主变压器并列运行，1 号主变压器中性点接地，220kV Ⅰ、Ⅱ母线各带三条 220kV 线路运行；1 号站用变压器接于 10kV Ⅰ母带全站站用负荷，2 号站用变压器接于 10kV Ⅱ母热备用，380V 采用进线备投的方式，事故前一次设备运行方式如图 7-25 所示。

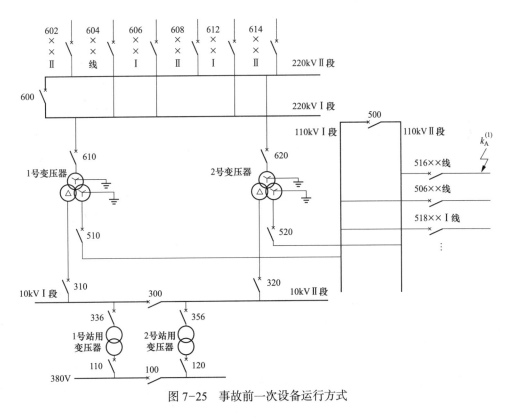

图 7-25 事故前一次设备运行方式

（3）故障过程描述。2015 年 6 月 16 日 9 时 37 分，某 220kV 变电站的一条 110kV

线路户外电缆终端头发生 A 相接地故障，引起站用电压下降，直流充电机输出短时闭锁，全部直流负荷转为蓄电池供电。由于 1 号蓄电池组整体容量低于 80%，且个别蓄电池内阻严重超标，在直流负荷的冲击下蓄电池开路，站内直流 I 段失电，由该段直流母线供电的全部装置断电重启，并引起了条 220kV 线路保护误动。2h 后，110kV GIS 内部发生故障，引起全站站用交流电和直流电源系统全部失电，站内全部二次装置断电重启。

2. 故障情况检查

（1）外观检查情况。蓄电池组外观正常，极柱无锈蚀，本体无鼓肚、漏液等情况。

（2）试验检测情况。事故前由 1 号站用变压器带全站站用负荷，2 号站用变压器热备用，380V 采用进线备投方式，所以直流充电屏的两路 380V 交流输入电源均由 I 号站用电供电。第一次事故为 110kV 的 516 线路户外电缆终端头 A 相发生接地故障，导致 380V 站用电 A 相下降至 40V 左右，两路交流输入均出现异常，导致充电机自动闭锁输出，时间持续约 4.3s。现场使用调压器和负载箱模拟故障情况进行试验验证：当充电机交流输入单相大幅降低时充电机会闭锁充电模块停止输出，待输入电压恢复正常后充电装置约 4～5s 恢复正常输出。在直流充电机闭锁输出后由蓄电池继续供电，但 I 组蓄电池并没有及时带起相应的负荷，导致直流 I 段母线失电压，I 组蓄电池则顺利转入运行。经检查，I、II 组蓄电池的容量并不满足要求，在此半年前的容量核对性放电试验结果表明，I 号蓄电池容量测试仅为 50%，II 号蓄电池容量仅为 70%，内阻测试报告中两组蓄电池的内阻测试值都不平均且个别单体蓄电池内阻明显偏大且为均值的数倍，结果不满足标准要求。事故发生后现场对蓄电池进行检测发现 I 号蓄电池组单体 49 号和 69 号蓄电池已经开路，检查最近一个月前的内阻测试数据表明故障蓄电池组多只单体电池内阻值已明显异常，整组蓄电池内阻均值为 0.8mΩ 左右，其中 49 号单体内阻值为 19.7mΩ，85 号单体内阻值为 19.5mΩ，单体内阻值已达整组蓄电池内阻均值的 10 余倍，阻值明显异常偏大，表明此蓄电池组已存在"虚开"现象，因此直流 I 段母线在 I 号充电机闭锁后带上大负荷，"虚开"蓄电池中极柱下方已被腐蚀、老化开裂的汇流排在大电流的冲击下断裂造成开路而失电压；查阅相关试验报告数据，II 号直流蓄电池组同样存在"虚开"现象，但运行状况比 I 号蓄电池组稍好，且所带直流负荷比直流 I 段偏小，因此 II 号蓄电池组在 II 号充电机闭锁的 4.3s 内短暂支撑起了直流 II 段所带负荷。

直流 I 段失电后，接在该母线段上的所有装置均失电重启，包括 220kV TV 并列屏，并引起保护装置用母线电压失电压。电压并列原理如图 7-26 所示，I 母、II 母两组母线二次电压分别通过各自 TV 隔离开关辅助触点重动实现二次电压隔离，从图 7-26 中看到，I 母切换、II 母切换及 TV 并列重动继电器均接自直流 I 段电源。

事故前 220kV 母线 TV 解列运行，其隔离开关辅助触点 1G、2G 闭合，因此 I 母、II 母电压切换继电器均处于励磁状态，其动合触点（图 7-26 中虚线框内触点）也处于导通状态，此时 I 母、II 母 TV 二次电压均能送至二次设备。当第一段直流母线失电后，两

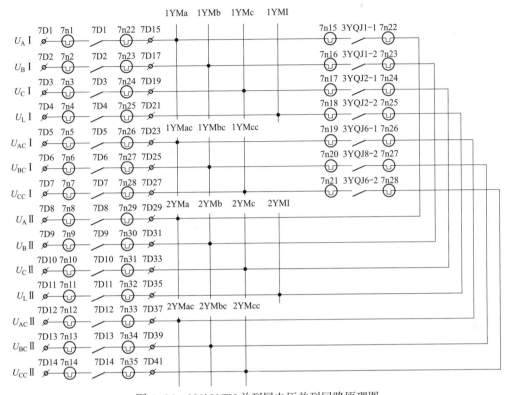

图 7-26　220kV TV 并列屏电压并列回路原理图

组电压切换继电器均返回，其动合触点也相应断开，因此电压二次回路被断开，导致母线 TV 二次电压消失了 4.3s 左右，直到线路故障切除，站用电恢复正常，直流充电机解除闭锁，直流系统重新由充电机供电。

当 TV 二次母线电压失电压后，220kV 线路保护装置采到的母线差动电压为零，测量阻抗接近阻抗平面原点，导致由直流Ⅱ段供电的 3 条 220kV 线路保护 B 套的距离后备段保护误动作。

2h 后，110kV GIS 内部再次发生短路故障，1 号主变压器保护与 110kV Ⅰ母母线差动保护动作，将 1 号主变压器、110kV 母联断路器 500 及接于 110kV Ⅰ母运行的相应线路切除。

由于站用负荷全部由 1 号站用变压器承担，因此 1 号主变压器跳闸后 1 号站用变压器失电，导致两套直流充电机交流输入失电停止输出，需靠两组直流蓄电池带全站直流负荷，但Ⅰ号蓄电池组在第一次故障时已完全开路，事故后Ⅱ号蓄电池组的内阻测试结果表明 1 号和 75 号单体蓄电池开路，说明Ⅱ号蓄电池组在第二次故障时，本来已存在虚开现象的单体蓄电池，在经受两次蓄电池带全站直流负荷造成的大电流冲击后发生开路，导致全站直流母线失电压。第二次故障导致全站直流失电压时，事故调查人员在直流母线失电压后的前几分钟发现第二组直流馈线屏电源指示灯存在反复闪烁情况，也证明Ⅱ号蓄电池组原本存在"虚开"现象，在持续直流大电流冲击下再导致Ⅱ号蓄电池完全开路。

3. 故障原因分析

本次事故的原因一是 380V 站用电采用的是进线备投的方式，负荷均由 1 号站用电带，导致充电机的两路交流输入电源同源，同时出现异常，充电机的两路交流输入切换功能就失去了意义；二是两组直流蓄电池运行状况较差，存在虚开的现象，蓄电池切换到运行状态后在负荷电流的冲击下出现开路而引起直流电源系统失电。

4. 故障处理及防范措施

（1）故障处理情况。

1）恢复站用变压器供电，并将站用交流电源采用分段备投的方式。

2）更换整组蓄电池，并安排定期进行蓄电池的内阻测试、核容试验，加强分析管控。

（2）防范措施。

1）建议正常运行时两台站用变压器分别由两台主变压器供电且分列运行，380V 交流电源采用分段备投的方式。

2）重视蓄电池核对性充放电试验和单体蓄电池内阻测试。

案例五：500kV 变电站直流I段母线电压异常

1. 故障概况

该 500kV 变电站直流I段母线电压异常，正对地、负对地电压跌落至 0，约 3s 后电压恢复正常。现场检查发现蓄电池组投入开关由于设计缺陷，导致切换过程中蓄电池组短时脱离母线，引起 110V 直流I段母线瞬时失电。直流系统型号为 GZDW-3×140-115-M-GK，2008 年 1 月投运。

2. 故障情况检查

直流系统为常规结构，由 2 组蓄电池、3 组充电机、2 块馈电屏及母线联络屏组成。接线图如图 7-27 所示。

正常运行方式下，两段直流母线分段运行，互相独立。1 号充电机对I组蓄电池浮充运行（11ZK、12ZK 接通）；2 号充电机对II组蓄电池浮充运行（21ZK、22ZK 接通）；3 号充电机备用（31ZK 切至断开位置）；12ZK 和 22ZK 兼具直流I段与II段母线联络的功能。

当日站内开展第一组蓄电池核对性充放电工作，工作时I段母线进线及母联开关 12ZK 由"投向直流I段母线"位置切至"I至II段母线联络"位置，第I组蓄电池脱离充电机和直流母线，直流I段母线和II段母线互联。当I组蓄电池放电完成后需重新充电，将 11ZK 从"投向直流I段母线"切至"投向I组蓄电池"对蓄电池充电。

当蓄电池充电结束后，将 11ZK 切回"投向直流I段母线"位置。将 12ZK 由"I至II段母线联络"位置切至"投向直流I段母线"位置时，直流I段母线瞬时失电。查看故障录波直流母线电压存在跌落过程，时间约 3s，如图 7-28 所示。

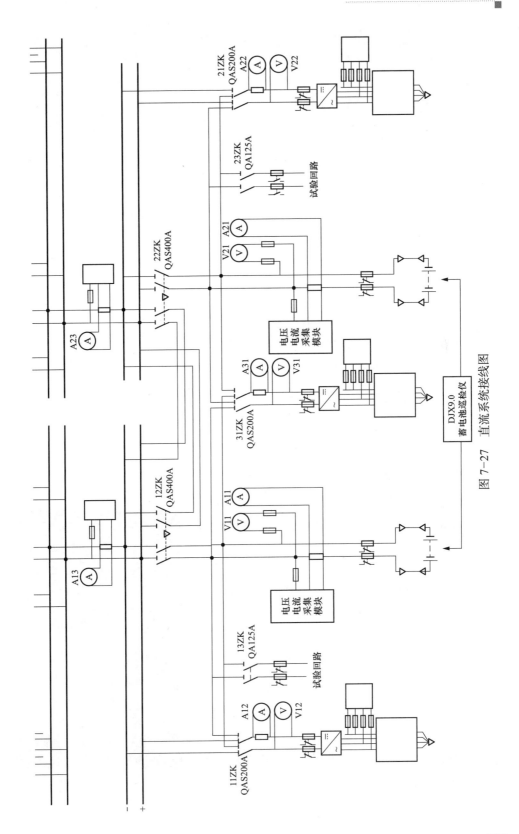

图 7-27 直流系统接线图

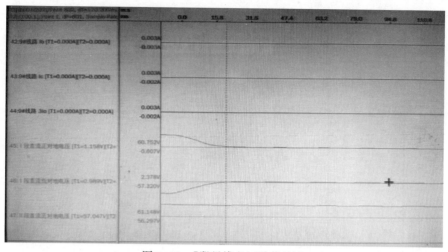

图 7-28　Ⅰ段母线电压跌落录波

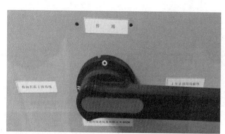

图 7-29　Ⅰ段母线进线及母联开关 12ZK

3. 故障原因分析

12ZK（图 7-29）由"Ⅰ至Ⅱ段母线联络"位置切至"投向直流Ⅰ段母线"位置过程中，经过中间"停止"位置，此时，12ZK 断开，Ⅰ段与Ⅱ段母线没有互联且Ⅰ组蓄电池脱离母线。

现场检查，11ZK（图 7-30）位置稍微倾斜，初步判断 11ZK 触点接触不良。在 12ZK 切换过程中经过"停止"位置时，直流Ⅰ段母线同时失去充电机和蓄电池导致失电，当 12ZK 快速切到"投向直流Ⅰ段母线"位置时，电压恢复。压紧 11ZK 重新操作后，检查充电机输出电流正常，确认已恢复导通状态。

4. 故障处理及防范措施

（1）直流系统接线方式存在设计缺陷，蓄电池投入开关在切换过程中，可能导致蓄电池组脱离母线。开展类似问题排查，针对该类设计缺陷，对母线并列开关/蓄电池投入开关进行局部改造，使蓄电池具备独立切换操作功能，消除隐患。

（2）有序安排站用电系统检修，对各部件紧固情况、传动情况、隐蔽位置开展检修，提升站用电运行可靠性。加强工作充电机与备用充电机的日常维护，确保运行状态良好，进一步降低两段直流母线并列的概率。

图 7-30　11ZK 开关内部结构

第四节 直流系统绝缘事故案例

案例一：交流窜入直流造成隔离开关误分闸

1. 故障概况

（1）故障设备基本情况。某 110kV 变电站 2 号主变压器 420 间隔开关柜采用 G-40.5-25-12 型组合电器，110kV 母联 500 间隔采用 ZFW31-126 型 GIS 组合电器，生产日期均为 2012 年 6 月。

（2）故障前运行方式。110kV Ⅰ、Ⅱ母并列运行，502、504 挂 110kV Ⅰ母，512、524 挂 110kV Ⅱ母；2 号主变压器热备用，4202 合位。全站直流系统一电一充（一面充电屏、一套蓄电池组）运行，变电站一次接线示意图如图 7-31 所示。

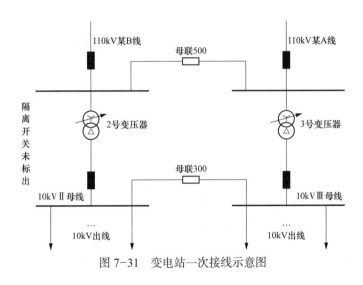

图 7-31 变电站一次接线示意图

（3）故障过程描述。2015 年 5 月 31 日晚 21 时 46 分，变电站直流系统发直流母线负母线绝缘降低、交流窜直流异常信号，同时发 2 号主变压器 4202 隔离开关分闸位置等信号，母联 500 断路器内直流控制电源、电动机储能电源、交流加热驱潮电源空气断路器跳开，同时 2 号主变压器 35kV 侧 4202 隔离开关自动分闸。

2. 故障情况检查

（1）外观检查情况 / 解体检查情况。

1）设备状态检查。现场检查直流系统已经恢复正常，4202 隔离开关在分位，35kV 444 间隔和 452 间隔机构箱内断路器控制电源快分开关已跳开，110kV 母联 500 间隔 GIS 汇控箱内控制电源、储能电源和照明电源快分开关已跳开，初步检查发现直流控制电源与驱潮照明交流电源之间绝缘偏低，有交流窜直流现象。

2）母联 500 断路器二次回路元器件检查情况。对母联 500 间隔 GIS 汇控箱内各交、直流回路进行绝缘检查，发现直流负极完全接地，且交流 N 极与直流负极之间导通。进一步停电检查发现母联 500 断路器机构箱内航空插头处发霉锈蚀严重，并有灼伤痕迹。

3）4202 电动操作回路检查情况。2 号主变压器 420 断路器 4202 隔离开关电动控制由组合电器内三工位控制器实现，该控制器输入由直流电源控制，抗干扰能力差，如直流系统窜入交流分量，容易引起控制器误出口造成隔离开关误分合。

4）35kV 444、452 断路器控制回路检查。对 444、452 控制回路绝缘检查，发现"WJCQ 无残压检测记录仪（三相）"装置的电源回路绝缘为 0，交流窜入直流系统时将该装置电源击穿。

（2）试验检测情况。

1）机构箱内元器件锈蚀发霉引起交、直流回路之间导通，造成交流窜入直流。

2）2 号主变压器 420 组合电器柜内三工位电源控制器抗干扰能力差，交流窜直流时引起三工位电源控制器误出口，将 4202 隔离开关分闸。

3. 故障原因分析

（1）故障原因分析。

1）该台断路器存在机构箱内密封不严、进水受潮严重、交直流回路共用二次电缆及航空插头等多种问题，机构箱内元器件锈蚀发霉引起交直流回路之间导通造成交流窜入直流。

2）2 号主变压器 420 组合电器柜内三工位电源控制器抗干扰能力差，交流窜直流时引起三工位电源控制器误出口，将 4202 隔离开关分闸。

（2）相关规程规范。GB/T 50976—2014《继电保护及二次回路安装及验收规范》4.3.2 规定，交、直流回路不应合用同一根电缆，强电和弱电回路不应合用同一根电缆，在同一根电缆中不宜有不同安装单位的电缆芯。

4. 故障处理及防范措施

（1）现场更换 500 断路器机构箱内航空插头，并将航空插头内交流回路与直流回路通过隔开端子的方式隔离，同时对机构箱底部密封不严处进行密封处理，防止水汽进入。

（2）更换 444 和 452 间隔"WJCQ 无残压检测记录仪（三相）"装置，并将装置电源从储能或其他电源处接取。

（3）G-40.5-25-12 型组合电器柜内三工位电源控制器抗干扰能力差，与厂家联系，在三工位控制器电动机输出回路增加空气断路器或转换开关，正常运行时将空气断路器断开，防止正常运行时电动机误出口。

案例二：蓄电池组外壳裂纹导致接地故障

1. 故障概况

（1）故障设备基本情况。直流充电装置：PZ61-Z 整流屏，每块屏配置 5 台 ZZG12-

10220 型高频开关整流器；两段共用 1 套 WZCK-12 微机直流测控装置；两段共用 1 台 HY-DC2000 数字式直流绝缘在线监测装置，2007 年 9 月投运。

1 号蓄电池组为 DJ-300 型阀控式铅酸蓄电池（2V、300Ah、103 个），2014 年 9 月份投运。2 号蓄电池组为 GFM-300 型阀控式铅酸蓄电池（2V、300Ah、103 个），2013 年 9 月份投运。

（2）故障前运行方式。1 号充电装置供 I 段直流母线及 1 号蓄电池组，2 号充电装置供 II 段直流母线及 2 号蓄电池组，两段直流母线分段运行。

（3）故障过程描述。2016 年 8 月 29 日 21 时 30 分左右，变电站 II 段直流系统发异常信号，直流监控器上有"电池"故障灯亮，报警记录显示"2 号蓄电池组浮充过电压" II 段直流母线运行电压正常，绝缘监测装置并未发出异常信号。

2. 故障情况检查

（1）外观检查情况 / 解体检查情况。保护人员到现场全面检查 2 号直流馈线屏上所有的馈线回路，确认馈线回路并无接地现象。

直流人员到现场查找故障，首先发现 2 号直流屏整流模块输出电压偏高（235V 左右），但检查浮充电压参数设置又正确（231.7V）。于是当即核对调整好整流模块输出电压后，直流监控器上的"电池"故障灯熄灭，该项报警消失。原因是整流器运行年载过长，内部电子元件性能漂移，导致实际值与整定值不一致。

直流人员到现场对直流充电屏内部各部分详细查看后，未发现接地点。再分别拔出缘监测装置上的"工作电源"接入插把、"I 段直流母线"接入插把、"II 段直流母线"接入插把、平衡桥电阻"接地线"，让绝缘监测装置脱离系统后，接地现象仍然存在。而在恢复绝缘监测装置后面的接线插把后，装置开始正常报出"低频"检测信号和"母线接地"故障信号。

直流人员再次到现场查找故障，在检查蓄电池组输出回路时，发现接地点在 2 号蓄电池组输出电缆的负极上。于是从负极电缆开始，直至将整组电池的每个电池都进行了接地检查，结果发现第 82 号电池的正极桩头上有明显的接地现象，检查发现从第 14 号电池的正极开始，一直到第 6 号电池的负极为止，都有接地现象，并逐渐衰减。将 82 号电池和 6～14 号电池全部拆下后详细检查，发现 82 号电池和 6 号电池底部有明显漏胶痕迹，而其他电池都看不出明显缺陷。且当时所有电池的单电压均为 2.196～2.201V，属于正常范围。

（2）试验检测情况。蓄电池厂家派人到该变电站现场确认了故障，并将 82、14 号和 6 号，3 个典型异常电池带回返厂做检测分析。检测分析结果显示，电池接地是因外壳有裂纹导致，说明这组电池的壳体存在制造方面的质量问题。

3. 故障原因分析

（1）电池接地时的等效回路。直流绝缘监测装置的内部设有两套 200Ω 的平衡桥电阻，分别接于I段和II段直流母线上。正常运行时，直流正、负极母线对地电压都应在115V 左右。当发生蓄电池组接地故障后，直流正极母线对地电压升到了210V 以上，负极母线对地电压降到了20V 左右。同时，形成了与正极相连的前13 个电池及地面瓷砖电阻与一个200Ω 的平衡电阻并联，与负极相连的后22 个电池及地面瓷砖电阻与另一个200Ω 的平衡电阻并联，而中间部分的14～82 号电池之间的68 个电池经过了地面瓷砖电阻和大地而自成回路。

具体原理示意图如图 7-32 所示，等效电路示意图如图 7-33 所示。

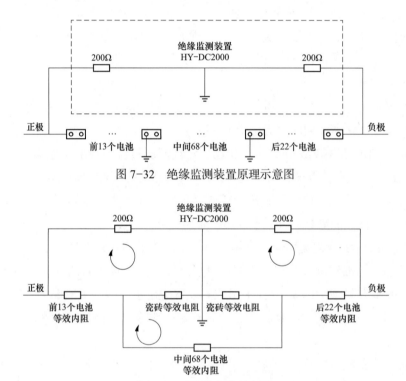

图 7-32　绝缘监测装置原理示意图

图 7-33　等效电路示意图

（2）接地等效回路产生的附加影响。由于蓄电池内阻及连接条电阻都较小，一个电池内阻加上连接条的电阻，一般在 1mΩ 以内；而地面瓷砖电阻相对较大，根据万用表导通挡的量程范围，一般最大在 50Ω 以内。

所以，正负极两边的电池加地面瓷砖支路的阻值也就在 50Ω 以下，而中间的 68 个电池与 2 个地面瓷砖电阻自成了 100Ω 以下的回路。由此可以计算出：

1）正负极两边回路的等效电阻就下降到 40Ω 以下，即 $1/R=1/200+1/50$，$R=40\Omega$。正负极两边的自成回路会形成较小的自放电电流，即（13×2.25）/250=0.12A，（22×2.25）/250=0.2A。

2）而中间的 68 个电池自成的回路中也会有一定的自放电电流，即（68×2.25）/100=

1.53A。相当于这些电池外带了负荷运行。

（3）这些现象具体反应到直流系统会导致以下结果：

1）直流系统绝缘状况类似于平衡降低状态，且接近告警值边缘，只要有一极绝缘状况明显降低，就会发出接地告警信号。

2）充电装置输出电流将增大。因需要维持和补充中间的 68 个电池的浮充电压，而导致其余电池（前 13 个电池和后 22 个电池）的浮充电压偏高，长期运行必将大大缩短整组电池的使用寿命。

3）厂家检测分析结果：电池接地是外壳有裂纹导致，说明这组电池的壳体存在制造方面的质量问题。

4. 故障处理及防范措施

（1）将直流系统暂改为并列运行方式，将该组蓄电池组退出运行，不影响变电站的正常运行。

（2）将 82、14、6 号这 3 个典型异常蓄电池拆除返厂做检测分析，确认故障原因。

（3）基于这组电池正常运行时间还不到 2 年，与电池厂家联系更换整组蓄电池。

（4）对同一厂家电池进行专项排查，避免相同类型事故发生。

（5）加强在运电池组巡视维护及测试检查，及时发现并消除电池隐患。

案例三：变电站直流接地故障

1. 故障概况

某 220kV 变电站出现直流接地故障，监控后台报文显示直流系统绝缘故障频繁动作复归。设备型号为 GQH-Td，出厂日期 2016 年 4 月，投运日期 2017 年 3 月。

2. 故障情况检查

直流绝缘监测装置有时候只报母线绝缘下降，负对地大约 100V；有时报母线绝缘下降和支路，支路有时是直流分屏四：TM2U06 保测屏直流电源二 2FQ8，有时是直流分屏二：2 号主变压器 220kV 汇控柜直流电源二 2FQ17。间歇性报警又复归，如图 7-34 所示。

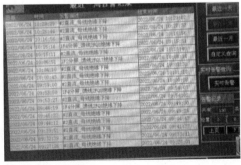

图 7-34 直流绝缘监测装置告警记录

TM2U06 保测屏直流电源二 2FQ8 接 TM2U06 线第二套保护装置电源、TM2U06 线遥信电源、TM2U06 线过程层 A 网交换机、TM2U06 线过程层 B 网交换机，为户内短电缆，故障可能性较小。

2 号主变压器 220kV 汇控柜直流电源二 2FQ17 接 2 号主变压器 220kV 第二套合并单元装置电源、2 号主变压器 220kV 第二套智能终端装置电源、2 号主变压器 220kV 第二组控制电源、2 号主变压器 220kV 第二套智能终端遥信电源，由户内穿向户外，故障可能性较大。

用便携式直流接地查找仪查找（图 7-35），在接地时投入、万用表对直流Ⅱ段母线进行测量，发现正极电压 148V，负极电压 74V，该接地为负极接地。

直流馈线屏：用直流接地查找仪的钳表对直流馈线屏的直流分屏一Ⅱ段直流空气断路器 2KQ9、直流分屏二Ⅱ段直流空气断路器 2KQ10（图 7-36）、直流分屏三Ⅱ段直流空气断路器 2KQ11、直流分屏四Ⅱ段直流空气断路器 2KQ12 检查，发现直流分屏二Ⅱ段直流空气断路器 2KQ10 报直流接地，因接地经常恢复，难以查找确认，暂未发现其他几路异常。

图 7-35　直流接地查找仪

直流分屏二：用直流接地查找仪的钳表对直流分屏二Ⅱ段直流空气断路器检查，发现 2 号主变压器 220kV 汇控柜直流电源二 2FQ17 报直流接地，其他几路正常。

用直流接地查找仪的钳表对 2 号主变压器 220kV 汇控柜侧Ⅱ段直流电缆检查，未报直流接地，为了进一步确认，分别对

图 7-36　直流分屏二Ⅱ段直流空气断路器 2KQ10

下面所带空气断路器检查，2 号主变压器 220kV 第二套合并单元装置电源、2 号主变压器 220kV 第二套智能终端装置电源、2 号主变压器 220kV 第二组控制电源、2 号主变压器 220kV 第二套智能终端遥信电源均无接地告警，初步判断：直流分屏二到 2 号主变压器 220kV 汇控柜之间电缆存在接地。

向调度申请试拉空气断路器，拉开 2 号主变压器 220kV 汇控柜直流电源二 2FQ17，直流接地未消失但有明显改善，负对地从之前的 60-90 变为 70-100 波动，判断为多点接地。

怀疑装置报出来的 TM2U06 保测屏直流电源二 2FQ8，2 号主变压器 220kV 汇控柜直流电源二 2FQ17 两路同时接地，继续向省调申请，现场对两路电源同时断开，接地仍存在，说明还有其他接地点。

现场利用一段较长的接地时间连续查找，直流馈线屏：用直流接地查找仪的钳表对直流馈线屏的空气断路器检查，发现直流分屏二Ⅱ段直流空气断路器 2KQ10、直流分屏四Ⅱ段直流空气断路器 2KQ12 均报直流接地。

直流分屏二Ⅱ段：2 号主变压器 220kV 汇控柜直流电源二 2FQ17 接地。

直流分屏四Ⅱ段：AX1 线汇控柜装置电源二 2FQ20 也接地。可能未达到阈值，一体化绝缘监测装置未报该支路异常；TM2U06 保测屏直流电源二 2FQ8 未报异常。

电压一直波动，安兴 1 线汇控柜装置电源二 2FQ20、2 号主变压器 220 汇控柜直流电源二 2FQ17 两个空气断路器同时拉开后，Ⅱ段直流正、负对地恢复正常，初步排除 TM2U06 保测屏直流电源二 2FQ8 接地。

对 AX1 线汇控柜装置电源二 2FQ20，因该间隔为基建状态，拉开后对设备无影响，现场拉开后保持断开状态。

检查发现，TA 线第二套智能终端装置遥信电源空气断路器的辅助触点厂家配线外皮破损（图 7-37）引起直流接地，对破损处包绝缘胶布后恢复正常。

对 2 号主变压器 220 汇控柜直流电源二 2FQ17，换备用芯。长时间观察 2FQ17 拉开后是否恢复正常，如果确实有问题则摇绝缘更换备用芯。

停 2 号主变压器第二套保护、第二套智能终端、第二套合并单元，告知省调闭锁 220kV 第二套母线差动保护。

图 7-37 配线外皮破损

2 号主变压器 220 汇控柜直流电源二 2FQ17 电缆解开后摇绝缘，发现负极电缆绝缘为 0。其余三芯对地及相间绝缘正常。

更换备用芯后观察一段时间，电压维持稳定。

TM2U06 保测屏直流电源二 2FQ8，摇绝缘在做好安全措施不停保护的情况下，对 TM2U06 保测屏直流电源二 2FQ8 电缆解开摇绝缘，四根芯均无异常，排除该支路问题。

在现场处理过程中，发现 2 号直流监控模块存在问题，对检查处理直流接地故障造成较大的干扰，带备品进行更换。

观察 1h 左右，直流Ⅱ段系统暂无告警，正、负极对地稳定平衡。后续再未有直流接地告警报出。

3. 故障原因分析

综上所述，直流系统接地故障原因为：2 号主变压器 220 汇控柜直流电源二 2FQ17 负极电缆绝缘不良、AX1 线汇控柜装置电源二 2FQ20 内配线破皮。

TM2U06 保测屏直流电源二 2FQ8 报绝缘下降的原因：因绝缘试验正常，应为旧 2

号直流监控模块误告警。

4. 故障处理及防范措施

（1）细化设备验收工作。新设备安装时，建设单位要做好监管和自验收工作，尤其是安装后的隐蔽部分，防止内配线破损带病投运情况。

（2）设备及仪器装备更新急待提升。接地故障排查全程依靠便携式直流接地查找仪手工排查，专用接地查找仪虽可靠，但排查效率低下，查找间歇性类瞬时接地故障除专业技能要求较高以外，还有运气成分，这给接地排查工作带来相当不确定因素。

以目前直流装置技术水平而言，市场上部分第三方独立的直流绝缘监测装置已具备 200kΩ 以上灵敏度，具备查多点接地、直流互窜、高阻接地、两极接地、蓄电池接地、录波及瞬时测记等功能。系统内部分老旧绝缘监测装置及直流厂家自带绝缘装置可考虑升级更新。

目前市场上已有针对直流瞬时接地的记录查找设备，可以考虑此类应用成熟的产品，提升检修装备水平。

附录 A　站用交流电源系统验收标准卡

A1　站用交流电源系统可研初设审查验收标准卡见表 A1。

表 A1　站用交流电源系统可研初设审查验收标准卡

站用交流电源系统基础信息	工程名称			设计单位		
	验收单位			验收日期		
序号	验收项目	验收标准		检查方式	验收结论（是否合格）	验收问题说明
站用交流电源系统配置验收				验收人签字：		
1	站用交流电源配置	（1）330kV 及以上变电站应至少配置三路站用交流电源，主变压器为两台（组）及以上时，由主变压器低压侧引接的站用变压器台数不少于两台，并应装设一台从站外可靠电源引接的专用备用站用变压器。 （2）330kV 以下变电站应至少配置两路不同的站用交流电源。 （3）变电站不同外接站用交流电源不能取自同一个上级变电站，330kV 及以上变电站和地下 220kV 变电站的备用站用交流变电源不能由该站作为单一电源的区域供电		资料检查	□是　□否	
2	站用电接线方式	（1）站用交流电低压系统应采用三相四线制，系统的中性点直接接地。 （2）当任一台站用变压器退出时，备用站用变压器应能自动切换至失电的工作母线段继续供电。 （3）220kV 及以上变电站站用电接线应采用单母线单分段方式，110kV 及以下可采用单母线接线方式		资料检查	□是　□否	
3	供电方式要求	（1）站用电负荷宜由站用配电屏柜直配供电，对重要负荷（如主变压器冷却器、低压直流系统充电机、不间断电源、消防水泵）应采用双回路供电，且接于不同的站用电母线段上，并能实现自动切换。 （2）断路器、隔离开关的操作及加热负荷，可采用双回路供电方式。 （3）检修电源网络宜采用按配电装置区域划分的单回路分支供电方式		资料检查	□是　□否	

续表

序号	验收项目	验收标准	检查方式	验收结论（是否合格）	验收问题说明
4	不间断电源配置	（1）变电站宜配置不少于 2 套不间断电源（UPS）。 （2）提供交流不间断电源的负荷统计报告，确定交流不间断电源容量。交流不间断电源用蓄电池容量选择还应满足：当交流供电中断时，不间断电源系统应能保证 2h 事故供电	资料检查	□是　□否	
5	400V 配电屏配置	各级开关动热稳定、开断容量和级差配合应配置合理	资料检查	□是　□否	

A2　站用交流电源系统出厂验收（400V 配电屏柜）标准卡见表 A2。

表 A2　　站用交流电源系统出厂验收（400V 配电屏柜）标准卡

站用交流电源系统基础信息	工程名称		设计单位		
	验收单位		验收日期		
序号	验收项目	验收标准	检查方式	验收结论（是否合格）	验收问题说明
一、站用交流电源系统 400V 配电屏柜验收			验收人签字：		
1	铭牌标识	每套屏柜应配置铭牌，铭牌上至少应包括： （1）屏柜设备制造商的名称。 （2）型号、编号。 （3）生产日期	旁站见证	□是　□否	
2	屏柜结构	（1）柜体应设有保护接地，接地处应有防锈措施和明显标识。门应开闭灵活，开启角不小于 90°，门锁可靠。 （2）紧固连接应牢固、可靠，所有紧固件均具有防腐镀层或涂层，紧固连接应有防松动措施。 （3）元件和端子应排列整齐、层次分明、不重叠，便于维护拆装。 （4）屏柜所使用的材料机械强度、防腐蚀性、热稳定、绝缘及耐着火性能等均通过型式试验验证。 （5）一次绝缘导线不应贴近裸露带电部件或带尖角的边缘敷设，应使用线夹固定在骨架上或支架上	旁站见证 / 资料检查	□是　□否	
3	开关元器件	（1）柜内安装的元器件均应有产品合格证或证明质量合格的文件，且同类元器件的接插件应具有通用性和互换性。 （2）发热元件宜安装在散热良好的地方，两个发热元件之间的连线应采用耐热导线。 （3）导线、导线颜色、指示灯、按钮、行线槽等标识清晰。表计量程应在测量范围内，最大值应在满量程 85% 以上。指针式仪表精度不应低于 1.5 级，数字表应采用四位半表。	旁站见证 / 资料检查	□是　□否	

序号	验收项目	验收标准	检查方式	验收结论（是否合格）	验收问题说明
3	开关元器件	（4）欠电压脱扣应设置一定延时，防止因站用电系统一次侧电压瞬时跌落造成脱扣	旁站见证/资料检查	□是　□否	
4	布线安装工艺	屏柜内的开关元器件的安装和布线应使其本身的功能不致正常工作中出现相互作用，如热、开合操作、震动、电磁场而受到损害	旁站见证/资料检查	□是　□否	
5	母线安装	（1）母线（裸的或绝缘的）的布置应使其不会发生内部短路，能够承受安装处的最大短路应力及短路耐受强度。 （2）支持母线的金属构件、螺栓等均应镀锌，母线安装时接触面应保持洁净，螺栓紧固后接触面紧密，各螺栓受力均匀。 （3）在一个柜架单元内，主母线与其他元件之间的导体布置应采取避免相间或相对地短路的措施	旁站见证/资料检查	□是　□否	
6	外接导线端子	（1）端子连接应保证维持适合于相关元件和电路的负荷电流和短路强度所需要的接触压力，流过最大负荷电流时不应由于接触压力不够而发热。 （2）端子应能连接铜、铝导线，若仅适用于其中一种材质的导线，则应在端子中通过标识指出是适合连接铜导线还是适合连接铝导线	旁站见证/资料检查	□是　□否	
7	电磁兼容性	设备电磁兼容性应满足设计要求	旁站见证/资料检查	□是　□否	
8	短路保护和短路耐受强度	设备应能耐受不超过额定值的短路电流所产生的热应力和电动力，应通过保护电路试验验证	旁站见证/资料检查	□是　□否	
9	电气间隙爬电距离间隔距的检查	柜内两带电导体之间、带电导体与裸露的不带电导体之间的最小的电气间隙和爬电距离，均应符合以下规定：（见下表） 注　小母线汇流排或不同极的裸露带电的导体之间，以及裸露带电导体与未经绝缘的不带电导体之间的电气间隙不小于12mm，爬电距离不小于20mm	旁站见证/资料检查	□是　□否	

额定工作电压 U_N（V）	额定电流小于等于63A		额定电流大于63A	
	电气间隙（mm）	爬电距离（mm）	电气间隙（mm）	爬电距离（mm）
60＜U_N≤300	5.0	6.0	6.0	8.0
300＜U_N≤600	8.0	12.0	10.0	12.0

序号	验收项目	验收标准	检查方式	验收结论（是否合格）	验收问题说明
二、站用交流电源系统 400V 配电屏柜出厂试验			验收人签字：		
10	绝缘电阻试验	测量低压电器连同所连接电缆及二次回路的绝缘电阻值，不应小于 1MΩ；配电装置及馈电线路的绝缘电阻值，不应小于 0.5MΩ	旁站见证 / 资料检查	□是　□否	
11	交流耐压试验	配电装置、低压电器连同所连接电缆及二次回路的交流耐压试验，应符合下述规定：试验电压为 1000V（当回路的绝缘电阻值在 10MΩ 以上时，可使用 2500V 绝缘电阻表），试验持续时间为 1min，无击穿放电现象	旁站见证 / 资料检查	□是　□否	
12	过载和接地故障保护继电器动作试验	当过载和接地故障保护继电器通以规定的电流值时，继电器应能可靠动作	旁站见证 / 资料检查	□是　□否	

A3　站用交流电源系统出厂验收（UPS）标准卡见表 A3。

表 A3　　　　　站用交流电源系统出厂验收（UPS）标准卡

站用交流电源系统基础信息	工程名称		设计单位		
	验收单位		验收日期		

序号	验收项目	验收标准	检查方式	验收结论（是否合格）	验收问题说明
一、不间断电源系统（UPS）检查验收			验收人签字：		
1	铭牌标识	每套设备必须有铭牌，应安装在设备的明显位置，铭牌上应至少标明以下内容：设备名称、型号、额定输入电压、直流额定电压、直流标称电压、交流额定输出电压、交流额定输出容量、出厂编号、制造日期、制造厂名	旁站见证	□是　□否	
2	屏柜结构	（1）柜体应设有保护接地，接地处应有防锈措施和明显标识。门应开闭灵活，开启角不小于 90°，门锁可靠。（2）紧固连接应牢固、可靠，所有紧固件均具有防腐镀层或涂层，紧固连接应有防松动措施。（3）元件和端子应排列整齐、层次分明、不重叠，便于维护拆装。长期带电发热元件的安装位置应在柜内上方。（4）屏柜所使用的材料机械强度、防腐蚀性、热稳定、绝缘及耐着火性能等均通过型式试验验证	旁站见证	□是　□否	

续表

序号	验收项目	验收标准	检查方式	验收结论（是否合格）	验收问题说明
3	元器件	（1）柜内安装的元器件均应有产品合格证或证明质量合格的文件，且同类元器件的接插件应具有通用性和互换性。 （2）导线、导线颜色、指示灯、按钮、行线槽等标识清晰。 （3）表计量程应在测量范围内，最大值应在满量程85%以上。指针式仪表精度不应低于1.5级，数字表应采用四位半表。 （4）直流空气断路器、熔断器应具有安一秒特性曲线，上下级应大于2级的配合级差	旁站见证/资料检查	□是　□否	
4	电气间隙和爬电距离检查	柜内两带电导体之间、带电导体与裸露的不带电导体之间的最小的电气间隙和爬电距离，均应符合以下规定：（见下表） 注　小母线汇流排或不同极的裸露带电的导体之间，以及裸露带电导体与未经绝缘的不带电导体之间的电气间隙不小于12mm，爬电距离不小于20mm	旁站见证/资料检查	□是　□否	
5	防护等级	柜体外壳防护等级应不低于IP20	旁站见证/资料检查	□是　□否	

序号4表格：

额定工作电压 U_N（V）（直流或交流）	额定电流小于等于63A		额定电流大于63A	
	电气间隙（mm）	爬电距离（mm）	电气间隙（mm）	爬电距离（mm）
$60<U_N\leqslant300$	5.0	6.0	6.0	8.0
$300<U_N\leqslant600$	8.0	12.0	10.0	12.0

二、不间断电源系统（UPS）出厂试验　　　　　　　　　　　　　　验收人签字：

序号	验收项目	验收标准	检查方式	验收结论（是否合格）	验收问题说明
6	噪声	在正常运行时，自冷式设备的噪声最大值应不大于55dB（A），风冷式设备的噪声最大值应不大于60dB（A）	旁站见证/资料检查	□是　□否	
7	效率及功率因数	UPS的效率及UPS输入功率因数应符合以下要求：（见下表）	旁站见证/资料检查	□是　□否	

序号7表格：

额定输出功率	UPS的变换效率（%）		UPS输入功率因数
	高频机	工频机	
	交流输入逆变输出	交流输入逆变输出	
3kVA以上	≥90	≥80	≥0.9
3kVA及以下	≥85	≥75	≥0.9

序号	验收项目	验收标准	检查方式	验收结论（是否合格）	验收问题说明
8	电气绝缘性能试验	绝缘试验的试验电压等级及绝缘电阻应符合以下要求： 	额定电压 U_N（V）	绝缘电阻测试仪器的电压等级（kV）	绝缘电阻（MΩ）	工频电压（kV）	冲击电压（kV）
---	---	---	---	---
$60<U_N≤300$	1	≥10	2.0	5
$300<U_N≤500$	1	≥10	2.5	12.0		旁站见证/资料检查	□是　□否	
9	并机均流性能	具有并机功能的UPS在额定负载电流的50%～100%范围内，其均流不平衡度应不超过±5%	旁站见证/资料检查	□是　□否	
10	电磁兼容性	设备电磁兼容性应满足设计要求	旁站见证/资料检查	□是　□否	
11	过电压和欠电压保护	（1）当输入过电压时，装置应具有过电压关机保护功能或输入自动切换功能，输入恢复正常后，应能自动恢复原工作状态。 （2）当输入欠电压时，装置应具有欠电压保护功能或输入自动切换功能，输入恢复正常后，应能自动恢复原工作状态	旁站见证/资料检查	□是　□否	
12	过载和短路保护	（1）输出功率在额定值的105%～125%范围时，运行时间大于或等于10min后自动转旁路，故障排除后，应能自动恢复工作。 （2）输出功率在额定值的125%～150%范围时，运行时间大于或等于1min后自动转旁路，故障排除后，应能自动恢复工作。 （3）输出功率超过额定值的150%或短路时，应立刻转旁路。旁路开关要有足够的过载能力使配电开关脱扣，故障排除后，应能自动恢复工作。原则上配电开关的脱扣电流应不大于装置额定输出电流的50%	旁站见证/资料检查	□是　□否	
13	谐波电流	在设备的交流输入端，第2～19次各次谐波电流含有率均应不大于30%	旁站见证/资料检查	□是　□否	
14	动态电压瞬变范围	输入电压不变、负载突变时和输出为额定负载不变、输入电压突变时，输出电压的变化量范围为±10%	旁站见证/资料检查	□是　□否	
15	瞬变响应恢复时间	从输出电压突变到恢复至输出稳压精度范围内所需的时间不超过20ms	旁站见证/资料检查	□是　□否	
16	性能试验	（1）稳压精度范围：±3%。 （2）同步精度范围：±2%。 （3）输出频率：（50±0.2）Hz。 （4）电压不平衡度（适用于三相输出UPS）：≤5%。 （5）电压相位偏差（适用于三相输出UPS）：≤3°。 （6）电压波形失真度：≤3%	旁站见证/资料检查	□是　□否	

续表

序号	验收项目	验收标准				检查方式	验收结论（是否合格）	验收问题说明
17	总切换时间试验	在额定输入和额定阻性负载（平衡负载）时，人为模拟各种切换条件，其切换时间应满足以下规定： （总切换时间）冷备用模式：旁路输出 ⇒ 逆变输出 ≤10ms；逆变输出 ⇒ 旁路输出 ≤4ms 双变换模式：交流供电 ⇔ 直流供电 0；旁路输出 ⇔ 逆变输出 ≤4ms 冗余备份模式：串联备份，主机 ⇔ 从机 ≤4ms；并联备份，双机相互切换				旁站见证 / 资料检查	□是　□否	
18	交流旁路输入试验	交流旁路输入｜隔离变压器｜绝缘电阻 ≥10MΩ；工频耐压 3kV；冲击耐压 5kV 稳压器：调压范围 ±10%；稳压精度 ≤3% 过载能力 150%/30min				旁站见证 / 资料检查	□是　□否	

A4　站用交流电源系统到货验收标准卡见表 A4。

表 A4　　站用交流电源系统到货验收标准卡

站用交流电源系统基础信息	工程名称		设计单位	
	验收单位		验收日期	

序号	验收项目	验收标准	检查方式	验收结论（是否合格）	验收问题说明
一、400V 低压配电屏柜到货验收			验收人签字：		
1	外观检查	（1）包装及密封应良好。 （2）开箱检查铭牌，型号、规格应符合技术协议要求，设备应无损伤，附件、备件应齐全。 （3）外观清洁，外壳无磨损、脱漆、修饰，装置接线连接可靠	旁站见证	□是　□否	
2	出厂资料	（1）装箱清单。 （2）出厂试验报告。 （3）安装使用说明书。 （4）屏柜一次系统图、仪表接线图、控制回路二次接线图及相应的端子编号图。 （5）屏柜装设的电器元件表，表内应注明生产厂家、型号规格及合格证。 （6）附件及备件清单	旁站见证	□是　□否	

序号	验收项目	验收标准	检查方式	验收结论（是否合格）	验收问题说明
二、不间断电源（UPS）到货验收			验收人签字：		
3	外观检查	（1）包装及密封应良好。 （2）开箱检查铭牌、型号、规格应符合技术协议要求，设备应无损伤，附件、备件应齐全。 （3）外观清洁，外壳无磨损、脱漆、修饰，装置接线连接可靠	旁站见证	□是　□否	
4	出厂资料	（1）装箱清单。 （2）出厂试验报告。 （3）安装使用说明书。 （4）UPS接线图及相对应的端子编号图。 （5）UPS屏柜装设的电器元件表，表内应注明生产厂家、型号规格及合格证。 （6）附件及备件清单	旁站见证	□是　□否	

A5　站用交流电源系统竣工（预）验收（400V配电屏柜）标准卡见表A5。

表A5　站用交流电源系统竣工（预）验收（400V配电屏柜）标准卡

站用交流电源系统基础信息	工程名称		设计单位		
	验收单位		验收日期		
序号	验收项目	验收标准	检查方式	验收结论（是否合格）	验收问题说明
一、400V配电屏柜竣工（预）验收			验收人签字：		
1	外观检查	（1）设备铭牌齐全、清晰可识别、不易脱色。 （2）运行编号标识清晰可识别、不易脱色。 （3）相序标识清晰可识别、不易脱色。 （4）设备外观完好、无损伤，屏柜漆层应完好、清洁整齐。 （5）分、合闸位置指示清晰正确，计数器清晰正常（如有）。 （6）配电柜无异常声响	旁站见证	□是　□否	
2	环境检查	（1）交流配电室环境温度不超过+40℃，且在24h一个周期的平均温度不超过+35℃，下限为−5℃；最高温度为+40℃时的相对湿度不超过50%。 （2）交流配电室应有温度控制措施，应配备通风、除湿防潮设备，防止凝露导致绝缘事故	旁站见证	□是　□否	
3	屏柜安装	（1）屏柜上的设备与各构件间连接应牢固，在震动场所，应按设计要求采取防震措施，且屏柜安装的偏差应在允许范围内。 （2）紧固件表面应镀锌或其他防腐蚀材料处理	旁站见证	□是　□否	

序号	验收项目	验收标准	检查方式	验收结论（是否合格）	验收问题说明
4	成套柜安装	（1）机械闭锁、电气闭锁应动作准确、可靠。 （2）动触头与静触头的中心线应一致，触头接触紧密。 （3）二次回路辅助开关的切换触点应动作准确，接触可靠	旁站见证	□是　□否	
5	抽屉式配电柜安装	（1）接插件应接触良好，抽屉推拉应灵活轻便，无卡阻、碰撞现象，同型号、同规格的抽屉应能互换。 （2）抽屉的机械联锁或电气联锁装置应动作正确可靠。 （3）抽屉与柜体间的二次回路连接可靠	旁站见证	□是　□否	
6	屏柜接地	（1）屏柜的接地母线应与主接地网连接可靠。 （2）屏柜基础型钢应有明显且不少于两点的可靠接地。 （3）装有电器的可开启门应采用截面积不小于 $4mm^2$ 且端部压接有终端附件的多股软铜线与接地的金属构架可靠连接	旁站见证	□是　□否	
7	防火封堵	电缆进出屏柜的底部或顶部以及电缆管口处应进行防火封堵，封堵应严密	旁站见证 /资料检查	□是　□否	
8	清洁检查	装置内应无灰尘、铁屑、线头等杂物	旁站见证 /资料检查	□是　□否	
9	屏柜电击防护	（1）每套屏柜应有防止直接与危险带电部分接触的基本防护措施，如绝缘材料提供基本绝缘、挡板或外壳。 （2）每套屏柜都应有保护导体，便于电源自动断开，防止屏柜设备内部故障引起的后果，防止由设备供电的外部电路故障引起的后果。 （3）是否按设计要求采用电气隔离和全绝缘防护	旁站见证	□是　□否	
10	开关及元器件	（1）开关及元器件质量应良好，型号、规格应符合设计要求，外观应完好，且附件齐全，排列整齐，固定牢固，密封良好。 （2）各器件应能单独拆装更换而不应影响其他电器及导线束的固定。 （3）发热元件宜安装在散热良好的地方，两个发热元件之间的连线应采用耐热导线。 （4）熔断器的规格、断路器的参数应符合设计及级差配合要求。 （5）带有照明的屏柜，照明应完好	旁站见证 /资料检查	□是　□否	
11	二次回路接线	（1）应按设计图纸施工，接线应正确。 （2）导线与元件间采用螺栓连接、插接、焊接或压接等，均应牢固可靠，盘、柜内的导线不应有接头，导线芯线应无损伤。	旁站见证 /资料检查	□是　□否	

序号	验收项目	验收标准	检查方式	验收结论 （是否合格）	验收问题 说明
11	二次回路接线	（3）电缆芯线和所配导线的端部均应标明其回路编号，编号应正确，字迹清晰且不易脱色。 （4）配线应整齐、清晰、美观，导线绝缘应良好、无损伤。 （5）每个接线端子的每侧接线宜为 1 根，不得超过 2 根。对于插接式端子，不同截面的两根导线不得接在同一端子上；对于螺栓连接端子，当接两根导线时，中间应加平垫片	旁站见证 / 资料检查	□是　□否	
12	图实相符	检查现场是否严格按照设计要求施工，确保图纸与实际相符	旁站见证 / 资料检查	□是　□否	
13	备用自投功能	备自投功能正常，实现自动切换功能	旁站见证 / 资料检查	□是　□否	
14	欠电压脱扣功能	验证失电脱扣功能，欠电压脱扣应设置一定延时，防止因站用电系统一次侧电压瞬时跌落（降低）造成脱扣	旁站见证 / 资料检查	□是　□否	
15	通电检查	（1）分合闸时对应的指示回路指示正确，储能机构运行正常，储能状态指示正常，输出端输出电压正常，合闸过程无跳跃。 （2）电压表、电流表、电能表及功率表指示应正确。 （3）开关、动力电缆接头处等无异常温升、温差，所有元器件工作正常。 （4）手动开关挡板的设计应使开合操作对操作者不构成危险。 （5）机械、电气联锁装置动作可靠。 （6）站用变压器低压侧开关、母线分段开关等回路的操作电器，应具备遥控功能	旁站见证 / 资料检查	□是　□否	

二、站用交流电源系统 400V 配电屏柜交接试验　　　　　　　验收人签字：

序号	验收项目	验收标准	检查方式	验收结论 （是否合格）	验收问题 说明
16	绝缘电阻试验	测量低压电器连同所连接电缆及二次回路的绝缘电阻值，不应小于 1MΩ；配电装置及馈电线路的绝缘电阻值不应小于 0.5MΩ	旁站见证 / 资料检查	□是　□否	
17	过载和接地故障保护继电器动作试验	过载和接地故障保护继电器通以规定的电流值，继电器应能可靠动作	旁站见证 / 资料检查	□是　□否	

三、试验数据分析验收　　　　　　　验收人签字：

序号	验收项目	验收标准	检查方式	验收结论 （是否合格）	验收问题 说明
18	试验数据的分析	试验数据应通过显著性差异分析法和横纵比分析法进行分析，并提出意见	旁站见证 / 资料检查	□是　□否	

A6　站用交流电源系统竣工（预）验收（UPS）标准卡见表 A6。

表 A6　　　　站用交流电源系统竣工（预）验收（UPS）标准卡

站用交流 电源系统 基础信息	工程名称		设计单位		
	验收单位		验收日期		
序号	验收项目	验收标准	检查方式	验收结论 （是否合格）	验收问题 说明
一、不间断电源系统（UPS）竣工（预）验收			验收人签字：		
1	外观及功能 检查	（1）设备铭牌齐全、清晰可识别、不易脱色。 （2）负荷开关位置正确，指示灯正常。 （3）不间断电源装置风扇运行正常。 （4）屏柜内各切换把手位置正确	旁站见证	□是　□否	
2	标识检查	设备内的各种开关、仪表、信号灯、光字牌、母线等，应有相应的文字符号作为标识，并与接线图上的文字符号一致，要求字迹清晰易辨、不褪色、不脱落、布置均匀、便于观察	旁站见证	□是　□否	
3	指示仪表	输出电压、电流正常，装置面板指示正常，无电压、绝缘异常告警	旁站见证	□是　□否	
4	运行方式	（1）检修旁路功能不间断电源系统正常运行时由站用交流电源供电，当交流输入电源中断或整流器故障时，由站内直流电源系统供电。 （2）不间断电源系统交流供电电源应采用两路来自不同电源点供电。 （3）不间断电源系统应具备运行旁路和独立旁路	旁站见证／ 资料检查	□是　□否	
5	报警及保护 功能要求	当发生下列情况时，设备应能发出报警信号： （1）交流输入过电压、欠电压、缺相。 （2）交流输出过电压、欠电压。 （3）UPS 装置故障	旁站见证／ 资料检查	□是　□否	
6	隔直措施	装置应采用有效隔直措施	旁站见证／ 资料检查	□是　□否	
7	装置防雷及 接地	应加装防雷（强）电击装置，柜机及柜间电缆屏蔽层应可靠接地	旁站见证／ 资料检查	□是　□否	
8	图实相符	检查现场是否严格按照设计要求施工，确保图纸与实际相符	旁站见证／ 资料检查	□是　□否	
二、不间断电源系统（UPS）交接试验			验收人签字：		
9	并机均流性能	具有并机功能的 UPS 在额定负载电流的 50%～100% 范围内，其均流不平衡度应不超过 ±5%	旁站见证／ 资料检查	□是　□否	
10	过电压和欠电 压保护	（1）当输入过电压时，装置应具有过电压关机保护功能或输入自动切换功能，输入恢复正常后，应能自动恢复原工作状态。	旁站见证／ 资料检查	□是　□否	

续表

序号	验收项目	验收标准	检查方式	验收结论（是否合格）	验收问题说明
10	过电压和欠电压保护	（2）当输入欠电压时，装置应具有欠电压保护功能或输入自动切换功能，输入恢复正常后，应能自动恢复原工作状态	旁站见证/资料检查	□是　□否	
11	性能试验	（1）稳压精度范围：±3%。 （2）同步精度范围：±2%。 （3）输出频率：（50±0.2）Hz。 （4）电压不平衡度（适用于三相输出 UPS）：≤5%。 （5）电压相位偏差（适用于三相输出 UPS）：≤3°。 （6）电压波形失真度：≤3%	旁站见证/资料检查	□是　□否	
12	总切换时间试验	在额定输入和额定阻性负载（平衡负载）时，人为模拟各种切换条件，其切换时间应满足以下规定： 总切换时间 — 冷备用模式：旁路输出⇒逆变输出 ≤10ms；逆变输出⇒旁路输出 ≤4ms。 双变换模式：交流供电⇔直流供电 0；旁路输出⇔逆变输出 ≤4ms。 冗余备份模式：串联备份，主机⇔从机；并联备份，双机相互切换 ≤4ms	旁站见证/资料检查	□是　□否	
13	通信接口试验	试验与变电站监控系统通信接口连接正常，设备运行状况、异常报警、负荷切换及电源切换等遥测、遥信信息能正确传输至监控系统中	旁站见证/资料检查	□是　□否	
14	持续运行试验	持续运行 72h，装置运行正常，无中断供电、元件及端子发热等异常情况	旁站见证/资料检查	□是　□否	
三、试验数据分析验收			验收人签字：		
15	试验数据的分析	试验数据应通过显著性差异分析法和横纵比分析法进行分析，并提出意见	旁站见证/资料检查	□是　□否	

A7 站用交流电源系统资料及文件验收标准卡见表 A7。

表 A7　　　　　　　　站用交流电源系统资料及文件验收标准卡

站用交流电源系统基础信息	工程名称		设计单位	
	验收单位		验收日期	

序号	验收项目	验收标准	检查方式	验收结论（是否合格）	验收问题说明
站用交流电源系统资料及文件检查验收			验收人签字：		
1	订货合同、技术协议	资料齐全	资料检查	□是　□否	

续表

序号	验收项目	验收标准	检查方式	验收结论（是否合格）	验收问题说明
2	安装使用说明书、图纸、维护手册等技术文件	资料齐全	资料检查	□是 □否	
3	重要附件的工厂检验报告和出厂试验报告	资料齐全，数据合格	资料检查	□是 □否	
4	安装检查及安装过程记录	记录齐全，数据合格	资料检查	□是 □否	
5	安装过程中设备缺陷通知单、设备缺陷处理记录	记录齐全	资料检查	□是 □否	
6	交接试验报告	资料齐全，数据合格	资料检查	□是 □否	
7	安装质量检验及评定报告	项目齐全、质量合格	资料检查	□是 □否	
8	根据合同提供的备品备件及清单	备品备件齐全，与清单对应	资料检查	□是 □否	

A8 站用交流电源系统启动验收标准卡见表 A8。

表 A8　　　　　　　站用交流电源系统启动验收标准卡

站用交流电源系统基础信息	工程名称		设计单位		
	验收单位		验收日期		
序号	验收项目	验收标准	检查方式	验收结论（是否合格）	验收问题说明
站用交流电源系统启动验收			验收人签字：		
1	站用电核相	站用电系统同高压系统（不同源）相序应保持一致，且与不同站用电系统相序、相位应一致	旁站见证	□是 □否	
2	红外测温	对电缆接头、开关柜进行红外精确测温，检查正常	旁站见证	□是 □否	
3	负荷检查	站用变压器进线负荷正常	旁站见证	□是 □否	
		400V 母线分段负荷正常	旁站见证	□是 □否	
		400V 配电屏负荷正常	旁站见证	□是 □否	

附录 B　站用直流电源系统验收标准卡

B1　站用直流电源系统可研初设审查验收标准卡见表 B1。

表 B1　　　　　站用直流电源系统可研初设审查验收标准卡

站用直流电源系统基础信息	工程名称		设计单位		
	验收单位		验收日期		
序号	验收项目	验收标准	检查方式	验收结论（是否合格）	验收问题说明
直流系统配置			验收人签字：		
1	直流系统配置	330kV 及以上和重要的 220kV 电压等级变电站直流系统配置应满足以下要求： （1）采用三台充电装置、两组蓄电池组的供电方式。 （2）采用两母线接线方式，两段直流母线之间应设专用联络电器。正常运行时，两段直流母线应分别独立运行。 （3）每组蓄电池和充电装置应分别接于一段直流母线上，第三台充电装置（备用充电装置）可在两段母线之间切换	资料检查	□是　□否	
		220kV 电压等级变电站直流系统配置至少应满足以下要求： （1）采用两台充电装置、两组蓄电池组的供电方式。 （2）采用两母线接线方式，两段直流母线之间应设专用联络电器。正常运行时，两段直流母线应分别独立运行。每组蓄电池和充电装置应分别接于一段直流母线上	资料检查	□是　□否	
		直流控制电压应由设计根据实际情况确定，全站应采用相同电压。扩建和改建工程，应与已有的直流电压一致	资料检查	□是　□否	
2	直流蓄电池组配置	应采用阀控式密封铅酸蓄电池	资料检查	□是　□否	
		蓄电池组容量为 200Ah 及以上时应选用单节电压为 2V 的蓄电池	资料检查	□是　□否	

续表

序号	验收项目	验收标准	检查方式	验收结论（是否合格）	验收问题说明
2	直流蓄电池组配置	容量 300Ah 及以上的阀控式蓄电池应安装在专用蓄电池室内。容量 300Ah 以下的阀控式蓄电池，可安装在电池柜内	资料检查	□是　□否	
		蓄电池容量应按照确保全站交流电源事故停电后直流供电不小于 2h 配置	资料检查	□是　□否	
		蓄电池组应具备自动巡检功能，自动监测全部单体蓄电池电压、蓄电池温度，并通过通信接口将监测信号上传至直流电源系统微机监控装置	资料检查	□是　□否	
3	充电装置配置	充电装置型式应选用高频开关电源模块型充电装置	资料检查	□是　□否	
		高频开关电源模块应采用 $N+1$ 配置，并联运行方式，模块总数不应小于 3 块	资料检查	□是　□否	
4	直流馈线网络配置	（1）两组蓄电池配置的变电站，当有集中负荷远离直流系统时，应设直流分电屏（柜）。 （2）直流分电屏（柜）应采用两段母线，每段母线的直流电源应来自不同蓄电池组，并防止两组蓄电池长期并列运行。 （3）电源进线应经隔离电器接至直流母线。 （4）直流系统对负载供电，应按电压等级设置分电屏供电方式，不应采用直流小母线供电方式。其中 35（10）kV 开关柜顶直流网络可采用环网供电方式，即在每段母线柜顶设置 1 组直流小母线，每组直流小母线由 1 路直流馈线供电，35（10）kV 开关柜配电装置由柜顶直流小母线供电。 （5）变电站直流系统的馈出网络应采用辐射状供电方式，运行中严禁采用环状供电方式	资料检查	□是　□否	
5	绝缘监测装置配置	绝缘监测装置配置应具有交流窜直流故障的测记和告警功能	资料检查	□是　□否	
6	母线调压装置	在动力（合闸）母线（或蓄电池输出）与控制母线间设有由硅元件构成的母线调压装置，并应采用有效措施防止母线调压装置开路而造成控制母线失电压	资料检查	□是　□否	

B2　站用直流电源系统出厂验收标准卡见表 B2。

表 B2　　　　　　　　　　**站用直流电源系统出厂验收标准卡**

站用直流电源系统基础信息	工程名称		生产厂家	
	设备型号		出厂编号	
	验收单位		验收日期	

续表

序号	验收项目	验收标准	检查方式	验收结论（是否合格）	验收问题说明
一、直流电源屏柜出厂验收			验收人签字：		
1	直流柜体结构检查	直流柜采用柜式结构	旁站见证	□是　□否	
		直流柜柜体应有足够的强度和刚度，结构能承受机械、电和热应力	旁站见证/资料检查	□是　□否	
		直流柜内的继电器应能在设备正常操作时不因震动误动作	旁站见证/资料检查	□是　□否	
		直流柜正面操作设备的布置高度不应超过 1800mm，距地高度不应低于 400mm			
		直流柜门应开闭灵活，开启角应不小于 90°，门锁可靠。门与柜体之间应采用截面积不小于 $4mm^2$ 的多股软铜线可靠连接	旁站见证/资料检查	□是　□否	
		直流柜内的端子应设在柜的两侧或中部下方，直流柜背面应设置防止直接接触带电元件的面板，直流屏柜间应有侧板，以防止事故扩大	旁站见证/资料检查	□是　□否	
		直流柜屏内顶板上应装有照明装置，并设置自动开关控制其开闭	旁站见证	□是　□否	
		直流柜元件和端子应排列整齐、层次分明、不重叠，便于维护拆装。长期带电发热元件的安装位置应在柜内上方	旁站见证	□是　□否	
		直流柜内回路与回路之间应有隔板，以防止事故的扩大	旁站见证	□是　□否	
2	直流柜体外形检查	屏内端子连接应牢固可靠，应能满足长期通过额定电流要求	旁站见证	□是　□否	
3	直流柜体电器元件检查	（1）屏内使用的电器元件，如开关、按钮等应操作灵活。 （2）测量仪表应装设在柜体上方可旋转的面板上并满足精度要求。 （3）各类声光指示信号能正确反映各元件的工作状况。 （4）主母线、分支母线及接头应能满足长期通过电流的要求。 （5）柜内母线、引线应采取硅橡胶热缩等绝缘防护措施。 （6）屏内安装的元器件应具有产品合格证。 （7）屏柜元件选型和布置等应符合设计图纸要求	旁站见证/资料检查	□是　□否	
4	直流柜体标识检查	屏正面应有与实际相符的模拟接线图。屏内的各种开关、继电器、仪表、信号灯、光字牌等元器件应有相应的文字符号作为标识，并与接线图上的文字符号标识一致。字迹应清晰易辨、不褪色、不脱落、布置均匀。汇流排和主电路导线的相序和颜色应符合有关规定	旁站见证/资料检查	□是　□否	

续表

序号	验收项目	验收标准	检查方式	验收结论（是否合格）	验收问题说明
5	直流柜体接地检查	直流柜内底部应装有截面积不小于 $100mm^2$ 的接地铜排，并采用截面积不小于 $50mm^2$ 铜缆引至接地网可靠接地	旁站见证/资料检查	□是 □否	
6	直流柜体电气间隙、爬电距离检查	电气间隙、爬电距离的检查结果是否符合以下规定： 额定工作电压 U_N（V） / 额定电流小于等于63A（电气间隙mm、爬电距离mm）/ 额定电流大于63A（电气间隙mm、爬电距离mm） $60<U_N≤300$：5.0、6.0、6.0、8.0 $300<U_N≤600$：8.0、12.0、10.0、12.0 注 小母线汇流排或不同极的裸露带电的导体之间，及裸露带电导体与未经绝缘的不带电导体之间的电气间隙不小于12mm，爬电距离不小于20mm	旁站见证/资料检查	□是 □否	
7	绝缘电阻测量	柜内直流汇流排和电压小母线，在断开所有其他连接支路时，对地的绝缘电阻是否不小于 $10MΩ$	旁站见证/资料检查	绝缘电阻____ □是 □否	

二、直流充电装置出厂验收　　　　　　　　　　　　　　　　　　　　　　　　　　　验收人签字：

序号	验收项目	验收标准	检查方式	验收结论（是否合格）	验收问题说明
8	充电装置交流输入	（1）每个成套充电装置应有两路交流输入（分别来自不同站用电源），互为备用，当运行的交流输入失去时能自动切换到备用交流输入供电。 （2）充电装置监控器应能显示两路交流输入电压。 （3）交流电源输入应为三相输入，额定频率为50Hz。 （4）监视电压表计的精度应不低于1.5级。 （5）每套充电装置交流供电输入端应采取防止电网浪涌冲击电压侵入充电模块的技术措施	旁站见证/资料检查	□是 □否	
9	直流输出电压调节范围试验	直流输出电压的调节范围应为其标称值的90%~130%	旁站见证/资料检查	□是 □否	
10	充电装置技术参数试验	（1）高频开关模块型充电装置稳压精度：≤±0.5%。 （2）高频开关模块型充电装置稳流精度：≤±1%。 （3）高频开关模块型充电装置纹波系数：≤0.5%	旁站见证/资料检查	稳压精度____ 稳流精度____ 纹波系数____ □是 □否	
11	并机均流试验	多块模块并列运行时，应具有良好均流性能，输出电流为50%~100%额定值时，其均流不平衡度不大于±5%	旁站见证/资料检查	额定电流____ 不平衡度____ □是 □否	
12	限流及限压性能试验	（1）输出直流电流在50%~110%额定值中任一数值时，应能自动限流，降低输出直流电压。 （2）输出直流电压上升到限压整定值时（130%标称电压可调），应能正常工作。 （3）恢复到正常负载条件以后，应能自动地将输出直流电流恢复到正常值工作	旁站见证/资料检查	□是 □否	

序号	验收项目	验收标准	检查方式	验收结论（是否合格）	验收问题说明
13	充电装置的工作效率试验	高频开关模块型充电装置的单块模块功率小于等于1.5kW，效率应不小于85%，单块模块功率大于1.5kW，效率应不小于90%	旁站见证/资料检查	□是　□否	
14	保护及告警功能试验	交流输入电压超过规定的波动范围后，整流模块应自动进行保护并延时关机。当电网电压正常后，应能自动恢复工作。整流模块交流电压输入回路短路时能跳开本充电装置的交流输入	旁站见证/资料检查	□是　□否	
		充电装置告警或故障时，监控单元应能发出声光报警	旁站见证/资料检查	□是　□否	
		设备直流电源系统发生接地故障（正接地、负接地或正负同时接地）或者发生交流窜入直流故障时，绝缘监测装置应能显示和发出报警信号，有触点信号或标准通信接口输出，并且能够判断接地极性	旁站见证/资料检查	□是　□否	
15	控制程序试验	试验控制充电装置应能自动进行恒流限压充电—恒压充电—浮充电运行状态切换	旁站见证/资料检查	□是　□否	
		试验充电装置应具备自动恢复功能，装置停电时间超过10min后，能自动实现恒流充电—恒压充电—浮充电工作方式切换	旁站见证/资料检查	□是　□否	
16	软启动时间测量	软启动时间应为3～8s	旁站见证/资料检查	□是　□否	
17	带电拔插试验	充电装置支持带电拔插更换	旁站见证/资料检查	□是　□否	
18	母线调压装置	（1）硅元件的额定电流应满足所在回路最大负荷电流的要求，并应有耐受冲击电流的短时过载和承受反向电压的能力。（2）母线调压装置的标称电压不小于系统标称电压的15%	旁站见证/资料检查	□是　□否	
三、直流保护电器出厂验收				验收人签字：	
19	短路能力测试	（1）断路器在工频及额定工作电压下应能接通和分断额定短路能力及以下的任何电流值。（2）功率因数不小于或者时间常数应不大于相关规定限值	资料检查	□是　□否	
20	安秒特性试验	时间－电流特性试验：（1）从冷态开始，对断路器通以1.13I_N（约定不脱扣电流）的电流至约定时间，断路器不应脱扣。然后在5s内把电流稳定升至1.45I_N（约定脱扣电流）的电流，断路器应在约定时间内脱扣。（2）从冷态开始，对断路器的各级通以2.55I_N的电流，断开时间应大于1s，并且对于额定电流小于等于32A的断路器断开时间应小于60s，对于额定电流大于32A的断路器断开时间应小于120s	旁站见证/资料检查	□是　□否	

续表

序号	验收项目	验收标准	检查方式	验收结论 （是否合格）	验收问题 说明
20	安秒特性试验	瞬时脱扣试验： （1）对于 B 型断路器：从冷态开始，对断路器的各级通以 $4I_N$ 的电流，断开时间应大于 0.1s；然后再从冷态开始，对断路器的各级通以 $7I_N$ 的电流，断开时间应小于 0.1s。 （2）对于 C 型断路器：从冷态开始，对断路器的各级通以 $7I_N$ 的电流，断开时间应大于 0.1s；然后再从冷态开始，对断路器的各级通以 $15I_N$ 的电流，断开时间应小于 0.1s	旁站见证 / 资料检查	□是　□否	
21	保护电器配置检查	（1）直流回路严禁采用交流空气断路器，应采用具有自动脱扣功能的直流断路器。 （2）蓄电池出口回路应采用熔断器或具有熔断器特性的直流断路器。 （3）充电装置直流侧出口回路、直流馈线回路和蓄电池试验放电回路应采用直流断路器，对充电装置回路应采用反极性接线。 （4）直流断路器的下级不应使用熔断器。 （5）直流回路采用熔断器为保护电器时，应装设隔离电器。 （6）蓄电池组和充电装置应经隔离和保护电器接入直流电源系统	旁站见证 / 资料检查	□是　□否	
22	保护电器级差配合检查	（1）充电装置直流侧出口应按直流馈线选用直流断路器，以实现与蓄电池出口保护电器的选择性配合。 （2）采用分层辐射型供电时，直流柜至分电柜的馈线断路器应选用具有短时延时特性的直流塑壳断路器。分电柜直流馈线断路器宜选用直流微型断路器。 （3）蓄电池出口保护电器的额定电流应按蓄电池 1h 放电率电流选择，并应与直流馈线回路保护电器相配合	旁站见证 / 资料检查	□是　□否	
23	直流断路器配置检查	（1）直流断路器应具有瞬时电流速断和反时限过电流保护功能，当不满足选择性保护配合时，应增加短延时电流速断保护。 （2）直流断路器额定电压应大于或者等于回路的最高工作电压，额定电流大于回路的最大工作电流。 （3）蓄电池组、交流进线、整流装置直流输出等重要位置的断路器应装有辅助与报警触点。无人值班变电站的各直流馈线断路器应装有辅助与报警触点。 （4）断流能力应满足安装点直流电源系统最大预期短路电流要求。 （5）直流电源系统应急联络断路器额定电流也不应大于蓄电池出口熔断器额定电流的 50%。	旁站见证 / 资料检查	□是　□否	

续表

序号	验收项目	验收标准	检查方式	验收结论（是否合格）	验收问题说明
23	直流断路器配置检查	（6）当采用短路短延时保护时，直流断路器额定短时耐受电流应大于装设地点的最大短路电流。 （7）各级断路器的保护动作电流和动作时间应满足上、下级选择性配合要求，且应有足够的灵敏度系数	旁站见证/资料检查	□是 □否	
24	蓄电池熔断器配置检查	（1）蓄电池出口回路熔断器应带有报警触点，其他熔断器也可带报警触点。 （2）熔断器额定电压应大于或者等于回路的最高工作电压，额定电流大于回路的最大工作电流。 （3）熔断器断流能力应满足安装地点直流电源系统最大预期短路电流要求	旁站见证/资料检查	□是 □否	
四、直流绝缘监测及微机监控装置出厂验收			验收人签字：		
25	绝缘监测装置	（1）直流电源应按每组蓄电池装设一套绝缘监测装置，装置测量准确度不应低于1.5级。绝缘监测装置精度应不受母线运行方式的影响。 （2）能实时监测和显示直流电源系统母线电压，母线对地电压和母线对地绝缘电阻。 （3）具有监测各类型接地故障的功能，实现对各支路的绝缘监测功能。 （4）具有交流窜入直流故障的测记、选线及报警功能。 （5）具有自检和故障报警功能。 （6）具有对两组直流电源合环故障报警功能。 （7）具有对外通信功能	旁站见证/资料检查	□是 □否	
26	微机监控装置	（1）具有直流电源各段母线电压、充电装置输出电压和电流及蓄电池电压和电流等监测功能。 （2）具有直流电源系统各种异常和故障告警、蓄电池组出口熔断器检测、自诊断报警以及主要断路器/开关位置状态等监视功能。 （3）具有充电装置开机、停机和充电装置运行方式切换等监控功能。 （4）具有对设备的遥信、遥测、遥调及遥控功能，且遥信信息应能进行事件记忆。 （5）具备对时功能。 （6）具有对外通信功能，通信规约宜符合现行行业标准的相关要求	旁站见证/资料检查	□是 □否	
五、蓄电池出厂验收			验收人签字：		
27	外观、极性检查	蓄电池外形尺寸是否符合制造商产品图样或文件规定蓄电池的外观不应有裂纹、变形、漏液、渗液及污迹	旁站见证/资料检查	□是 □否	
		蓄电池的正、负极端子及极性是否有明显标记，便于连接，端子尺寸是否符合制造商产品图样，用反极仪或能判断蓄电池极性的仪器检查蓄电池极性	旁站见证/资料检查	□是 □否	

序号	验收项目	验收标准	检查方式	验收结论（是否合格）	验收问题说明
28	密封性检查	蓄电池除排气阀外，其他各处均要保持良好的密封性，检查是否能承受 50kPa 正压或负压	旁站见证 / 资料检查	□是　□否	
29	内阻值检查	检查制造厂提供的蓄电池内阻值是否与实际测试的蓄电池内阻值一致，各节蓄电池内阻值允许偏差范围为 ±10%	旁站见证 / 资料检查	□是　□否	

B3　站用直流电源系统到货验收标准卡见表 B3。

表 B3　　　　　　　　　　站用直流电源系统到货验收标准卡

站用直流电源系统基础信息	工程名称		生产厂家	
	设备型号		出厂编号	
	验收单位		验收日期	

序号	验收项目	验收标准	检查方式	验收结论（是否合格）	验收问题说明
一、直流电源装置及屏柜到货验收				验收人签字：	
1	直流电源屏柜	外观清洁，外壳无磨损、脱漆、锈蚀	现场检查	□是　□否	
		装置接线连接可靠，接地良好，插头插拔顺利，无卡涩且连接可靠	现场检查	□是　□否	
		设备铭牌清晰，相关技术参数符合技术协议要求	现场检查	□是　□否	
		设备说明书、合格证等技术资料齐全	现场检查	□是　□否	
2	直流电源充电装置	外观清洁，外壳无磨损、脱漆、锈蚀	现场检查	□是　□否	
		装置接线连接可靠，接地良好	现场检查	□是　□否	
		设备铭牌清晰，相关技术参数符合技术协议要求	现场检查	□是　□否	
		资料齐全，直流电源充电装置的装箱资料应有： （1）装箱清单。 （2）出厂试验报告。 （3）型式报告。 （4）合格证。 （5）电气原理图和接线图。 （6）安装使用说明书。 （7）随机附件及备件清单	现场检查	□是　□否	
二、蓄电池组到货验收				验收人签字：	
3	蓄电池组	包装及密封应良好	现场检查	□是　□否	
		蓄电池外观检查无损伤、脱漆、锈蚀	现场检查	□是　□否	
		开箱检查清点，型号、规格应符合设计要求	现场检查	□是　□否	
		连接线等附件齐全，元器件无损坏情况	现场检查	□是　□否	

序号	验收项目	验收标准	检查方式	验收结论（是否合格）	验收问题说明
3	蓄电池组	产品的技术文件应齐全	现场检查	□是　□否	
		蓄电池应轻搬轻放，不得有强烈冲击和震动，不得倒置、重压和日晒雨淋	现场检查	□是　□否	
三、其他到货验收			验收人签字：		
4	铭牌	抄录屏柜及装置铭牌参数，并拍照片，编制设备清册	现场检查	□是　□否	

B4　站用直流电源系统竣工（预）验收标准卡见表 B4。

表 B4　　　　　　　　　站用直流电源系统竣工（预）验收标准卡

站用直流电源系统基础信息	变电站名称		设备名称编号	
	生产厂家		出厂编号	
	验收单位		验收日期	

序号	验收项目	验收标准	检查方式	验收结论（是否合格）	验收问题说明
一、外观及运行方式检查验收			验收人签字：		
1	外观检查	（1）屏上设备完好无损伤，屏柜无刮痕，屏内清洁无灰尘，设备无锈蚀。 （2）屏柜安装牢固，屏柜间无明显缝隙。 （3）直流断路器上端头应分别从端子排引入，不能在断路器上端头并接。 （4）保护屏内设备、断路器标示清楚正确。 （5）检查屏柜电缆进口防火应封堵严密。 （6）直流屏铭牌、合格证、型号规格符合要求	现场检查	□是　□否	
2	运行方式检查	一组蓄电池的变电站直流母线应采用单母线分段或不分段运行的方式	现场检查	□是　□否	
		（1）两组蓄电池的变电站直流母线应采用分段运行的方式，并在两段直流母线之间设置联络断路器或隔离开关，正常运行时断路器或隔离开关处于断开位置，在运行中二段母线切换时应不中断供电。 （2）每段母线应分别采用独立的蓄电池组供电，每组蓄电池和充电装置应分别接于一段母线上。 （3）装有第三台充电装置时，其可在两段母线之间切换，任何一台充电装置退出运行时，投入第三台充电装置	现场检查	□是　□否	
		每台充电装置两路交流输入（分别来自不同站用电源）互为备用，当运行的交流输入失去时能自动切换到备用交流输入供电	现场检查	□是　□否	

续表

序号	验收项目	验收标准	检查方式	验收结论（是否合格）	验收问题说明
2	运行方式检查	直流馈出网络应采用辐射状供电方式。双重化配置的保护装置直流电源应取自不同的直流母线段，并用专用的直流断路器供出	现场检查	□是　□否	
二、二次接线检查验收			验收人签字：		
3	图纸相符检查	二次接线美观整齐，电缆牌标识正确，挂放正确齐全，核对屏柜接线与设计图纸应相符	现场检查	□是　□否	
4	二次电缆及端子排检查	一个端子上最多接入线芯截面积相等的两芯线，交、直流不能在同一段端子排上，所有二次电缆及端子排二次接线的连接应可靠，芯线标识管齐全、正确、清晰，与图纸设计一致	现场检查	□是　□否	
		直流系统电缆应采用阻燃电缆，应避免与交流电缆并排铺设	现场检查	□是　□否	
		蓄电池组正极和负极引出电缆应选用单根多股铜芯电缆，分别铺设在各自独立的通道内，在穿越电缆竖井时，两组蓄电池电缆应加穿金属套管	现场检查	□是　□否	
		蓄电池组电源引出电缆不应直接连接到极柱上，应采用过渡板连接，并且电缆接线端子处应有绝缘防护罩	现场检查	□是　□否	
5	芯线标识检查	芯线标识应用线号机打印，不能手写。芯线标识应包括回路编号、本侧端子号及电缆编号，电缆备用芯也应挂标识管并加装绝缘线帽。芯线回路号的编制应符合二次接线设计技术规程原则要求	现场检查	□是　□否	
三、电缆工艺检查验收			验收人签字：		
6	控制电缆排列检查	所有控制电缆固定后应在同一水平位置剥齐，每根电缆的芯线应分别捆扎，接线按从里到外，从低到高的顺序排列。电缆芯线接线端应制作缓冲环	现场检查	□是　□否	
7	电缆标签检查	电缆标签应使用电缆专用标签机打印。电缆标签的内容应包括电缆号，电缆规格，本地位置，对侧位置。电缆标签悬挂应美观一致、以利于查线。电缆在电缆夹层应留有一定的裕度	现场检查	□是　□否	
四、二次接地检查验收			验收人签字：		
8	屏蔽层检查	所有隔离变压器（电压、电流、直流逆变电源、导引线保护等）的一、二次绕组间必须有良好的屏蔽层，屏蔽层应在保护屏可靠接地	现场检查	□是　□否	
9	屏内接地检查	屏柜下部应设有截面积不小于 $100mm^2$ 的接地铜排。屏柜上装置的接地端子应用截面积不小于 $4mm^2$ 的多股铜线和接地铜排相连。接地铜排应用截面积不小于 $50mm^2$ 的铜缆与保护室内的等电位接地网相连	现场检查	□是　□否	

序号	验收项目	验收标准	检查方式	验收结论（是否合格）	验收问题说明
五、充电装置检查验收			验收人签字：		
10	外观及结构检查	（1）柜体外形尺寸应与设计标准符合，与现场其他屏柜保持一致。 （2）柜体内紧固连接应牢固、可靠，所有紧固件均具有防腐镀层或涂层，紧固连接应有防松措施。 （3）装置应完好无损，设备屏、柜的固定及接地应可靠，门应开闭灵活，开启角不小于90°，门与柜体之间经截面积不小于4mm²的裸体软导线可靠连接。 （4）元件和端子应排列整齐、层次分明、不重叠，便于维护拆装。长期带电发热元件的安装位置在柜内上方。 （5）二次接线应正确，连接可靠，标识齐全、清晰，绝缘符合要求。 （6）设备屏、柜及电缆安装后，孔洞封堵和防止电缆穿管积水结冰措施检查。 （7）监控装置本身故障，要求有故障报警，且信号传至远方。 （8）两段母线的母联开关，需检验其的通电良好性	现场检查／资料检查	□是　□否	
11	电流电压监视	（1）每个成套充电装置应有两路交流输入（分别来自不同站用电源），互为备用，当运行的交流输入失去时能自动切换到备用交流输入供电且充电装置监控应能显示两路交流输入电压。 （2）交流输入端应采取防止电网浪涌冲击电压侵入充电模块的技术措施，实现交流输入过、欠压及缺相报警检查功能。 （3）直流电压表、电流表应采用精度不低于1.5级的表计，如采用数字显示表，应采用精度不低于0.1级的表计。 （4）电池监测仪应实现对每个单体电池电压的监控，其测量误差应小于等于2‰。 （5）直流电源系统应装设有防止过电压的保护装置	现场检查／资料检查	□是　□否	
12	高频开关电源模块检查	（1）高频开关电源模块应采用 $N+1$ 配置，并联运行方式，模块总数不宜小于3。 （2）高频开关电源模块输出电流为50%额定值 $[50\% \times I_e(n+1)]$ 及额定值情况下，其均流不平衡度不大于 $\pm 5\%$。 （3）监控单元发出指令时，按指令输出电压、电流。 （4）高频整流模块脱离监控单元后，可输出恒定电压给电池浮充。 （5）散热风扇装置启动以及退出正常，运转良好。 （6）可带电拔插更换	现场检查／资料检查	□是　□否	

续表

序号	验收项目	验收标准	检查方式	验收结论（是否合格）	验收问题说明
13	噪声测试	高频开关充电装置的系统自冷式设备的噪声应不大于 50dB，风冷式设备的噪声平均值应不大于 60dB	现场检查	□是　□否	
14	充电装置元器件检查	（1）柜内安装的元器件均有产品合格证或证明质量合格的文件。 （2）导线、导线颜色、指示灯、按钮、行线槽、涂漆等符合相关标准的规定。 （3）直流电源系统设备使用的指针式测量表计，其量程满足测量要求。 （4）直流空气断路器、熔断器上下级配合级差应满足动作选择性的要求。 （5）直流电源系统中应防止同一条支路中熔断器与空气断路器混用，尤其不应在空气断路器的下级使用熔断器，防止在回路故障时失去动作选择性。 （6）严禁直流回路使用交流空气断路器	现场检查 / 资料检查	□是　□否	
15	充电装置的性能试验	（1）高频开关模块型充电装置稳压精度：≤±0.5%。 （2）高频开关模块型充电装置稳流精度：≤±1%。 （3）高频开关模块型充电装置纹波系数：≤0.5%	现场检查 / 资料检查	稳压精度____ 稳流精度____ 纹波系数____ □是　□否	
16	控制程序试验	（1）试验控制充电装置应能自动进行恒流限压充电—恒压充电—浮充电运行状态切换。 （2）试验充电装置应具备自动恢复功能，装置停电时间超过 10min 后，能自动实现恒流充电—恒压充电—浮充电工作方式切换。 （3）恒流充电时，充电电流的调整范围为 $20\%I_N$～$130\%I_N$（I_N 为额定电流）。 （4）恒压运行时，充电电流的调整范围为 0～$100\%I_N$	现场检查 / 资料检查	□是　□否	
17	充电装置柜内电气间隙和爬电距离检查	柜内两带电导体之间、带电导体与裸露的不带电导体之间的最小距离，应符合相关规程要求	现场检查	□是　□否	

六、蓄电池检查验收　　　　　　　　　　　　　　验收人签字：

序号	验收项目	验收标准	检查方式	验收结论（是否合格）	验收问题说明
18	外观检查	（1）蓄电池外壳无裂纹、漏液、变形、渗液；清洁吸湿器无堵塞；极柱无松动、腐蚀现象；连接条螺栓等应接触良好，无锈蚀、氧化。 （2）蓄电池柜内应装设温控制器并有报警上传功能。 （3）蓄电池柜内的蓄电池应摆放整齐并保证足够的空间：蓄电池间不小于 15mm，蓄电池与上层隔板间不小于 150mm。 （4）蓄电池柜体结构应有良好的通风、散热。	现场检查 / 资料检查	□是　□否	

续表

序号	验收项目	验收标准	检查方式	验收结论（是否合格）	验收问题说明
18	外观检查	（5）蓄电池组在同一层或同一台上的蓄电池间宜采用有绝缘的或有护套的连接条连接，连接线无挤压。不同一层或不同一台上的蓄电池间采用电缆连接。 （6）系统应设有专用的蓄电池放电回路，其直流空气断路器容量应满足蓄电池容量要求	现场检查/资料检查	□是 □否	
19	运行环境检查	（1）容量300Ah及以上的阀控式蓄电池应安装在专用蓄电池室内。容量300Ah以下的阀控式蓄电池，可安装在电池柜内。同一蓄电池室安装多组蓄电池时，应在各组之间装设防爆隔火墙。 （2）蓄电池柜内的蓄电池组应有抗震加固措施。 （3）蓄电池室的门应向外开。 （4）蓄电池室内应设有运行和检修通道。通道一侧装设蓄电池时，通道宽度不应小于800mm；两侧均装设蓄电池时，通道宽度不应小于1000mm。 （5）蓄电池室的照明应使用防爆灯，并至少有一个接在事故照明母线上，开关、插座、熔断器等电气元器件均应安装在蓄电池室外。 （6）蓄电池架应有接地，并有明显标识。 （7）蓄电池室的窗户应有防止阳光直射的措施。 （8）蓄电池室应安装防爆空调，蓄电池柜内应装设温度计。环境温度宜保持在15~30℃。 （9）蓄电池室应装设防爆型通风装置（设计考虑）。 （10）蓄电池室门窗严密，房屋无渗、漏水	现场检查/资料检查	环境温度____ □是 □否	
20	布线检查	布线应排列整齐，极性标识清晰、正确	现场检查	□是 □否	
21	安装情况检查	蓄电池编号应正确，外壳清洁	现场检查	□是 □否	
22	资料检查	查出厂调试报告，检查阀控蓄电池制造厂的充电试验记录	现场检查	□是 □否	
		查安装调试报告，蓄电池容量测试应对蓄电池进行全核对性充放电试验	现场检查	□是 □否	
23	电气绝缘性能试验	（1）电压为220V的蓄电池组绝缘电阻不小于500kΩ （2）电压为110V的蓄电池组绝缘电阻不小于300kΩ	现场检查	绝缘电阻____ □是 □否	
24	蓄电池组容量试验	蓄电池组应按表中规定的放电电流和放电终止电压规定值进行容量试验，蓄电池组应进行三次充放电循环，10h放电率容量在第一次循环应不低于$0.95C_{10}$，在第3次循环内应达到C_{10}	现场检查/资料检查	□是 □否	
25	蓄电池组性能试验	初次充电、放电容量及倍率校验的结果应符合要求，在充放电期间按规定时间记录每个电池的电压及电流以鉴定蓄电池的性能	资料检查	□是 □否	

序号	验收项目	验收标准	检查方式	验收结论（是否合格）	验收问题说明
26	运行参数检查	（1）检查蓄电池浮充电压偏差值不超过 3%。 （2）蓄电池内阻偏差不超过 10%。 （3）连接条的压降不大于 8mV	现场检查 /资料检查	电压偏差____ 内阻偏差____ 压降____ □是 □否	
七、直流母线电压和电压监察（测）装置检查验收				验收人签字：	
27	装置功能检查	（1）当直流母线电压低于或高于整定值时，应发出欠电压或过电压信号及声光报警。 （2）能够显示设备正常运行参数，实际值与设定值、测量值误差符合相关规定。 （3）人为模拟故障，装置应发信号报警，动作值与设定值应符合产品技术条件规定	现场检查 /资料检查	□是 □否	
八、直流系统的绝缘及绝缘监测装置检查验收				验收人签字：	
28	接地选线功能检查	母线接地功能检查：合上所有负载开关，分别模拟直流I母正、负极接地试验，采用标准电阻箱模拟（电压为 220V 其标准电阻为 25kΩ、电压为 110V 为 15kΩ），分别模拟 95% 和 105% 标准电阻值检查装置报警、显示，装置显示误差不应超过 5%，95% 标准电阻值接地时装置应发出声光报警。若两段直流电源配置，则还需进一步检查II母对地电压应正常，以确定直流I、II段间没有任何电气联系	现场检查	□是 □否	
		支路接地选线功能检查：合上所有负载开关，分别模拟各支路正、负极接地试验，采用标准电阻箱模拟（电压为 220V 其标准电阻为 25kΩ、电压为 110V 为 15kΩ），分别模拟 90% 和 110% 标准电阻值检查装置报警、显示，装置显示误差不应超过 10%	现场检查	□是 □否	
29	装置绝缘试验	用 1000V 绝缘电阻表测量被测部位，绝缘电阻测试结果应符合以下规定：柜内直流汇流排和电压小母线，在断开所有其他连接支路时，对地的绝缘电阻应不小于 10MΩ	现场检查	□是 □否	
30	交流测记及报警记忆功能检查	绝缘监测装置具备交流窜直流测记及报警记忆功能	现场检查	□是 □否	
31	负荷能力试验	设备在正常浮充电状态下运行，投入冲击负荷，直流母线上电压不低于直流标称电压的 90%	现场检查	□是 □否	
32	连续供电试验	设备在正常运行时，切断交流电源，直流母线连续供电，直流母线电压波动，瞬间电压不得低于直流标称电压的 90%	现场检查	□是 □否	

续表

序号	验收项目	验收标准	检查方式	验收结论（是否合格）	验收问题说明
33	通信功能试验	（1）遥信：人为模拟各种故障，应能通过与监控装置通信接口连接的上位计算机收到各种报警信号及设备运行状态指示信号。 （2）遥测：改变设备运行状态，应能通过与监控装置通信接口连接的上位计算机收到装置发出当前运行状态下的数据。 （3）遥控：应能通过与监控装置通信接口连接的上位计算机对设备进行开机、关机、充电、浮充电状态的转换	现场检查	□是 □否	
九、母线调压装置检查				验收人签字：	
34	母线电压调整功能试验	检查设备内的调压装置手动调压功能和自动调压功能。采用无级自动调压装置的设备，应有备用调压装置。当备用调压装置投入运行时，直流（控制）母线应连续供电	现场检查	□是 □否	
十、备品备件检查验收				验收人签字：	
35	备品备件检查	备品备件与备品备件清单核对检查	现场检查	□是 □否	

B5 站用直流电源系统资料及文件验收标准卡见表 B5。

表 B5 站用直流电源系统资料及文件验收标准卡

站用直流电源系统基础信息	变电站名称		设备名称编号	
	生产厂家		出厂编号	
	验收单位		验收日期	

序号	验收项目	验收标准	检查方式	验收结论（是否合格）	验收问题说明
资料及文件验收				验收人签字：	
1	订货合同、技术协议	资料齐全	资料检查	□是 □否	
2	安装使用说明书，图纸、维护手册等技术文件	资料齐全	资料检查	□是 □否	
3	重要附件的工厂检验报告和出厂试验报告	资料齐全，数据合格	资料检查	□是 □否	
4	整体试验报告	资料齐全，数据合格	资料检查	□是 □否	
5	出厂型式试验报告	资料齐全，数据合格	资料检查	□是 □否	
6	安装检查及安装过程记录	记录齐全，数据合格	资料检查	□是 □否	
7	全站交直流联络图、级差配置表	资料齐全	资料检查	□是 □否	
8	安装过程中设备缺陷通知单、设备缺陷处理记录	记录齐全	资料检查	□是 □否	